彩图 4-9　鸭禽流感：病鸭肝脏肿大、出血

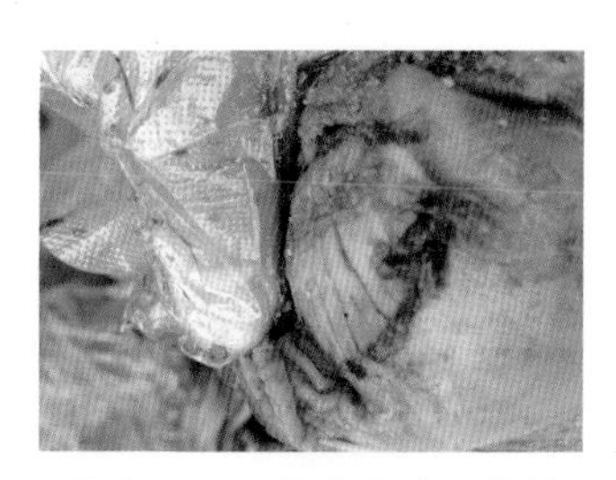

彩图 4-10　鹅禽流感：病鹅腺胃黏膜出血

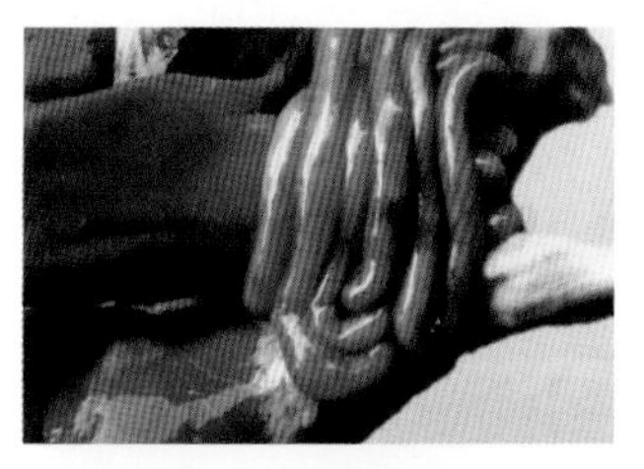

彩图 4-11　鸭禽流感：病鸭肠淋巴组织出血

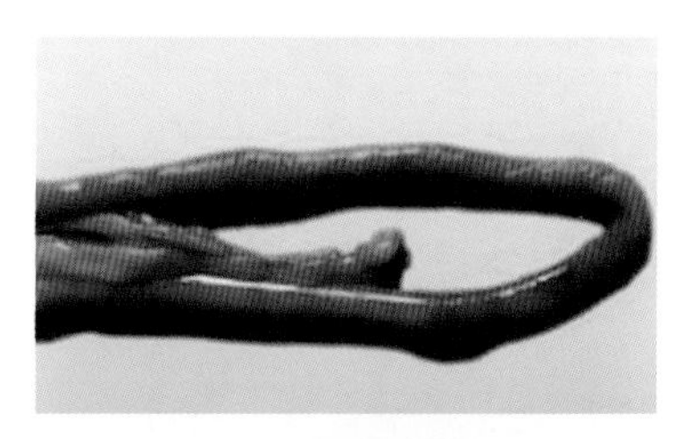

彩图 4-12　鸭禽流感：病鸭十二指肠呈环状出血

彩图 4-13　鸭瘟：病鸭精神沉郁，羽毛松乱

彩图 4-14　鸭瘟：病鸭流泪，呈现湿眼圈

彩图 4-15　鸭瘟：病鸭上、下眼睑粘连并失明

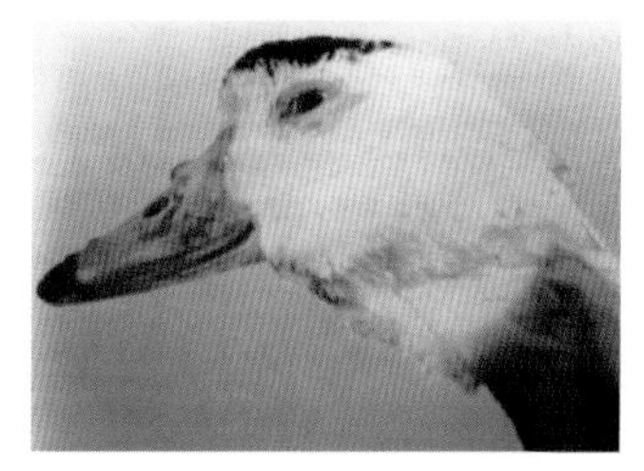

彩图 4-16　鸭瘟：病鸭头颈部肿大

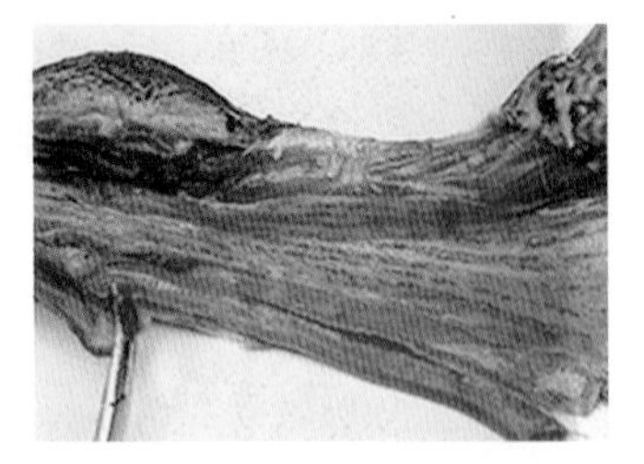

彩图 4-17　鸭瘟：食道黏膜有纵行排列的出血斑点

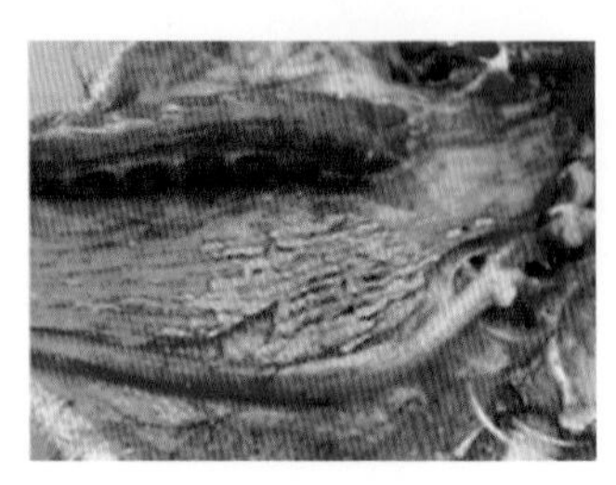

彩图 4-18　鸭瘟：食道黏膜有灰黄色伪膜覆盖

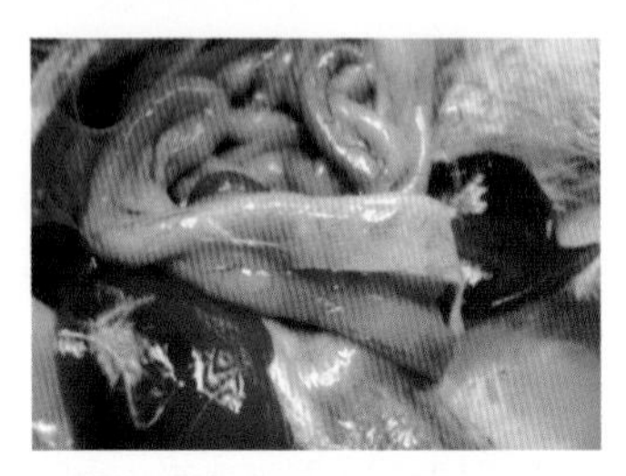

彩图 4-19　鸭瘟：肝脏表面有坏死灶

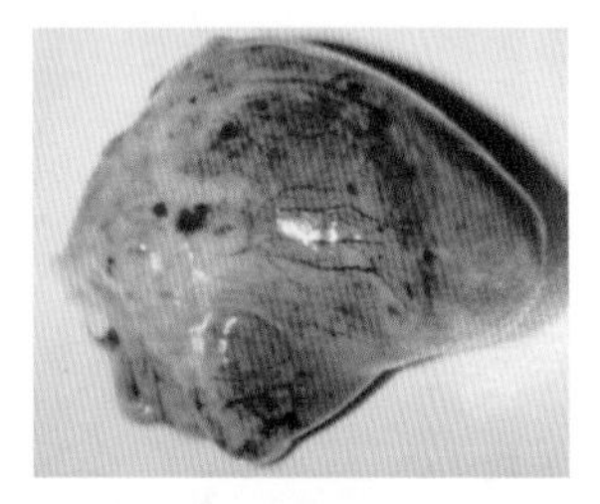

彩图 4-20　鸭瘟：心外膜充血、出血

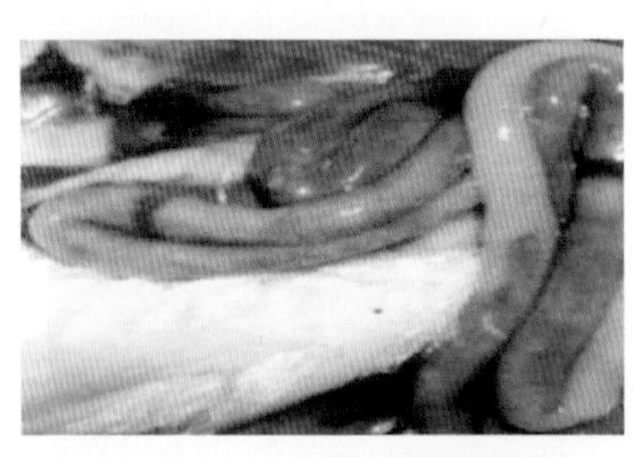

彩图 4-21　鸭瘟：肠道黏膜充血

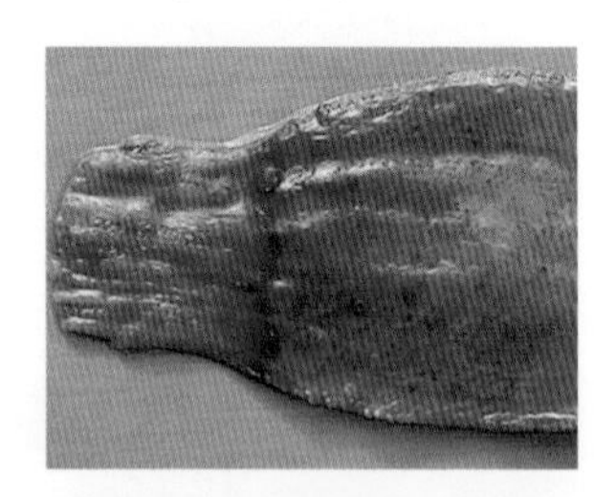

彩图 4-22　鸭瘟：腺胃与食道交界处出血

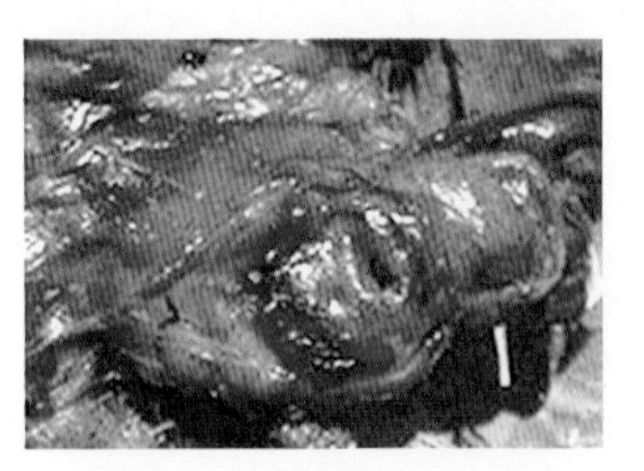

彩图 4-23　鸭瘟：法氏囊黏膜出血

彩图 4-24　小鹅瘟：病雏离群独处，不愿走动

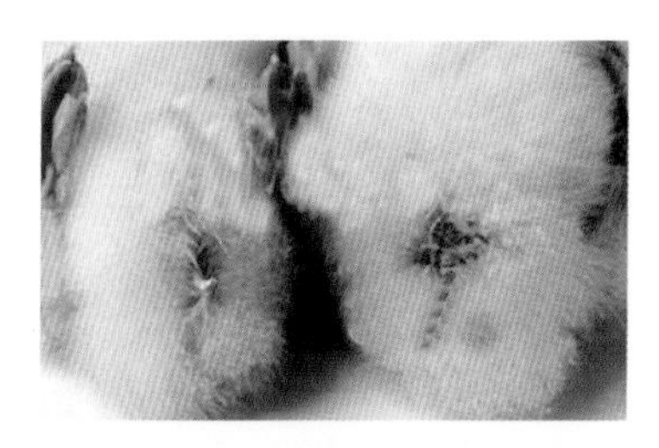

彩图 4-25　小鹅瘟：患病雏鹅肛门周围绒毛被粪便沾污

彩图 4-26　小鹅瘟：患病雏鹅出现抽搐、瘫痪等神经症状

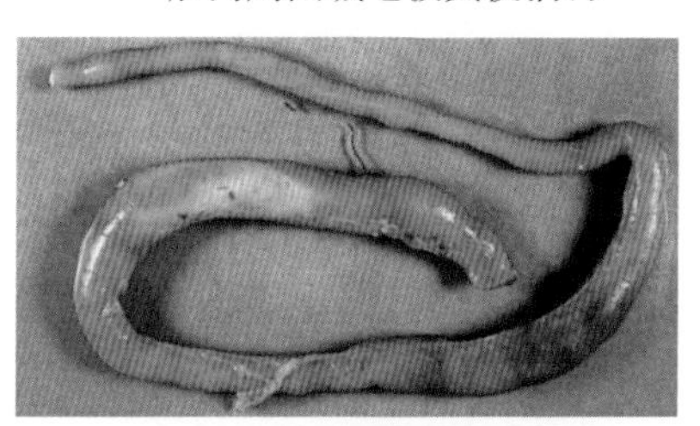

彩图 4-27　小鹅瘟：患病雏鹅小肠部分肠管显著膨大

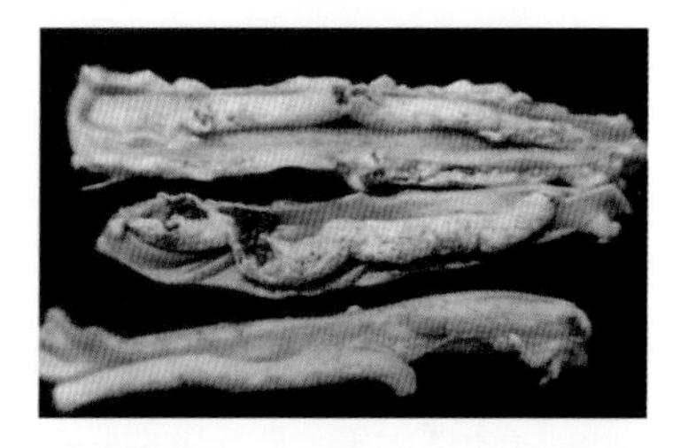

彩图 4-28　小鹅瘟：患病雏鹅肠壁变薄，肠腔内有栓子堵塞

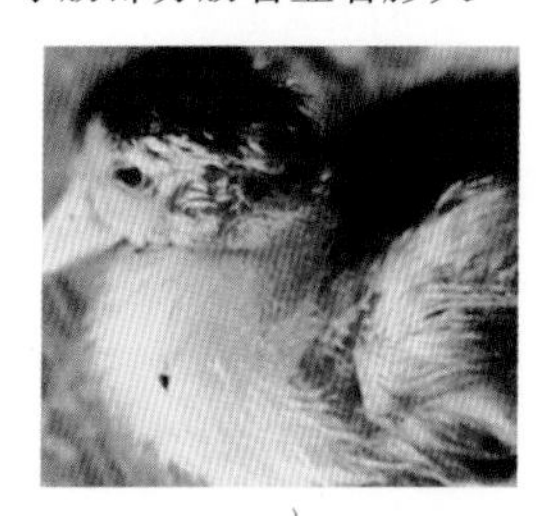

彩图 4-29　鸭细小病毒病：患病雏鸭精神委顿，厌食

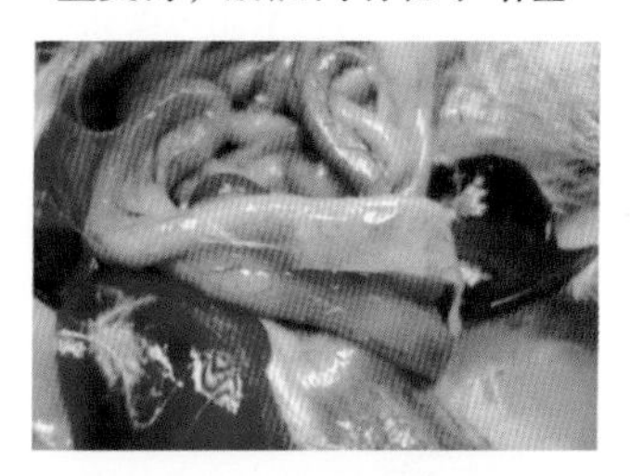

彩图 4-30　鸭细小病毒病：胰脏有灰白色坏死灶

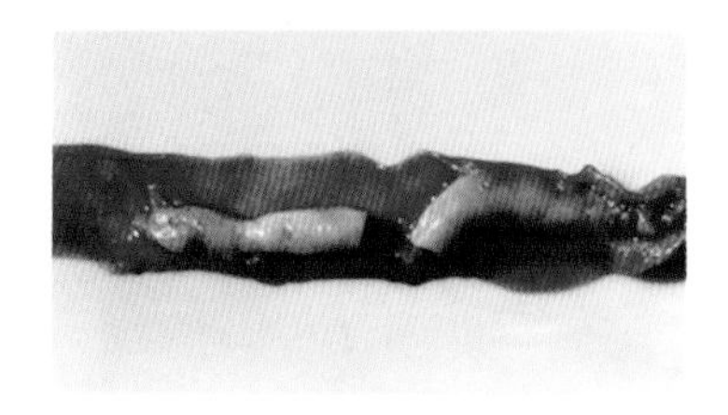

彩图 4-31　鸭细小病毒病：小肠黏膜脱落，黏膜下层出血，肠内容物呈灰白色柱状

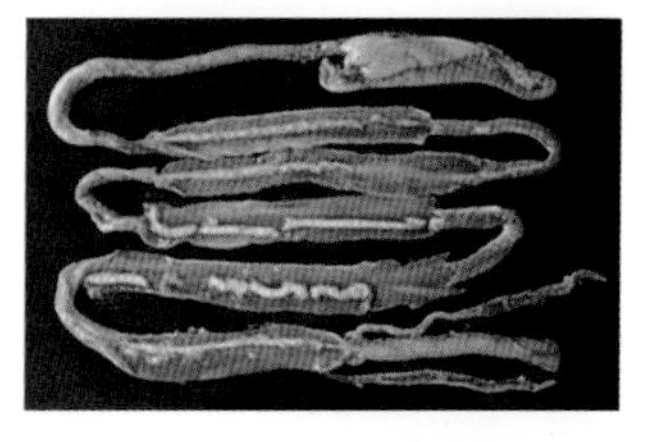

彩图 4-32　鹅腺病毒感染：病鹅小肠后段出现包裹有浅黄色伪膜的凝固性栓子

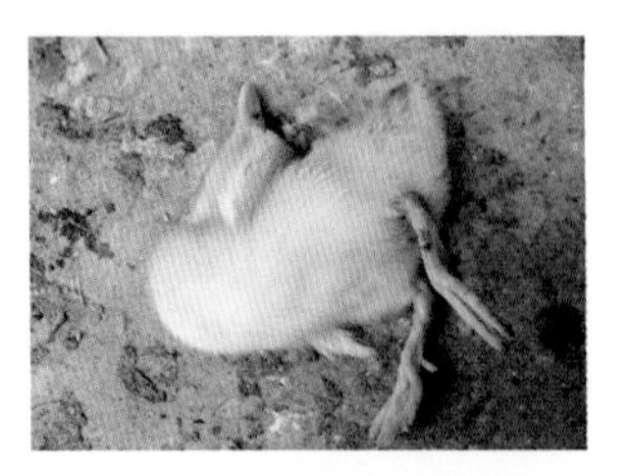

彩图 4-33　鸭副黏病毒感染：病鸭出现神经症状

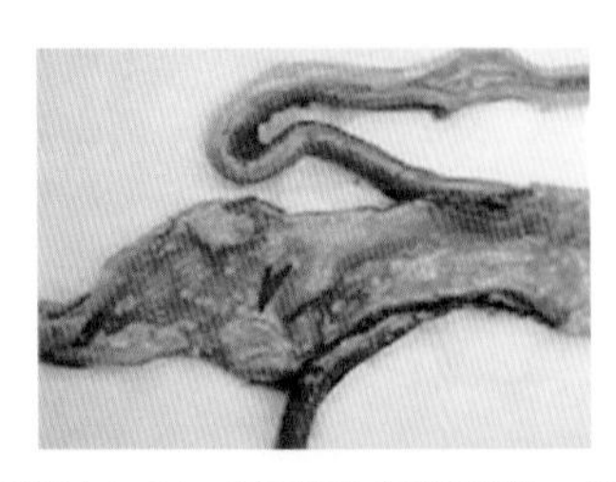

彩图 4-34　鸭副黏病毒感染：结肠和盲肠有大小不一的溃疡灶

彩图 4-35　鸭病毒性肝炎：病鸭头向后背，脚痉挛性踢动，呈角弓反张状

彩图 4-36　鸭病毒性肝炎：肝脏肿大，表面有大小不等的出血斑点

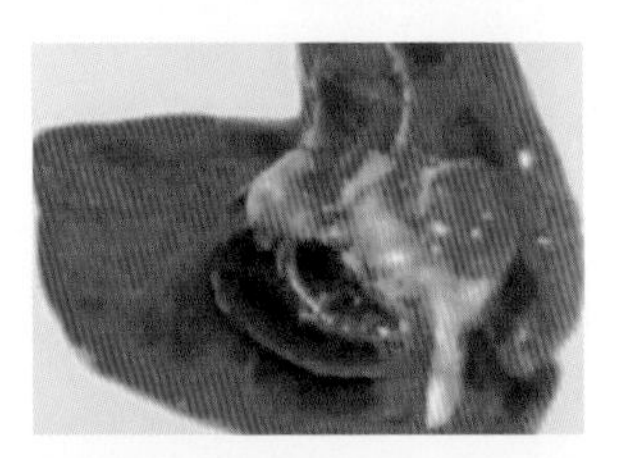

彩图 4-37　鸭病毒性肝炎：胆囊肿大

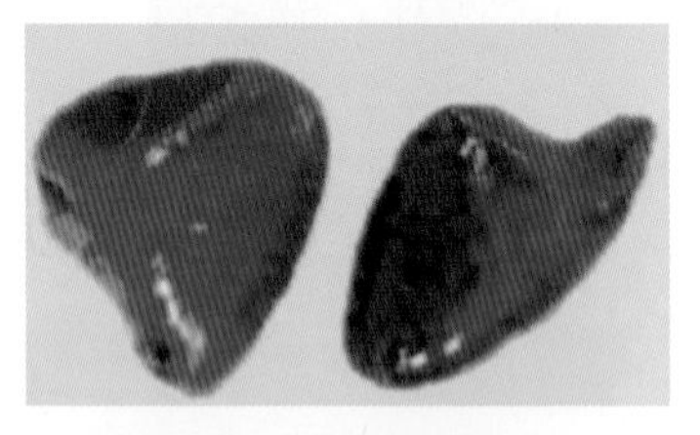

彩图 4-38　鸭病毒性肝炎：脾脏肿大

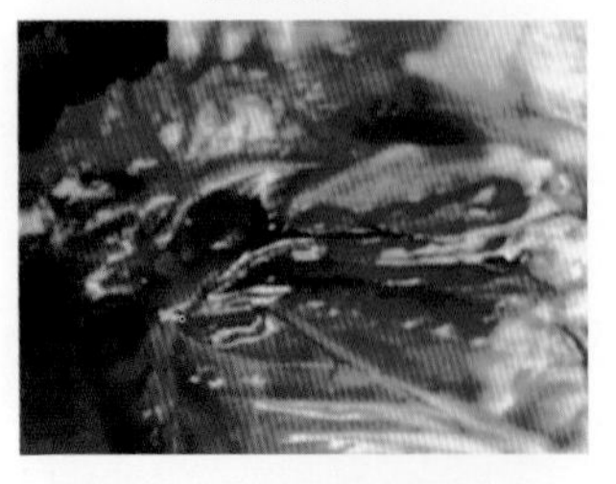

彩图 4-39　鸭病毒性肝炎：肾脏肿大

彩图 4-40　鸭花肝病：肝脏表面有许多针尖大小的坏死点

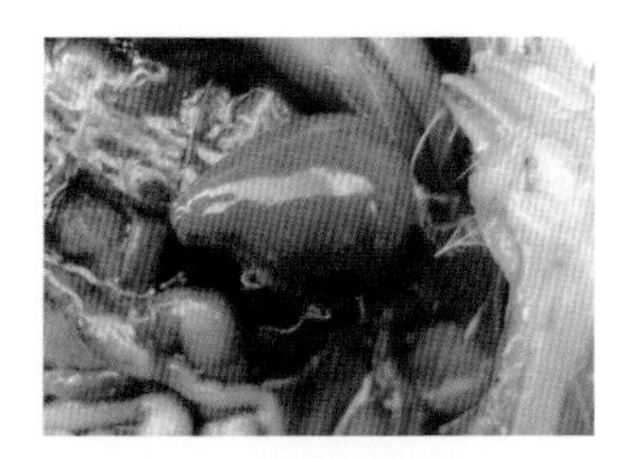

彩图 4-41　鸭花肝病：脾脏肿大，有灰白色坏死点

彩图 4-42　鸭花肝病：肠壁有灰白色坏死灶

彩图 5-1　鸭巴氏杆菌病：病鸭羽毛松乱，食欲减退或不食，口渴，并且易被水沾湿

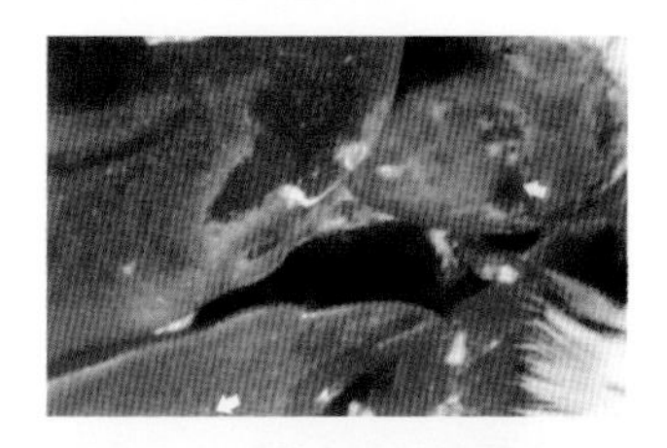

彩图 5-2　鸭巴氏杆菌病：肝脏略肿大，表面有许多针尖大出血点和灰白色坏死灶

彩图 5-3　鸭疫里氏杆菌病：病鸭腿软，呈犬坐姿势

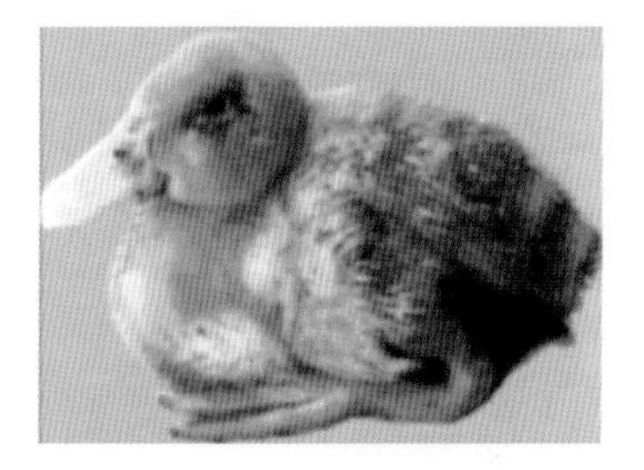

彩图 5-4　鸭疫里氏杆菌病：病鸭出现黑眼圈

彩图 5-5　鸭疫里氏杆菌病：病鸭头颈歪斜

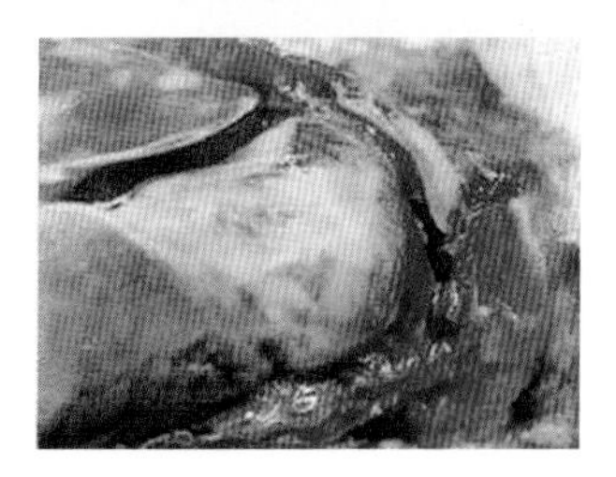

彩图 5-6　鸭疫里氏杆菌病：心包炎

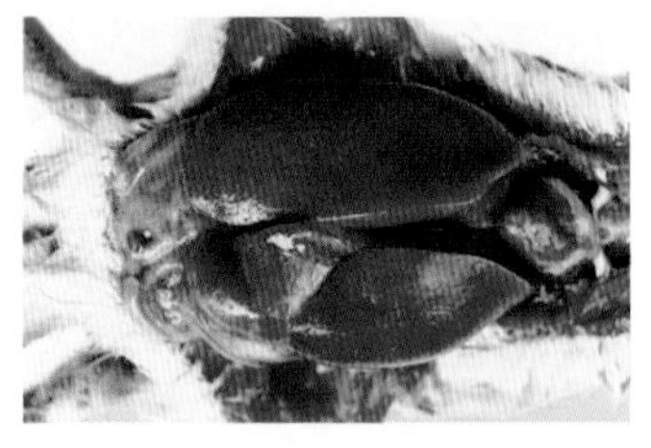

彩图 5-7　鸭疫里氏杆菌病：肝周炎，表面附有一层纤维素膜

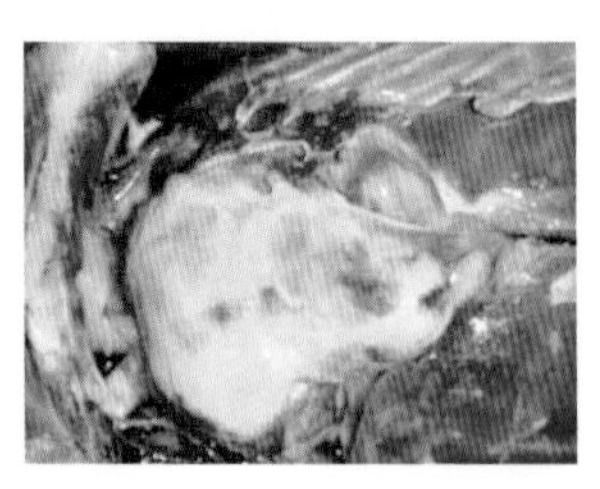

彩图 5-8　鸭疫里氏杆菌病：气囊混浊、增厚

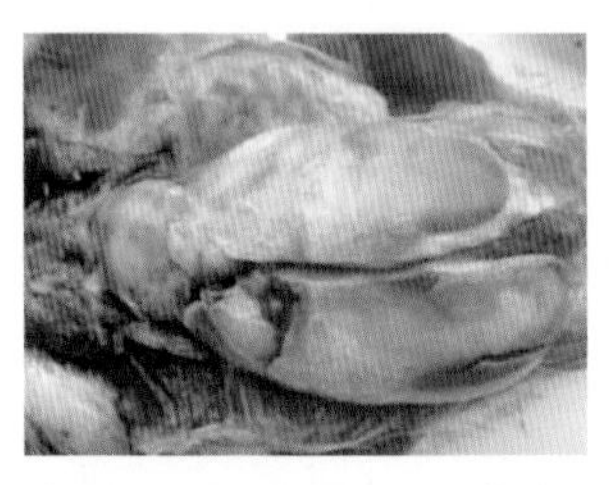

彩图 5-9　鸭疫里氏杆菌病：脾脏肿大，呈红灰色斑驳状

彩图 5-10　鸭大肠杆菌病：患病雏鸭脐部红肿，腹部膨大

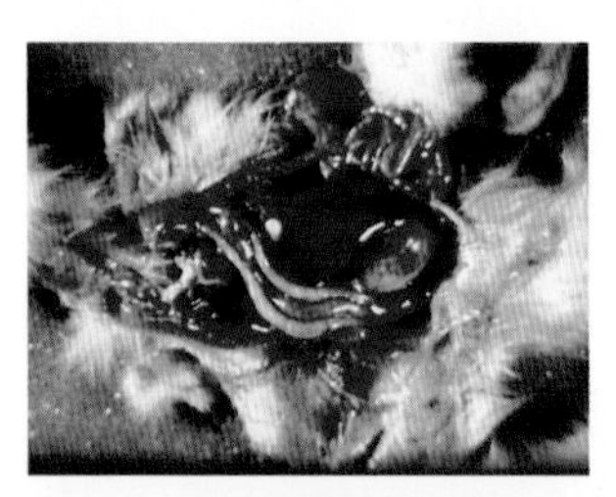

彩图 5-11　鸭大肠杆菌病：心包膜增厚，心包积液混浊（心包炎）

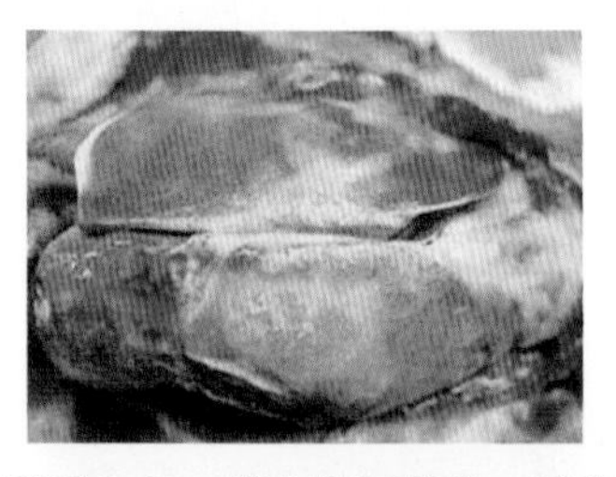

彩图 5-12　鸭大肠杆菌病：肝脏肿大，表面有絮状纤维素沉着

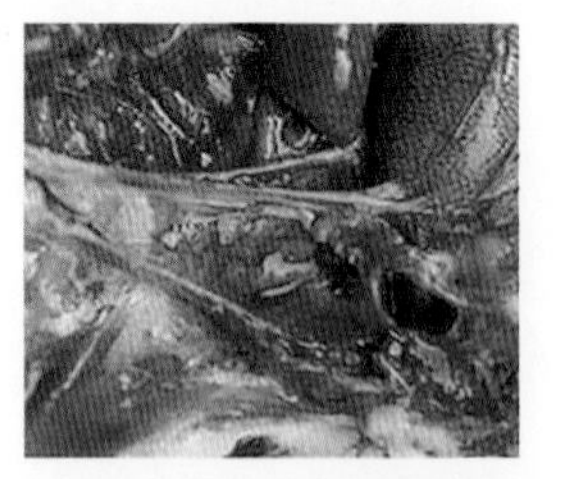

彩图 5-13　鸭沙门氏菌病：肝脏肿大，表面有大量针尖大小的白色坏死点

彩图 5-14　鸭沙门氏菌病：两侧盲肠膨大，内有干酪样栓子

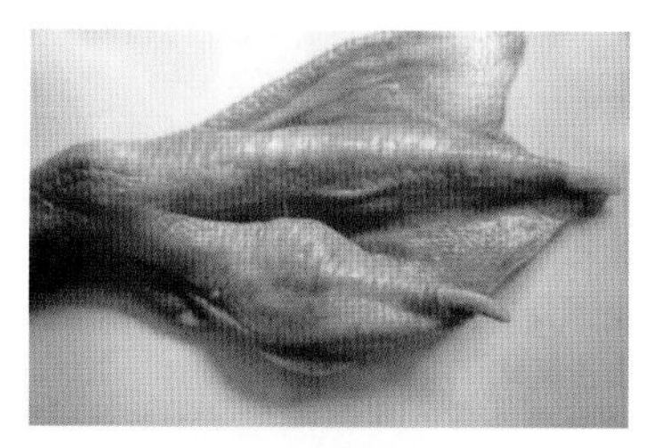

彩图 5-15　鸭葡萄球菌病：趾关节肿大

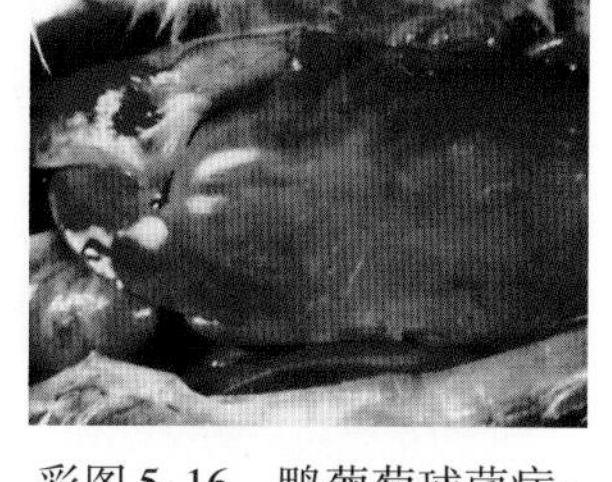

彩图 5-16　鸭葡萄球菌病：肝脏肿大、质地发硬

彩图 5-17　鸭葡萄球菌病：脾脏肿胀

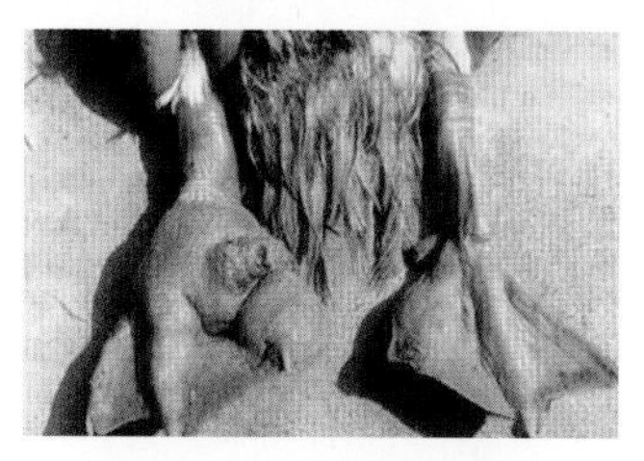

彩图 5-18　鸭链球菌病：胫、趾关节肿胀

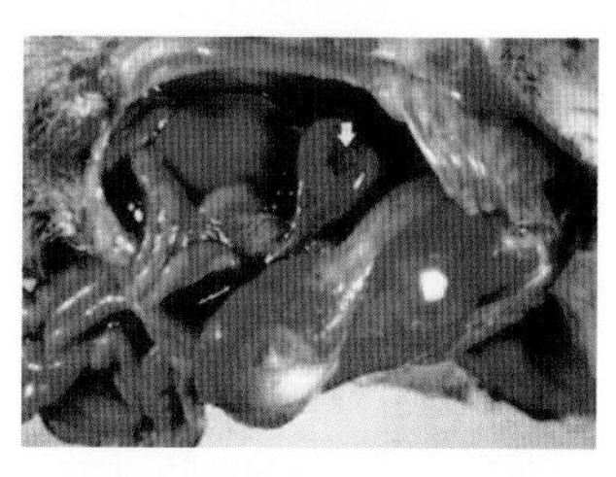

彩图 5-19　鸭链球菌病：患病雏鸭脾脏肿胀，表面有出血斑点

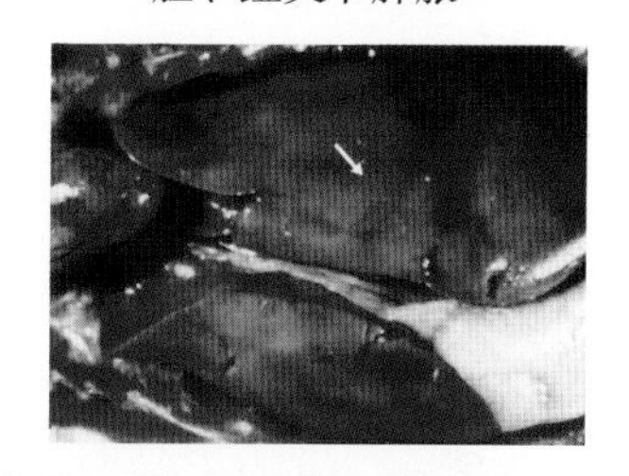

彩图 5-20　鸭丹毒：肝脏肿大，颜色发黄，质脆；心外膜有出血斑点

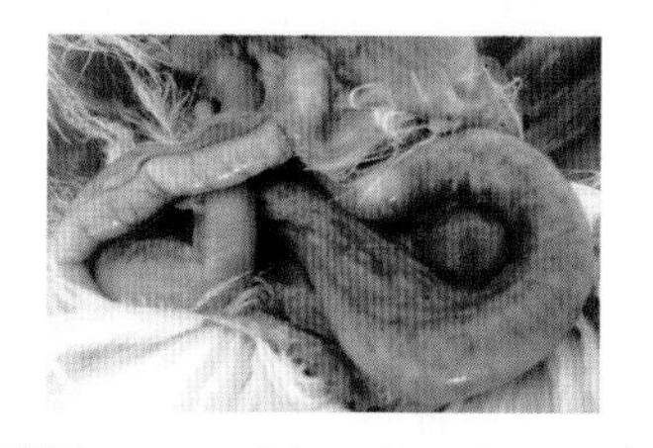

彩图 5-21　鸭坏死性肠炎：肠道扩张，是正常的 2～3 倍，病变肠管浆膜呈深红色或浅黄色、灰色，有出血斑点

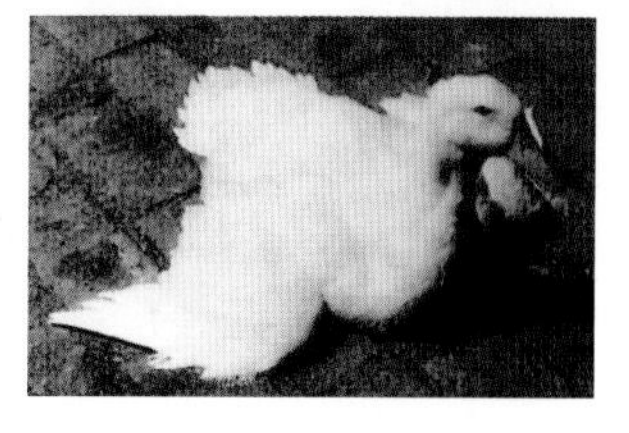

彩图 5-22　鸭肉毒梭菌毒素中毒：病鸭脚麻痹，不能站立，两翅下垂

彩图 5-23　鸭支原体病：两侧眶下窦肿胀

彩图 5-24　鸭念珠菌病：病鸭食道膨大、柔软

彩图 6-1　鸭球虫病：病鸭精神不振，缩颈，呆立，排出暗红色或深红色血便

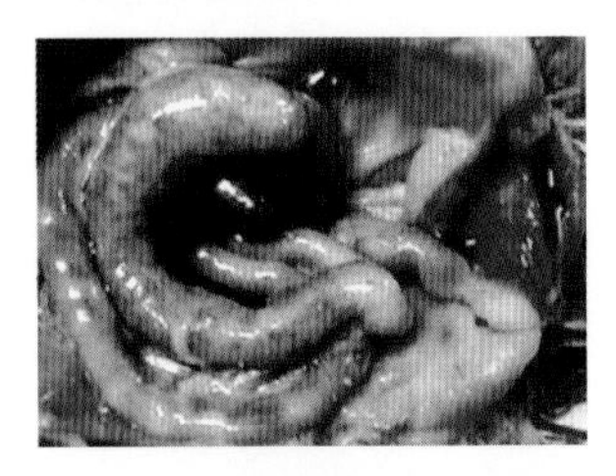

彩图 6-2　鸭球虫病：肠壁肿胀、出血

彩图 7-1　鸭维生素 A 缺乏症：病鸭精神倦怠，衰弱，消瘦，羽毛蓬乱，鼻孔流出黏稠的鼻液，常因干酪样物堵塞鼻腔而张口呼吸

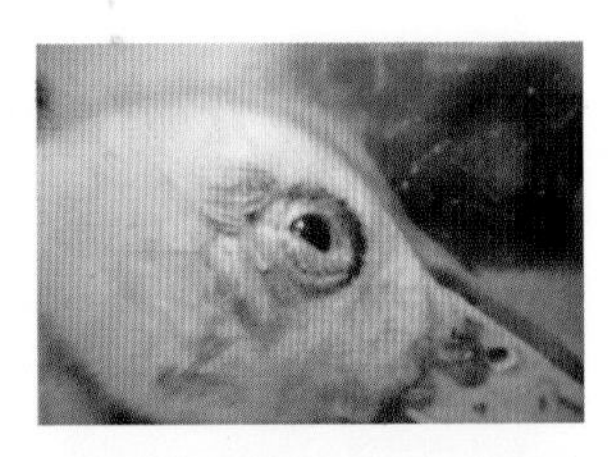

彩图 7-2　鸭维生素 A 缺乏症：病鸭眼睑羽毛粘连或干燥

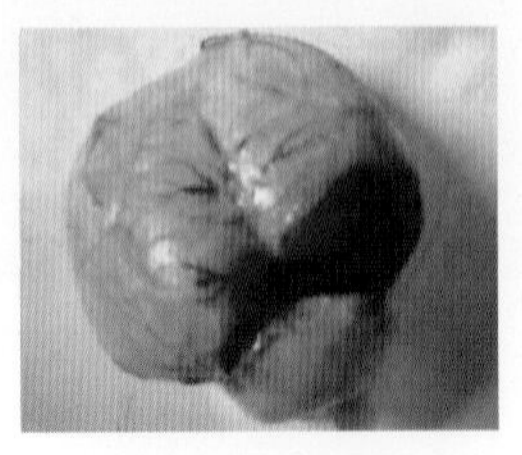

彩图 7-3　鸭维生素 E 缺乏症：脑膜、小脑与大脑的血管明显充血，脑水肿

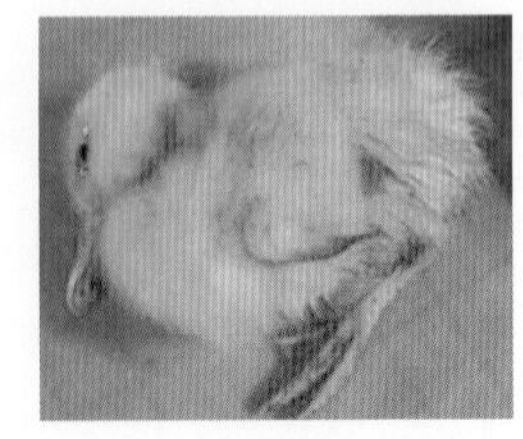

彩图 7-4　鸭维生素 B_1 缺乏症：病鸭腿无力，站立不稳，蹲伏

鸭、鹅病诊治一本通

田修治　席克奇　寇　叙　兰贵金
朱长和　王庆华　高　洁　李　想　编著

本书主要介绍了鸭、鹅病的感染及预防，鸭、鹅病的诊断及投药，鸭、鹅的免疫接种，鸭、鹅病毒性传染病的诊治，鸭、鹅细菌性传染病的诊治，鸭、鹅寄生虫病的诊治，鸭、鹅营养代谢病的诊治，鸭、鹅中毒性疾病的诊治，鸭、鹅其他普通病的诊治等方面的实用技术。书中设有“提示”“注意”等小栏目，对一些重点知识进行提炼，方便读者更好地掌握知识要点。

本书语言通俗易懂、简明扼要，内容系统，注重实际操作，可供鸭、鹅养殖者及畜牧兽医工作人员参考，也可供农林院校相关专业的师生阅读参考。

图书在版编目（CIP）数据

鸭、鹅病诊治一本通/田修治等编著. —北京：机械工业出版社，2020.1
（经典实用技术丛书）
ISBN 978-7-111-64666-2

Ⅰ.①鸭…　Ⅱ.①田…　Ⅲ.①鸭病-诊疗②鹅病-诊疗　Ⅳ.①S858.3

中国版本图书馆CIP数据核字（2020）第022509号

机械工业出版社（北京市百万庄大街22号　邮政编码100037）
策划编辑：周晓伟　　　　责任编辑：周晓伟　高　伟　陈　洁
责任校对：张艳霞　张　薇　责任印制：孙　炜
保定市中画美凯印刷有限公司印刷
2020年3月第1版第1次印刷
145mm×210mm·7.25印张·4插页·235千字
0001—3000册
标准书号：ISBN 978-7-111-64666-2
定价：35.00元

电话服务　　　　　　　　网络服务
客服电话：010-88361066　机　工　官　网：www.cmpbook.com
　　　　　010-88379833　机　工　官　博：weibo.com/cmp1952
　　　　　010-68326294　金　　书　　网：www.golden-book.com
封底无防伪标均为盗版　机工教育服务网：www.cmpedu.com

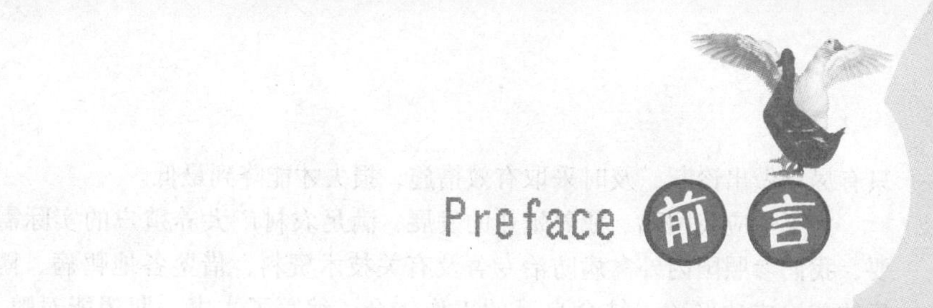

我国具有悠久的鸭、鹅养殖历史，拥有丰富的品种资源，是目前世界上鸭、鹅饲养量最多的国家，养殖区域广泛，而且近些年来发展极为迅速。据我国水禽产业体系数据显示，我国肉鸭出栏量自2011年达到最高峰约40亿只之后，近几年维持在30亿只左右，而蛋鸭有1.5亿~2亿只。据联合国粮农组织统计，2005年，我国鸭存栏量超过7.25亿只，占世界总存栏量的72%；鹅存栏量达3.2亿只，占世界总存栏量的80%。鸭肉、鹅肉、鸭蛋、鹅蛋、羽绒产品已经出口到欧盟、东南亚、日本等国。羽绒（毛）年产量达到36万吨，羽绒制品增收18亿美元，约占世界羽绒品出口量的55%。2016年，我国鸭饲养量35.2亿只，鹅饲养量5.8亿只，分别占世界鸭、鹅饲养量74.2%和93.2%。鸭、鹅产蛋量约占我国禽蛋总产量的30.0%，蛋、肉、绒初级产品的年总产值超过已经达到1000亿元，鸭、鹅养殖业年消耗配合饲料约3500万吨，价值500亿元，从而带动了羽绒、食品加工、餐饮等行业的发展，并解决了大量农村剩余劳动力的就业问题。从生产角度看，鸭、鹅养殖业具有投入少、成本低、生产周期短、饲养设备简单、饲养效益高等特点。因此，鸭、鹅养殖业在我国农村经济发展过程中发挥着重要作用，是带动农民脱贫致富、促进农村经济稳步向前发展的重要产业。

目前，我国鸭、鹅养殖业的主体是个体养殖户，他们中的绝大多数文化水平不高，掌握的饲养管理和消毒防疫等专业知识较少，仍然沿袭传统饲养方式，随意选择养殖场场址，修建简陋的棚舍，饲养设施和条件比较落后，舍内的小环境条件恶劣。同一水域或产业集聚带饲养多个来源不同的家禽类群，为疫病的传播创造了有利条件，加之规模化的发展和饲养密度的增加，饲养环境难以做到封闭，一旦发生疫病，疫情传播速度将非常快。此外，许多养殖户对新疫情和常见多发疾病的防治基础知识不了解，没有掌握相关的防治手段，难以及时采取针对性的措施来降低禽群的发病率和死亡率，往往经济损失惨重。生产实践证明，禽群发病后迅速诊断是控制疾病的前提，尤其对于一些传染性疾病来讲，只有尽早做出诊断，及时采取有效措施，损失才能降到最低。

为了适应我国鸭、鹅养殖业的发展，满足农村广大养殖户的实际需要，我们参照国内外禽病防治专著及有关技术资料，借鉴各地鸭病、鹅病的防治成功经验，结合自己的工作体会，编写了本书，期望能对鸭、鹅生产有所帮助。本书在写作上力求语言通俗易懂、简明扼要，内容系统，注重实际操作。书中重点介绍了鸭、鹅病的感染及预防，鸭、鹅病的诊断及投药，鸭、鹅的免疫接种，鸭、鹅病毒性传染病的诊治，鸭、鹅细菌性传染病的诊治，鸭、鹅寄生虫病的诊治，鸭、鹅营养代谢病的诊治，鸭、鹅中毒性疾病的诊治，鸭、鹅其他普通病的诊治等方面内容，可供鸭、鹅养殖者及畜牧兽医工作人员参考。

需要特别说明的是，本书所用药物及其使用剂量仅供读者参考，不可照搬。在生产实际中，所用药物学名、常用名与实际商品名称有差异，药物浓度也有所不同，建议读者在使用每一种药物之前，参阅厂家提供的产品说明以确认药物用量、用药方法、用药时间及禁忌等。购买兽药时，执业兽医有责任根据经验和对患病动物的了解决定用药量，选择最佳治疗方案。

在本书编写过程中，我们参考了一些专家、学者的文献资料，在此表示感谢。

由于理论和技术水平有限，书中不妥、错误之处在所难免，敬请广大读者批评指正。

编著者

Contents 目录

第五章　鸭、鹅细菌性传染病的诊治 ······································ 71

第六章　鸭、鹅寄生虫病的诊治 ·· 119

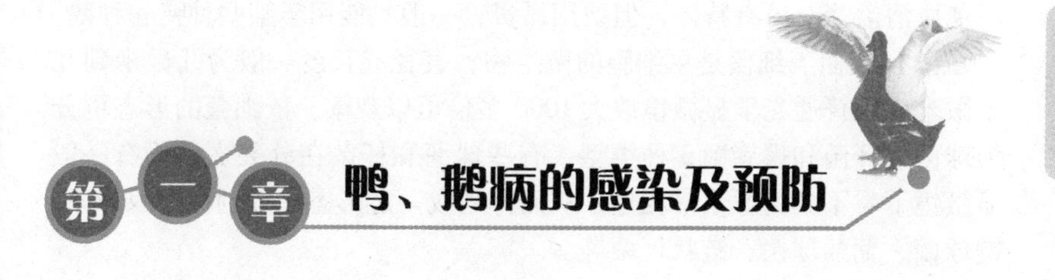

第一章 鸭、鹅病的感染及预防

鸭、鹅病，尤其是一些传染性疾病和成批发生的营养代谢病，是鸭、鹅养殖业的大敌，如果疏于防范，往往会使整群以至整个养殖场毁于一旦，造成重大的经济损失。因此，在鸭、鹅生产中，必须贯彻“以预防为主”的方针，采取切实可行的措施，确保鸭群和鹅群健康无病，高产稳产。

一、病原微生物

传染病是由人们肉眼看不见而具有致病性的微小生物——病原微生物引起的，它们包括病毒、细菌、支原体、真菌及衣原体等。

(1) 病毒 病毒是很小的微生物，一般圆形病毒的直径为几十至一百多纳米，必须用电子显微镜放大数万倍才能观察到。

病毒不能独立进行新陈代谢，每种病毒都必须寄生在对其具有易感性的动物、植物或微生物的活细胞内，才能正常生存和繁殖。由病禽消化道、呼吸道及羽囊等排出的各种病毒，都是释放在细胞之外的，它们在自然界中不能繁殖，但能存活数十天至数百天之久，当有机会侵入禽体时，又在细胞内繁殖，引起疾病。

病毒有耐冷怕热的共性，温度越低，存活越久，但在高热环境中存活的时间很短。例如，传染性支气管炎病毒，在 -25 ~ -20℃ 能存活 142 天，56℃ 经 15 ~ 45 分钟即可死亡。不同病毒对酸、碱、日光、紫外线及各种消毒剂有不同的耐受力，但大多数不能耐受碱和长时间（30 分钟以上）的日光直射。

病毒性疾病与细菌性疾病的一个不同之处就是前者用疫苗预防的效果比较好，但一般来说没有特效药物可以治疗。抗生素及磺胺类药物的作用是破坏细菌的新陈代谢，而病毒靠寄生生存，没有自身的新陈代谢，因而不受这些药物的影响。能够进入细胞杀灭病毒而又不损害细胞的化学药品，研制难度大，目前仅取得有限的进展。有些病毒性疾病可以用

高免血清治疗，虽有特效，但费用昂贵，一般只能用于某些种鸭和种鹅。

（2）细菌 细菌是单细胞的微生物，直径或长度一般为几微米到几十微米，用普通光学显微镜放大1000多倍可以观察。依细菌的形态可分为球菌、杆菌和螺旋菌3种类型，有些球菌和杆菌在分裂之后仍有一般显微镜下看不到的原浆带相连，从而排列成一定形态，分别称为双球菌、链球菌、葡萄球菌、链状杆菌等。

细菌与病毒不同，它能独立进行新陈代谢。只要有适宜的温度、湿度、酸碱度及营养等条件，细菌就可以大量地分裂繁殖。例如，大肠杆菌在适宜条件下，每20分钟左右就分裂1次。一般病原菌在10～45℃的温度下均可以繁殖，以37℃最为适宜。当外界环境不利时，细菌会减缓乃至停止繁殖，但能存活较长时间，待环境有利时再恢复繁殖。

有些细菌能在细胞壁外面形成肥厚的胶状物包裹整个菌体，这种胶状物称为荚膜，它具有抵抗动物细胞吞噬和消除抗体的作用，从而增强细菌的致病能力。还有些杆菌在外界环境不利时能形成一种有坚实厚壁的圆形或椭圆形囊状结构，称为芽孢，可大大增强对高温、干燥及消毒药的抵抗力。能否形成荚膜和芽孢，以及芽孢呈现什么形态是菌种的特征，因而是鉴别细菌的依据之一。

细菌可以在人工培养基上进行培养。在固体培养基上培养时，细菌大量繁殖所形成的肉眼可见的聚集物称为菌落，不同细菌的菌落呈不同形态，这也是鉴别细菌和诊断传染病的依据之一。

鸭、鹅的细菌性传染病均可以用药物进行预防和治疗，但除禽巴氏杆菌病（禽霍乱）等少数菌种外，没有可供免疫接种的菌苗，禽巴氏杆菌病菌苗的效果也不够理想，仅在必要时使用。

（3）支原体 支原体又称霉形体，其大小介于细菌与病毒之间，结构比细菌简单，但能独立生存。支原体没有真性细胞壁，只有极薄的细胞膜，不足以保持固定形态，因而具有多形性，如球形、杆形、星形、螺旋形等。多种抗生素，如土霉素、金霉素对支原体有效，但青霉素的作用是破坏细胞壁的合成，而支原体并无真性细胞壁，所以青霉素对支原体无效。

（4）真菌 真菌包括担子菌、酵母菌和霉菌，一般担子菌、酵母菌对动物无致病性，而霉菌种类繁多，有些霉菌对鸭/鹅有致病性，如烟曲霉菌使饲料、垫料发霉，引起鸭/鹅的曲霉菌病，黄曲霉菌常使花生饼变质，饲喂鸭/鹅后引起中毒。

霉菌的形态是细长的菌丝，有很多分枝，各执行不同功能。一些菌丝肉眼看不到，大量菌丝聚在一起呈丝绒状，是人们所常见的。

霉菌能够进行独立的新陈代谢，在温暖（22～28℃）、潮湿和偏酸性（pH4～6）的环境中繁殖很快，并可产生大量的孢子浮游在空气中，易被鸭/鹅吸入肺部。一般消毒药对霉菌无效或效力甚微。

（5）衣原体　衣原体是一种介于病毒和细菌之间的微生物，生长繁殖到一定阶段寄生在细胞内，对抗生素敏感。鹦鹉热衣原体常使鹦鹉、鸽子等发生鹦鹉热，但鸭/鹅较少感染。

二、传染病的传播

某些病原微生物侵入禽体后，在禽体内生长繁殖，损伤禽体组织，扰乱其生理机能而引起疾病。这种疾病可由一只病禽传染给同群的其他健康禽，也可由一个禽群传染给其他禽群而发生同样的疾病，因而称为传染病。

传染病的传播扩散必须具备传染源、传播途径和易感禽体 3 个基本环节，如果打破、切断或消除这 3 个环节中的任何一个环节，传染病就会停止流行。

（1）传染源　传染源即病原微生物的来源。主要传染源是病禽和带菌（毒）禽，病禽不仅体内有病原微生物繁殖，而且通过各种排泄物将病原微生物排出体外，传播扩散，使健康禽发生传染病。但带菌（毒）隐性感染禽，由于缺乏病症，不被人们注意，往往会被认为是健康禽，这样就潜伏了极大危险，易造成大面积传染。另外，患传染病的禽尸体处理不当，以及带菌（毒）的鸟、鼠等，也是散播病原微生物的主要传染源。

（2）传播途径　鸭/鹅传染病的病原微生物，由传染源向外传播的途径有 3 种，即垂直传播、孵化器内传播和水平传播。

1）垂直传播也叫经蛋传递，是种鸭、种鹅感染了（包括隐性感染）某些传染病时，体内的病菌或病毒能侵入种蛋内部，传播给下一代幼雏的传播方式。能垂直传播的鸭/鹅传染病有沙门氏菌病、支原体病、脑脊髓炎、大肠杆菌病等。

2）孵化器内传播。孵化器内的温度、湿度非常适宜细菌繁殖。蛋壳上的气孔比一般细菌大数倍，所以有鞭毛、能运动的病菌，特别是沙门氏菌、大肠杆菌等，当其存在于蛋壳表面时，在孵化期间即侵入蛋内，使胚胎感染。另外，一些存在于蛋壳表面的病毒和病菌，虽然一般不进入蛋内，但雏鸭、雏鹅刚一出壳时，即由其呼吸道等门户入侵。在出雏器内，带病出壳的雏鸭、雏鹅与健康雏鸭、雏鹅接触，也会造成传染，沙门氏菌病和脑脊髓炎等病除垂直传播外，还可在出雏器内进一步扩散。

3）水平传播也叫横向传播，是指病原微生物通过各种媒介在同群鸭/鹅之间和地区之间的传播。这种传播方式面广量大，媒介物也很多。同群鸭/鹅之间的传播媒介主要是饲料、饮水、空气中的飞沫与灰尘等，远距离传播的媒介通常是鸭/鹅舍内清除出去的垫料和粪便、运送鸭/鹅和运蛋的器具和车辆、在各鸭/鹅养殖场间周转的饲料包装袋及工作人员的衣物等。

（3）易感禽体 病原微生物仅是引起传染病的外因，它通过一定的传播途径侵入禽体后，是否导致发病，还要取决于禽体的内因，也就是禽体的易感性和抵抗力。禽类由于品种、日龄、免疫状况及体质强弱等不同，对各种传染病的易感性有很大差别。例如，在日龄方面，鸭/鹅幼雏对沙门氏菌病等易感性高，成年鸭/鹅则对禽巴氏杆菌病易感性高；在免疫状况方面，禽群接种过某种传染病的疫苗或菌苗后，产生了对该病的免疫力，易感性即大大降低。当禽群对某种传染病处于易感状态时，如果体质健壮，也有一定的抵抗力。

三、传染病的感染与发病

1. 感染的类型

某种病原微生物侵入禽体后，必然引起禽体防卫系统的抵抗，其结果必然出现以下3种情况：一是病原微生物被消灭，没有形成感染；二是病原微生物在禽体内的一定部位定居并大量繁殖，引起病理变化和症状，也就是引起发病，称为显性感染；三是病原微生物与禽体内防卫量处于相对平衡状态，病原微生物能够在禽体某些部位定居，进行少量繁殖，有时也引起比较轻微的病理变化，但没有引起症状，也就是没有引起发病，称为隐性感染。有些隐性感染的禽体是健康带菌、带毒者，会较长时期排出病菌、病毒，成为易被忽视的传染源。

2. 发病过程

显性感染的过程可分为以下4个阶段：

（1）潜伏期 病原微生物侵入禽体后，必须繁殖到一定数量才能引起症状，这段时间称为潜伏期。潜伏期的长短与入侵的病原微生物毒力、

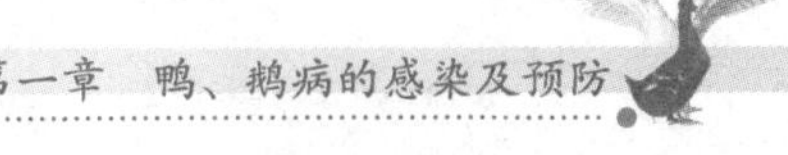

数量及禽体抵抗力强弱等因素有关。例如，小鹅瘟的潜伏期一般为3～5天，其最大范围为2～10天。

(2) 前驱期　此时是禽体发病的征兆期，表现出精神不振、食欲减退、体温升高等一般症状，尚未表现出该病特征性症状。前驱期一般只有数小时至1天多。某些最急性的传染病，如急性禽巴氏杆菌病等，没有前驱期。

(3) 明显期　此时禽体的病情发展到高峰阶段，表现出病的特征性症状。前驱期与明显期合称为病程。急性传染病的病程一般为数天至2周左右。慢性传染病则可达数月。

(4) 转归期　此时病程发展到结局阶段，病禽有的死亡，有的恢复健康。康复禽在一定时期内对该病具有免疫力，但体内仍残存并向外排放该病的病原微生物，成为健康带菌或带毒禽。

四、传染病的基本防治措施

1. 预防鸭/鹅传染病的基本措施

(1) 养殖场选址要符合防疫要求　养殖场应选在背风向阳、地势高燥、水源充足、排水方便，远离村镇、机关、学校、工厂和居民区，与铁路干线、公路干线、运输河道也要有一定距离的地方。

(2) 对饲养人员和车辆要进行严格消毒，切断外来传染源　养殖场和鸭/鹅舍的出入口也应设置消毒设施，外来车辆进入厂区和饲养人员出入鸭/鹅舍要消毒。

(3) 建立场内兽医卫生制度

1）不得把后备鸭/鹅群或新购入的鸭/鹅群与成年鸭/鹅群混养，以防止疫病接力传染。

2）食槽、水槽要保持清洁卫生，定期清洗消毒。粪便要定期清除。

3）鸭/鹅转群前要彻底对棚舍和用具进行消毒。

4）定期对鸭/鹅群进行计划免疫和药物防病，平养鸭/鹅要定期驱虫，疫苗接种是防止某些传染病发生的可靠措施，在接种时要查看疫苗的有效期、接种方法及剂量等。预防性用药是根据某些病的发病规律提前用药，应注意各种抗菌类药物交替作用，以防病原菌产生抗药性。

5）养殖场要重视和做好除鼠、防蚊、灭蝇工作。

(4) 加强鸭/鹅群的饲养管理，提高其抗病能力

1）选择优质的雏鸭和雏鹅。若从外场购进雏鸭和雏鹅，在准备进雏前要了解所购幼雏的种禽场的建筑水平、饲养管理水平及孵化水平，特别是种禽场的卫生管理、种禽的饲料营养和消毒情况对幼雏的健康影响较大。如果种蛋消毒不严，孵化水平低，幼雏伤寒、脐炎就比较严重；种禽不接种脑脊髓炎疫苗，就可能使幼雏在1周龄内发生脑脊髓炎。优质的幼雏抗病力强，育雏成活率高。

2）供给全价饲粮。饲粮的营养水平不仅影响鸭/鹅的生产能力，而且缺乏某些成分可发生相应的缺乏症。所以要从正规的饲料厂购买饲料，贮存时注意时间不要过长，并防止霉变和结块。在自配饲粮时，要注意原料的质量，避免饲粮配方与实际应用相脱节。

3）给予适宜的环境温度。适宜的环境温度有利于提高鸭/鹅群的生产能力。温度过高或过低，都会影响鸭/鹅的健康，冷热不定很容易导致鸭/鹅呼吸道疾病的发生。

4）维持良好的通风换气条件。鸭/鹅舍内的粪便及残存的饲料受细菌的作用可产生大量的氨气，加上鸭/鹅呼吸排出的气体对自身是很有害的。特别是氨气，一旦达到使人感觉不适甚至流泪的程度，可导致鸭/鹅呼吸道黏膜损伤而发生细菌和病毒感染。要减少鸭/鹅舍内的有害气体，一方面可采取在不突然降低温度的情况下开窗或排风扇排气，另一方面要保持地面干燥、卫生，减少氨气的产生。

5）保持合理的饲养密度。密度过大可造成鸭/鹅群拥挤和空气中有害气体增多，鸭/鹅群易患沙门氏菌病、球虫病及大肠杆菌病等。

6）尽力减少鸭/鹅群应激反应。过大的声音、转群、药物注射及饲养人员的穿戴和举止异常对鸭/鹅群是一种应激，在应激时鸭/鹅群容易发生球虫病、法氏囊病等。

（5）建立兽医疫情处理制度

1）兽医防疫人员每天要深入鸭/鹅舍观察，有疫情要立即诊断。

2）发现传染病时，将患病鸭/鹅隔离，病死鸭/鹅深埋或烧毁。对一些烈性传染病（如禽流感等），应及时报告上级兽医机关，并封锁养殖场，进行紧急接种，直至最后一只患病鸭/鹅死亡半个月后不再有病例出现，方可报告上级部门解除封锁。

3）对污染的鸭/鹅舍和用具要进行消毒处理，鸭/鹅的粪便需要堆积发酵后方可运出场外。

2. 扑灭鸭/鹅传染病的基本措施

一旦发生传染病，为了扑灭疫情，避免造成大范围流行，必须立即查明和消灭传染源，切断传播途径，提高鸭/鹅群对传染病的抵抗力。

（1）发现异常，及早做出诊断　发现鸭/鹅群中有部分个体发病或异常时，应立即请兽医亲临现场，做出病情诊断，并查明发病原因。若不能确诊，应把患病鸭/鹅或刚死的鸭/鹅装在严密的容器内，立即送兽医权威部门进行确诊。必要时应把疫情通知周围养殖场或养殖户，以便采取预防措施。

（2）针对疫情，及时采取防治措施　当确诊为鸭瘟、禽痘等烈性传染病时，如果处在流行初期，应立即对未发病鸭/鹅进行疫苗紧急接种，以便在短期内使流行逐渐停止。但是，已经感染且正在潜伏期的患病鸭/鹅，接种疫苗后，不但不能使其免疫，反而可能加速其发病死亡。所以到了流行中期，已经感染而貌似健康的鸭/鹅为数很多，此时接种疫苗，往往收效不大。当确诊为禽巴氏杆菌病等细菌性传染病时，在流行初期除用菌苗进行紧急接种外，还可用磺胺类药物或抗生素进行治疗和预防，并加强饲养管理。

（3）严格隔离和封锁，防止疫情蔓延　对发生传染病的鸭/鹅群要进行全部检疫，对检出的患病鸭/鹅要隔离治疗，疑似患病的鸭/鹅应隔离观察，并且设专人饲养管理。对发生传染病的鸭/鹅群和养殖场，应及早划定疫区，进行严格封锁。在封锁期间，禁止幼雏、种禽、种蛋调进或调出。待场内患病鸭/鹅已经全部痊愈或处理完毕，鸭/鹅舍、场地和用具经过严格消毒后，经2周再无新病例出现，然后再做1次严格大消毒，方可解除封锁。

（4）坚决淘汰患病鸭/鹅，彻底进行环境消毒　鸭/鹅群发病后，对所有病重的鸭/鹅要坚决淘汰。如果可以利用，必须在兽医部门同意的地点，在兽医监督下加工处理。鸭/鹅的羽毛、血水、废弃的内脏要集中深埋，肉尸要高温处理。病死鸭/鹅的尸体、粪便和垫草等应运往指定地点烧毁或深埋，防止猪、狗等扒吃。对被污染的鸭/鹅舍、运动场及饲养用具，都要用2%～3%热火碱（氢氧化钠）等高效消毒剂进行彻底消毒。

对于鸭/鹅病的防治，要坚持以预防为主的原则，“防”重于“治”，治疗是不得已的补救措施。只有做好疫病的预防工作，才能保证鸭/鹅群健康，降低饲养成本。

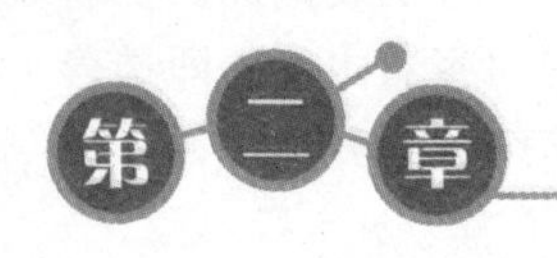

第二章 鸭、鹅病的诊断及投药

一、鸭、鹅病的诊断

诊断的目的是为了尽早地认识疾病，以便采取及时而有效的防治措施。只有及时正确地诊断，防治工作才能有的放矢，使鸭/鹅群的病情得以控制，免受更大的经济损失。鸭/鹅病的诊断主要从以下 4 个方面着手：

1. 流行病学调查

有许多鸭、鹅病的临床表现非常相似，甚至雷同，但各种病的发病时机、季节、传播速度、发展过程、易感日龄、鸭和鹅的品种、性别及对各种药物的反应等方面各有差异，这些差异对鉴别诊断有非常重要的意义。例如，一般进行某些预防接种的，在接种免疫期内可排除相关的疫病。因此，在发生疫情时要进行流行病学调查，以便结合临床症状和化验结果最后确诊。

2. 临床诊断

（1）现场观察 首先观察并了解周围环境，并着重观察鸭/鹅群的自然管理条件，如管理措施、饲养方式、垫料、换气、温度、光线、饮水、饲料、饲槽、栖架、饲养密度等。然后再仔细观察鸭/鹅群，即站在鸭/鹅舍内一角，不惊扰鸭/鹅群，静静窥视鸭/鹅群的生活状态，寻求各种异常表现，为进一步诊断提供线索。

（2）患病鸭/鹅个体检查 对整群鸭/鹅进行观察之后，再挑选出各种不同类型的患病鸭/鹅进行个体检查。这种检查一般先检查体温，接着检查全身各个部位。

（3）病理解剖检查 鸭/鹅受到外界各种不利因素侵害后，其体内各器官发生的病理变化是不尽相同的。通过解剖，找出病变的部位，观察其形状、色泽、性质等特征，结合生前诊断，确定疾病的性质和死亡的原因。

提示

已经腐败的尸体，会给剖检工作造成很大困难，并且容易误诊。

3. 实验室诊断

在诊断鸭/鹅病的过程中，对其中的有些疾病特别是某些传染病，必须配合实验室检查才能确诊。当然，有了实验室检查结果，还必须结合流行病学调查、临床症状和病理剖检所见再进行综合分析，不可单靠化验结果就盲目得出结论。

提示

一套器械与容器只能采集一种病料，不得再采集其他病料或盛放其他脏器材料。

4. 鉴别诊断

随着鸭、鹅产业的发展，鸭/鹅病的临床表现和病理变化变得错综复杂，给临床诊断带来了一定的困难。对于鸭/鹅养殖户而言，在进行鸭/鹅病诊断过程中，鉴别诊断相对难度较大，但非常重要，必须给予高度重视。要根据病原特性、流行特点、临床症状、病理特征，认真分析，仔细梳理，从可能会发生的多种疾病中逐一排除，最后做出正确诊断。

提示

临床上，由于种种原因，仅通过一种诊断方法很难得出正确的结论，只有多种诊断方法结合起来，进行综合分析，才能得出正确的判断。

二、药物敏感试验

测定细菌对抗菌药物敏感性的试验称为药物敏感试验，简称药敏试验。由于鸭/鹅生产中抗菌药物的广泛使用，导致抗药菌株越来越多，盲目用药常常效果不佳。因此，进行药物敏感试验已成为正确使用抗菌药物的必要手段。药物敏感试验的方法有多种，如纸片扩散法、试管法、挖洞法等。其中，纸片扩散法简便易行，出结果快，是目前生产中最常见的方法，现将该种方法介绍如下：

（1）药敏纸片的准备 常用抗菌药敏纸片已有商品供应，一般可以

买到，可直接利用。

（2）药敏培养基的制备

1）普通肉汤琼脂又称营养琼脂。蛋白胨10克、氯化钠15克、磷酸氢二钾1克、琼脂20克、牛肉浸出液1000毫升（可用牛肉浸膏10克浸于1000毫升蒸馏水代替）。

牛肉浸出液的配制方法：取瘦牛肉（去掉脂肪、腱膜等），绞碎或切碎，按500克牛肉加1000毫升蒸馏水混合，置4℃冰箱内过夜，取出后加热到80~90℃，经1小时后，以数层纱布滤除肉渣并挤出肉水，再用脱脂棉过滤，量其体积并用蒸馏水补足1000毫升，分装后高压蒸汽灭菌20分钟，即制成牛肉浸出液。

将以上其他成分加入到牛肉浸出液中，加热溶解，冷却后调pH至7.6，煮沸10分钟，用滤纸过滤后分装，再以10.4万帕高压蒸汽灭菌25分钟，取出后冷却至55℃左右，在直径为90毫米的灭菌平皿上倾注成4毫米厚的平板。将做好的平板密封包装后于冰箱中保存2~3周。使用前应将平皿置于37℃温箱中培养24小时，确认无菌后再用于试验。

2）鲜血琼脂。将灭菌的营养琼脂加热融化，至45~50℃时加入无菌鲜血5%（每100毫升营养琼脂中加入鲜血5~6毫升）倾注平板。无菌鲜血，用无菌手术取健康动物（绵羊或家兔等）的血液，加入盛有5%无菌枸橼酸钠溶液的容器中（血与5%枸橼酸钠的比例为9:1）混匀，置于冰箱中保存备用。

（3）试验方法 将临床上分离到的细菌进行纯培养。用灭菌的接种环挑取被检菌的纯培养物画线或涂布于平板上，并尽可能使其密而均匀。用灭菌镊子将药敏纸片平放于平板上并轻压使其紧贴平板。直径为90毫米的平皿可贴7张纸片，纸片间距不少于24毫米，纸片与平皿边缘的距离不少于15毫米。贴好后将平板底部朝上置于37℃温箱中培养24小时，取出观察结果。

（4）结果判定 凡对被检菌有抑制力的抗菌药物，由于向周围扩散，抑制细菌的生长，故在纸片周围出现1个无细菌生长的圆圈，称为抑菌圈。抑菌圈越大，说明该菌对此种药物的敏感度越高，反之越低。如果无抑菌圈，则说明该菌对此种药物具有耐药性。所以，判定结果时，以抑菌圈直径的大小作为细菌对该药物敏感度高低的标准。

一般来说，抑菌圈直径在20毫米以上为极度敏感，15~20毫米为高度敏感，10~15毫米为中度敏感，10毫米以下为低敏感，无抑菌圈为

不敏感。对多黏菌素的作用，抑菌圈在10毫米以上者为高度敏感，6~9毫米为低敏感。

经药敏试验后，应该选择极度敏感或高度敏感的药物进行治疗。

三、鸭、鹅的投药方法

在鸭/鹅生产中，为了促进鸭/鹅生长、预防和治疗某些疾病，经常需要进行投药。鸭/鹅的投药方法很多，大体上可分为3类，即全群投药法、个体给药法及种蛋和胚胎给药法。

1. 全群投药法

(1) 混水给药　将药物溶解于水中，让鸭/鹅自由饮用。此法常用于预防和治疗鸭/鹅病，尤其适用于已患病、采食量明显减少而饮水状况较好的鸭/鹅群。投喂的药物应该是较易溶于水的药片、药粉和药液，如葡萄糖、高锰酸钾、四环素、卡那霉素、吉他霉素（北里霉素）、磺胺二甲基嘧啶、亚硒酸钠等。应用混水给药时还应注意以下几个问题：

1）油剂（如鱼肝油等）及难溶于水的药物（如制霉菌素、红霉素）不能采用此法给药。

2）要将微溶于水且又易引起中毒的药物片剂充分研细，然后溶于水中，使之成为悬浮液。

3）水溶液稳定性较差的药物，如青霉素、金霉素、土霉素等，要现用现配，一次配用时间不宜超过8小时。为了保证药效，最好在用药前停止供水1~2小时，然后再喂给药液，以便鸭/鹅群在较短时间内将药液饮完。

4）要准确掌握药物的浓度。用药混水时，应根据“毫克/千克”或“%”首先计算出全群鸭/鹅所需药量，并严格按比例配制符合浓度的药液。“毫克/千克”代表百万分率。例如，125毫克/千克就是125%，等于每千克水中加入125毫克药物或每吨水中加入125克药物。如果将“毫克/千克”换算成“%”（百分数），把小数点向左移4位即可，如500毫克/千克=0.05%。

5）应根据鸭/鹅的可能饮水量来计算药液量。鸭/鹅的饮水量多少与其品种、饲养方法、饲料种类、季节及气候等因素紧密相关，生产中要给予考虑。一般冬天饮水量减少，配给药液就不宜过多；而夏天饮水量增加，配给药液必须充足，否则就会造成部分鸭/鹅饮水过少，影响药效。

注意

药物应严格按其使用要求配制，避免浓度过高或过低。

（2）混料给药 将药物均匀混入饲料中，让鸭/鹅吃料时能同时吃进药物。此法简便易行，切实可靠，适用于长期投药，是鸭/鹅生产中最常用的投药方式。适用于混料的药物比较多，尤其对一些不溶于水且适口性差的药物，采用此法投药更为合适，如土霉素、复方磺胺甲基异噁唑、氯苯胍、微量元素、多种维生素、鱼肝油等。应用混料给药时应注意以下3个问题：

1）药物与饲料必须混合均匀，尤其对一些易产生不良反应的药物。例如，磺胺类药物及某些抗寄生虫药物等，更要特别注意。常用的混合方法是将药物均匀混入少量饲料中，然后将含有全部药量的部分饲料与大批量饲料混合。大批量饲料混药，还需要多次逐步递增混合才能达到混合均匀的目的，这样才能保证饲喂时每只鸭/鹅均能服入大致等量的药物。

2）要注意掌握饲料中药物的浓度。混料的浓度与混水的浓度虽然都用“毫克/千克”或“%”表示，但饲料中的药物浓度不能当作溶液中的药物浓度，因为混水比混料的药物浓度往往要高。例如，吉他霉素混料浓度为110～330毫克/千克，而混水的浓度却为250～500毫克/千克。但对鸭/鹅易产生毒性的药物（如磺胺类药物），其混水量往往比混料量低。例如，磺胺嘧啶用于治疗时混料选用0.2%，而混水选用0.1%。

3）药物与饲料混合时，应注意饲料中添加剂与药物的关系。如果长期应用磺胺类药物则应补给维生素B_1和维生素K，应用氨丙啉时则应减少维生素B_2的投放量。

注意

① 在患病鸭/鹅不吃料或采食很少的情况下，不宜使用混料给药。

② 注意准确计算所需的药量和饲料用量，以免浓度小时不起作用及浓度大时引起药物中毒。

③ 对于毒性大、药物安全性低的药物（如喹乙醇等），一般采用逐级混合法，即先把全部药混合在少量饲料中，充分拌匀，再把这部分饲料混合于一定量的饲料中，再充分拌匀，最后再与所需的全部饲料拌匀即可。

(3) 气雾给药 气雾给药是指让鸭/鹅通过呼吸道吸入或作用于皮肤黏膜的一种给药方法。这里只介绍通过呼吸道吸入方式。由于鸭/鹅肺泡面积很大，并具有丰富的毛细血管，因此应用此法给药时，药物吸收快，作用出现迅速，不仅能起到局部作用，也能经肺部吸收后出现全身作用。采用气雾给药时应注意以下4个问题：

1）要选择适用于气雾给药的药物。要求使用的药物对鸭/鹅呼吸道无刺激性，而且又能溶解于其分泌物中，否则不能吸收。药物对呼吸系统如果有刺激性，则易造成炎症。

2）要控制气雾微粒的细度。气雾微粒越小，进入肺部越深，但在肺部的保留率越差，大多易通过呼气排出，影响药效。若气雾微粒较大，则大部分落在上呼吸道的黏膜表面，未能进入肺部，因而吸收较慢。一般来说，进入肺部的气雾微粒的直径以0.5~5.0微米为宜。

3）要掌握药物的吸湿性。要使气雾微粒到达肺脏深部，应选择吸湿慢的药物；要使气雾微粒分布在呼吸系统的上部，应选择吸湿快的药物，因为具有吸湿性的药物粒子在通过湿度很高的呼吸道时，其直径能逐渐增大，影响药物到达肺泡。

4）要掌握气雾剂的剂量。同一种药物，其气雾剂的剂量与其他剂型的剂量未必相同，不能随意套用。

① 将药液喷洒到鸭/鹅体、栖架上时应均匀。

② 应选择适合的浓度与剂量，避免药物对鸭/鹅和工作人员产生一定的毒性。

(4) 外用给药 此法多用于鸭/鹅的体表，以杀灭体外寄生虫或微生物，也常用于消毒鸭/鹅舍、周围环境和用具等。采取外用给药时应注意以下3个问题：

1）要根据应用的目的选择不同的外用给药方法。例如，对体外寄生虫可采用喷雾法，将药液喷雾到鸭/鹅体、产蛋箱上；杀灭体外微生物则常采用熏蒸法。

2）要注意药物浓度。抗寄生虫药物对寄生虫或微生物具有杀灭作用，但也往往对鸭/鹅体有一定的毒性，如果应用不当、浓度过高，易引起中毒。因此，在应用易引起毒性反应的药物时，不仅要严格掌握浓度，还要事先准备好解毒药物。例如，用有机磷杀虫剂时，应准备阿托品等

解毒药。

3）用熏蒸法杀死鸭/鹅体外微生物时，要注意熏蒸时间。用药后要及时通风，避免对鸭/鹅体造成过度刺激，尤其对雏鸭、雏鹅更要特别注意。

注意 应严格按药物使用要求配制，避免药物浓度过高引起鸭/鹅中毒。

2. 个体给药法

(1) 口服法（灌药） 凡水剂、片剂、丸剂、胶囊及粉剂均可采用此给药法。具体可采取以下方法：用左手食指伸入鸭/鹅的舌基部，将舌尽量拉出，并与拇指配合将舌固定在下腭上，右手将药物投入（图2-1），此法适用于片剂、丸剂、胶囊及粉剂。也可用左手抓住鸭/鹅头部皮肤使之向后仰，当喙张开时，右手将药物投入，此法较适用于剂量较少的水剂药物。对剂量较大的水剂药物，可用细塑料管插入食管后，另一头装上吸有药液的注射器，慢慢推入鸭/鹅的食管内。

口服法的优点是给药剂量准确，并能让每只鸭/鹅都服入药物。但是，此法花费人工较多，而且较注射给药吸收慢。

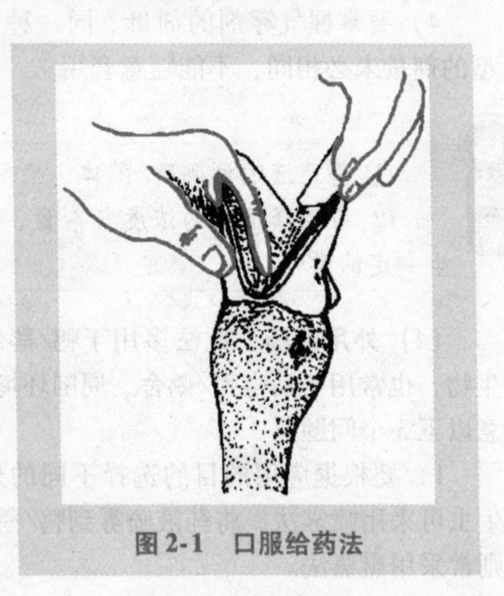

图2-1 口服给药法

(2) 静脉注射法 此法可将药物直接送入血液循环中，因而药效发挥迅速，适用于急性严重病例和对药量要求准确及药效要求迅速的病例。另外，需要注射某些刺激性药物及高渗溶液时，也必须采用此法，如注射氯化钙、砷剂等。

静脉注射的部位是翼下静脉基部。其方法是：助手用左手抱定鸭/鹅，右手拉开翅膀，让腹面朝上。术者左手压住静脉，使血管充血，右手握好注射器将针头刺入静脉后顺好，见回血后放开左手，把药液缓缓注入即可。

（3）肌内注射法　此法的优点是药物吸收速度较快，药物作用的出现也比较稳定。肌内注射的部位有胸部肌肉、翼根内侧肌肉和腿部外侧肌肉。

1）胸肌注射。术者左手抓住鸭/鹅两翼根部，使鸭/鹅体翻转，腹部朝上，头朝术者左前方。右手持注射器，由鸭/鹅后方向前，并与鸭/鹅腹面保持45度角，插入鸭/鹅胸部偏左侧或偏右侧的肌肉1~2厘米（深度依鸭/鹅日龄大小而定），即可注射。进行胸肌注射时要注意针头应斜刺肌肉内，不得垂直深刺，否则会损伤肝脏造成出血死亡。

2）翼肌注射。如为成年鸭/鹅注射，则将其一侧翅向外移动，即露出翼根内侧肌肉；如为幼雏注射，可将鸭/鹅体用左手捉住，一侧翅翼夹在食指与中指中间，并用拇指将其头部轻压，右手握注射器即可将药物注入该部肌肉。

3）腿肌注射。一般需有人保定或术者呈坐姿，左脚将鸭/鹅两翅踩住，左手食指、中指、拇指固定鸭/鹅的小腿（中指托，拇指和食指指压），右手握注射器即可进行腿肌注射。

（4）嗉囊注射　要求药量准确的药物（如抗体内寄生虫药物），或对口咽有刺激性的药物（如四氯化碳），或对有暂时性吞咽障碍的患病鸭/鹅，多采用此法。其操作方法是：术者站立，左手提起鸭/鹅的两翅，使其身体下垂，头朝向术者前方。右手握注射器针头由上向下刺入鸭/鹅的颈部右侧、离左翅基部1厘米处的嗉囊内，即可注射。最好在嗉囊内有一些食物的情况下注射，否则较难操作。

提示

注射时要有人将被注射鸭/鹅保定，要注意注射部位的消毒和更换针头。

（5）腹腔注射　当静脉注射有困难时，可选择鸭/鹅的腹底壁采用腹腔注射。此法适用于注射大剂量药液的危重或脱水患病鸭/鹅，药效发挥较快，仅次于静脉注射。

提示

采用此法时必须选用无刺激性的药液。天气寒冷且注入药液量较多时，需将药液加温到39~40℃。

（6）外用给药　外用给药主要用于鸭/鹅体外消毒和杀灭体外寄生

虫，常采用洗涤和涂擦两种方式。

1）洗涤。将药物配成适当浓度的溶液，清洗局部皮肤或喙、眼、口腔黏膜及创伤等部位。

2）涂擦。将药物制成软膏或适当剂型，涂擦于皮肤或黏膜、创伤表面。

3. 种蛋和胚胎给药法

种蛋和胚胎给药法常用于种蛋的消毒和预防各种疾病，也可治疗胚胎病。常用的方法有下列3种：

（1）熏蒸法 将经过洗涤或喷雾消毒的种蛋放入罩内、室内或孵化器内，并内置药物（药物的用量根据每立方米体积计算），然后关闭室内门窗或孵化器的进出气孔和鼓风机，熏蒸半小时后方可进行孵化。

（2）浸泡法 将种蛋置于一定浓度的药液中浸泡3～5分钟，以便杀灭种蛋表面的微生物。用于种蛋浸泡消毒的药物主要有高锰酸钾、呋喃西林及碘溶液等。

（3）注射法 可将药物通过种蛋的气室注入蛋白内，如注射庆大霉素。也可直接注入卵黄囊内，如注射泰乐菌素。还可将药物注入或滴入蛋壳膜的内层，如注射或滴入维生素B_1。

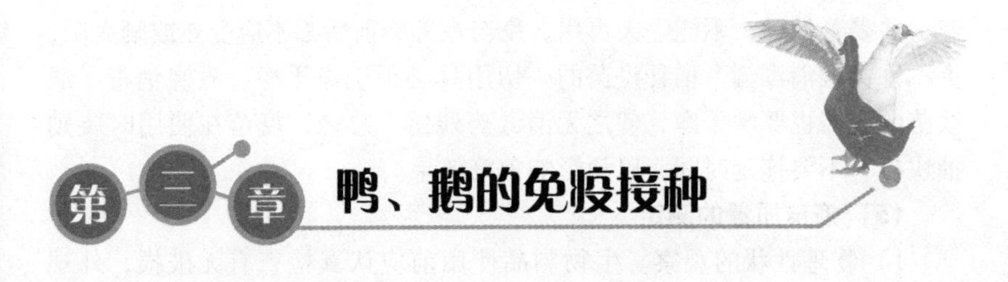

鸭、鹅的免疫接种

一、疫苗的保存、运输与使用

疫苗的保存、运输和使用方法是否得当，对其效果影响很大，在生产中必须给予重视。

（1）疫苗的保存 各种疫苗在使用前和使用过程中，必须按说明书上规定的条件保存，绝不能马虎大意。一般活菌苗要保存在2~15℃的阴暗环境内，但对弱毒疫苗，则要求低温保存。一般情况下，疫苗保存期越长，病毒（细菌）死亡越多，因此要尽量缩短保存期限。

（2）疫苗的运输 疫苗运输时，通常都达不到低温的要求，因而运输时间越长，其中的病毒（细菌）死亡越多，如果中途再转运几次，其影响就会更大。所以，在运输疫苗时，一方面应千方百计地降低温度，如采用保温箱、保温桶、保温瓶等；另一方面要利用航空等高速运输工具，以缩短运输时间，提高疫（菌）苗的效力。

（3）疫苗的稀释 各种疫苗使用的稀释剂、稀释倍数及稀释方法都有一定的要求，必须严格按规定处理。否则，疫苗的滴度就会下降，影响免疫效果。例如，用于饮水的疫苗稀释剂，最好用蒸馏水或去离子水，也可用洁净的深井水，但不能用自来水，因为自来水中的消毒剂会杀死疫苗中的病毒。又如，用于气雾的疫苗稀释剂，应该用蒸馏水或去离子水，如果稀释剂中含有盐，雾滴喷出后，由于水分蒸发，盐类浓度提高，会使疫苗灭活。如果能在饮水或气雾的稀释剂中加入0.1%的脱脂奶粉，会保护疫苗的活性。在稀释疫苗时，应用注射器先吸入少量稀释剂注入疫苗瓶中，充分振摇溶解后，再加入其余的稀释剂。如果疫苗瓶太小，不能装入全量的稀释剂，需要把疫苗吸出放在另一个容器内，再用稀释剂把疫苗瓶冲洗几次，使全部疫苗都被冲洗下来。

（4）疫苗的使用 疫苗在临用前从冰箱中取出，稀释后应尽快使用。一般来说，活毒疫苗应在4小时内用完，当天未能用完的疫苗应废弃，并妥善处理，不能隔天再用。疫苗在稀释前后都不应受热或晒太阳，更不许接触消毒剂。稀释疫苗的一切用具必须洗涤干净，煮沸消毒。混饮苗的容器也要洗干净，使之无消毒药残留。总之，疫苗在使用时要勤抽快打，不要拖延时间，以免影响免疫效果。

（5）疫苗质量的测定

1）物理性状的观察。生物制品使用前应认真检查有无破损，外观是否符合各类制品规定的要求。例如，冻干活菌（疫）苗应是疏松海绵状固体，稀释后团块迅速均匀溶解，无异物和干缩现象。凡玻璃瓶有裂纹、瓶塞松动及药品色泽等物理性状与说明不相符者，不得使用。

2）真空度的测定。测定真空度时使用高频火花测定器。测定时瓶内出现蓝色或紫色光者为真空（切勿直对瓶盖），不透光者为无真空。无真空疫苗不得使用，若使用这种疫苗免疫必然导致免疫失败。

3）效力检查。效力检查在生产实践中具有重要意义。凡合法生物药品制造厂所生产的疫苗，均应为经过检验的合格产品，产品附有批准文号、生产日期、批号、有效期等说明。但在生产实践中，往往由于保存、运输及使用不当，造成疫苗质量下降。为确保免疫效果，疫苗使用前应进行效力检查。检查方法应严格按农业农村部颁布的规程进行。

二、鸭、鹅群免疫程序的制定

有些传染病需要多次进行免疫接种，在鸭/鹅的多大日龄接种第一次，什么时候接种第二次、第三次等，称为免疫程序。单独一种传染病的免疫程序见本书关于该病的叙述；一群鸭/鹅从出壳至开产的综合免疫程序，要根据具体情况先确定对哪几种病进行免疫，然后合理安排。制定免疫程序时，应主要考虑以下几个方面的因素：当地家禽疾病的流行情况及严重程度；母源抗体的水平；上次免疫接种引起的残余抗体的水平；鸭/鹅的免疫应答能力；疫苗的种类；免疫接种的方法；各种疫苗接种的配合；免疫对鸭/鹅群健康及生产能力的影响等。各种传染病的免疫程序可参见有关传染病防治部分。在生产中，鸭/鹅养殖场（户）可按实际需要具体选定。

1. 鸭群的免疫程序

（1）种鸭的免疫程序

1日龄：鸭病毒性肝炎活疫苗，颈部皮下注射。

7日龄：鸭疫里氏杆菌（鸭传染性浆膜炎）灭活苗0.5毫升，皮下或肌内注射。

14 日龄：H5 型禽流感灭活苗，每只颈部皮下或胸部肌内注射 0.5 毫升。

21 日龄：鸭疫里氏杆菌灭活苗或鸭疫里氏杆菌、大肠杆菌二联灭活苗 0.5 毫升，皮下或肌内注射。

28 日龄：鸭瘟活疫苗 1 只份，肌内注射。

48 日龄：H5 型禽流感灭活苗，每只胸部肌内注射 0.5 毫升。

100 日龄：大肠杆菌灭活苗 1 毫升，同时用禽巴氏杆菌（禽霍乱）油乳剂灭活菌 1 毫升，肌内注射。

110 日龄：鸭瘟活疫苗 1 只份，肌内注射。

120 日龄：鸭病毒性肝炎活疫苗 2 倍量，肌内注射（免疫后对 120 天内孵化的雏鸭群有较高的保护率）。

130 日龄：H5 型禽流感灭活苗，每只胸部肌内注射 0.5 毫升。

以后每 4 个月免疫雏鸭病毒性肝炎疫苗 1 次，每 4 ~ 6 个月免疫 H5 型禽流感灭活苗 1 次，每 6 个月免疫鸭瘟 1 次。

（2）产蛋鸭的免疫程序

1 日龄：鸭病毒性肝炎活疫苗，肌内注射。

7 日龄：鸭疫里氏杆菌灭活苗 0.5 毫升，肌内注射。

14 日龄：H5 型禽流感灭活苗，每只颈部皮下或胸部肌内注射 0.5 毫升。

21 日龄：鸭疫里氏杆菌灭活苗 0.5 毫升，肌内注射。

28 日龄：鸭瘟活疫苗 1 只份，肌内注射。

48 日龄：H5 型禽流感灭活苗，每只胸部肌内注射 0.5 毫升。

90 日龄：大肠杆菌灭活苗 1 毫升，肌内注射。

100 日龄：鸭瘟活疫苗 1 只份，肌内注射。

110 日龄：大肠杆菌灭活苗 1 毫升，同时用禽巴氏杆菌油乳剂灭活苗 1 毫升，肌内注射。

120 日龄：H5 型禽流感灭活苗每只胸部肌内注射 0.5 毫升。

以后每 4 ~ 6 个月免疫 H5 型禽流感灭活苗 1 次，每 6 个月免疫鸭瘟 1 次。

（3）肉鸭的免疫程序

1 日龄：鸭病毒性肝炎活疫苗，肌内注射。

7 日龄：鸭疫里氏杆菌灭活苗 0.5 毫升，肌内注射。

第三章

14 日龄：H5 型禽流感灭活苗，每只颈部皮下或胸部肌内注射 0.5 毫升。

20 日龄：鸭瘟活疫苗 0.5 毫升，皮下注射。

对于雏鸭病毒性肝炎抗血清免疫，在有雏鸭病毒性肝炎疫病流行的区域，可对健康易感的雏鸭群，1 ~ 7 日龄用抗血清免疫，每只雏鸭皮下注射 0.5 毫升；有疫情雏鸭群，外观无病的雏鸭，每只雏鸭皮下注射 0.7 ~ 1 毫升，患病雏鸭皮下注射 1 ~ 1.5 毫升。

2. 鹅群的免疫程序

(1) 种鹅免疫程序

1 ~ 3 日龄：抗雏鹅新型腺病毒（病毒性肠炎病毒）- 小鹅瘟二联高免血清 0.5 毫升（或抗体 1 ~ 1.5 毫升），皮下注射。

7 日龄：副黏病毒灭活苗 0.25 毫升（无此病流行地区可免除），皮下注射。

4 周龄：鹅巴氏杆菌蜂胶复合佐剂灭活苗 1 毫升，皮下注射。

27 周龄：鹅巴氏杆菌蜂胶复合佐剂灭活苗 1 毫升，皮下注射。

28 周龄：抗雏鹅新型腺病毒-小鹅瘟二联弱毒疫苗皮下注射 1 个剂量。

29 周龄：抗雏鹅新型腺病毒-小鹅瘟二联弱毒疫苗皮下注射 1 个剂量。

44 周龄：鹅巴氏杆菌蜂胶合佐剂灭活苗 1 毫升，皮下注射。

45 周龄：抗雏鹅新型腺病毒-小鹅瘟二联弱毒疫苗皮下注射 1 个剂量。

46 周龄：抗雏鹅新型腺病毒-小鹅瘟二联弱毒疫苗皮下注射 1 个剂量。

(2) 商品肉鹅免疫程序

1 ~ 3 日龄：抗雏鹅新型腺病毒-小鹅瘟二联高免血清 0.5 毫升（或抗体 1 ~ 1.5 毫升），皮下注射。

7 日龄：副黏病毒灭活苗 0.25 毫升（无此病流行地区可免除），皮下注射。

三、免疫接种的常用方法

不同的疫苗、菌苗对接种方法有不同的要求，归纳起来，主要有滴鼻、点眼、饮水、翼下刺种、肌内注射、皮下注射及气雾等几种方法。

（1）滴鼻、点眼法 用滴管、空眼药水瓶或5毫升注射器（针尖磨秃），事先用1毫升水试一下，看有多少滴。2周龄以下的雏鸭/鹅以每毫升50滴为好，每只雏鸭/鹅2滴，每毫升滴25只雏鸭/鹅，如果一瓶疫苗是用于250只雏鸭/鹅的，就稀释成250只÷25只/毫升=10毫升。比较大的鸭/鹅以每毫升25滴为宜。

疫苗应当用生理盐水或蒸馏水稀释，不能用自来水，以免影响免疫效果。

滴鼻、点眼的操作方法：术者左手轻轻握住鸭/鹅身体，其食指与拇指固定住雏鸭/鹅的头部，右手用滴管吸取药液，滴入鸭/鹅的鼻孔或眼内，当药液滴在鼻孔上不吸入时，可用右手食指把鸭/鹅的另一只鼻孔堵住，药液便很快被吸入。

注意

做好已接种和未接种鸭/鹅之间的隔离，防止漏免。

（2）饮水法 滴鼻、点眼免疫接种虽然剂量准确，效果确实，但对于大群鸭/鹅，尤其是日龄较大的鸭/鹅群，要逐只进行免疫接种，费时费力，并且不能在短时间内完成全群免疫，因而生产中采用饮水法，即将某些疫苗混于饮水中，让鸭/鹅在较短时间内饮完，以达到免疫接种的目的。

为使饮水免疫接种达到预期效果，必须注意以下8个问题：

1）在投放疫苗前，要停止供应饮水3~5小时（依不同季节酌定），以保证鸭/鹅群有较强的渴欲，能在2小时内把疫苗水饮完。

2）配制鸭/鹅饮用的疫苗水，需在用时按要求配制，不可事先配制备用。

3）稀释疫苗的用水量要适当。在正常情况下，每500份疫苗，2日龄至2周龄用水8升，2~4周龄用水15升，4~8周龄用水20升，8周龄以上用水30升。

4）水槽的数量应充足，可以供给全群鸭/鹅同时饮水。

5）应避免使用金属饮水槽。水槽在用前不应消毒，但应充分洗刷干清，不含有饲料或粪便等杂物。

6）水中不含有氯和其他杀菌物质。盐、碱含量较高的水，应煮沸、

冷却，待杂质沉淀后再用。

7）要选择一天当中较凉爽的时间使用疫苗，疫苗水应远离热源。

8）有条件时可在疫苗水中加5%的脱脂奶粉，对疫苗有一定的保护作用。

附加的饮水器不宜用金属制品，以免降低疫苗的效价。

（3）翼下刺种法 先将疫苗用生理盐水或蒸馏水按一定倍数稀释，然后用接种针或蘸水笔笔尖蘸取疫苗，刺种于鸭/鹅的翅膀内侧无血管处。幼雏刺种1针即可，较大的鸭/鹅刺种2针。

做刺种免疫时，一定要确定接种针已蘸取了疫苗稀释液，使每一只被接种的鸭/鹅接种到足量的疫苗。

（4）肌内注射法 此法作用快、吸收较好、免疫效果可靠，适用于4周龄以上的育成鸭/鹅。一般按规定倍数稀释后，较小的鸭/鹅每只注射0.2～0.5毫升，成年鸭/鹅每只注射1毫升。注射部位可选择胸部肌肉、翼根内侧肌肉或腿部外侧肌肉。

（5）皮下注射法 多采用雏鸭/鹅颈背部皮下注射法。注射时先用左手拇指和食指将雏鸭/鹅颈背部皮肤轻轻捏住并提起，右手持注射器将针头刺入皮肤与肌肉之间，然后注入疫苗。

（6）气雾法 此法适用于规模化、集约化养殖场的大群免疫，尤其是大型商品肉用鸭/鹅场的鸭/鹅群免疫。此法是用压缩空气通过气雾发生器，使稀释的疫苗液形成直径为1～10微米的雾化粒子，均匀地悬浮于空气中，随鸭/鹅呼吸而进入其体内。应用气雾法时应注意以下5个问题：

1）所用疫苗必须是高价的、倍量的。

2）稀释疫苗应该用去离子水或蒸馏水，最好加0.1%的脱脂奶粉或明胶。

3）雾滴大小适中，一般要求喷出的雾滴在70%以上。对于成年鸭/鹅，雾滴的直径应为5～10微米；对于雏鸭/鹅，雾滴的直径应为30～50

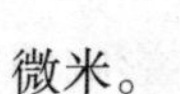

微米。

4）喷雾时房舍要密闭，要遮蔽直射阳光，保持一定的温度和湿度，最好在夜间鸭/鹅群密集时进行，10～15分钟后打开门窗。

5）气雾法对鸭/鹅群的干扰较大，尤其会加重鸭/鹅支原体（霉形体）及大肠杆菌引起的气囊炎，应予以注意，必要时于气雾法接种前后在饲料中加入抗菌药物。

四、疫苗接种的保护率与免疫期

（1）疫苗接种的保护率　鸭/鹅群经过某一项免疫接种之后，由于个体差异及接种操作上的疏忽等原因，并不是所有的鸭/鹅均能产生较强的免疫力。鸭/鹅群接种后能抵抗强毒侵袭的鸭/鹅的比率称为保护率。若保护率在90%以上，说明免疫效果比较好，能避免鸭/鹅群严重发病。

（2）疫苗接种的免疫期　不同的疫苗、菌苗接种之后，产生抗体快慢不一样。一般经几天至十几天可达到抵抗强毒为止的这段时间称为免疫期。对于各种疫苗、菌苗的免疫期，厂家均有说明。

五、免疫反应与干扰

1. 免疫反应

弱毒疫苗、菌苗接种之后，由于病毒、细菌在鸭/鹅体内繁殖，在几天内鸭/鹅表现轻微的精神不振、食欲减退和产蛋率下降等，均属正常现象。反应的轻重与弱毒疫苗、菌苗的种类、接种剂量和鸭/鹅的体质有关。

由于弱毒苗中的病毒、细菌在鸭/鹅体内能够繁殖，所以进行正常的预防性免疫接种时，疫苗的用量只要达到规定的标准，即能收到预期的免疫效果。不要随意加大用量，以免引起不良反应。一般来说，采取注射法接种时，疫苗的用量应按规定掌握。而滴鼻、点眼、饮水等方法，疫苗总会有一些浪费，用量可加大10%～20%，但也不宜太多。

2. 免疫干扰

鸭/鹅群接种某种疫苗后，由于受到某些因素的影响，其免疫效果受到一定影响。一般情况下，干扰免疫效果的因素主要有以下4种：

（1）母源抗体　种鸭/鹅的免疫抗体可经蛋传递给初生雏，并在幼雏体内维持一定时期才消失，如果在消失前接种抗原，那么接种的抗原将母源抗体中和。解决这一问题的方法有多种：一是母源抗体基本消失后再进行首次免疫；二是通过两次免疫接种来解决，第一次接种后母源抗体已被中和，第二次接种就不受影响；三是使用不受母源抗体影响的疫苗。

（2）其他疫苗 有些疫苗之间可相互干扰，一种疫苗影响另一种疫苗的免疫效果。因此，在使用疫苗时，有干扰关系的疫苗应错开一段时间接种。

（3）病理状态 雏鸭/鹅的免疫力主要靠法氏囊产生，因而一些可损害法氏囊的疫病可使疫苗的免疫效果降低，伴随而来的是对许多传染病的易感性增加，从而又进一步降低疫苗的免疫效果。

（4）其他因素 环境条件、饲料品质等也影响免疫效果。例如，饲料中蛋白质与维生素不足，可使疫苗的免疫效果降低。

六、免疫接种应注意的问题

鸭/鹅群的免疫接种应注意下列问题：

（1）严格按照说明书中的要求进行 接种疫苗的稀释倍数、剂量和接种方法等都要严格按照说明书中的规定进行。

（2）疫苗现配现用 疫苗稀释时绝对不能用热水，稀释的疫苗不可置于阳光下曝晒，应放置在阴凉处，并且必须在2小时内用完。

（3）接种疫苗的鸭/鹅必须健康 只有在鸭/鹅群健康状况良好的情况下接种疫苗，才能取得预期的免疫效果。对环境恶劣、疾病、营养缺乏等情况下的鸭/鹅群接种，往往效果不佳。

（4）妥善保管、运输疫苗 生物制品怕热，特别是弱毒苗必须低温冷藏。要求弱毒苗在0℃以下保存，灭活苗保存在4℃左右为宜。要防止温度忽高忽低，运输时要有冷藏设备。若疫苗保管不当，不用冷藏瓶提取疫苗，存放时间过久而超过有效期，或者冰箱冷藏条件差，均会使疫苗活力降低，影响免疫效果。

（5）选择恰当的接种时间 接种疫苗时，要注意母源抗体和其他病毒感染时对疫苗接种的干扰和抗体产生的抑制作用。

（6）接种疫苗的用具要严格消毒 对接种用具必须事先按规定消毒。遵守无菌操作要求，对接种后所有的容器、用具也必须进行消毒，以防感染其他鸭/鹅群。

（7）注意接种某些疫苗时能用的药物和禁用的药物 在接种禽巴氏杆菌活苗前后5小时，应停止使用抗菌药物；而在接种病毒性疫苗时，在前2小时和后5小时要用抗菌药物，以防接种应激引起其他疾病感染；

各种疫苗接种前后，均应在饲料中添加比平时多1倍的维生素，以保持鸭/鹅群强健的体质。

（8）注意配合综合性防疫措施和进行抗体水平监测 由于同一群中鸭/鹅个体的抗体水平不一致，体质也不一样，因此，同一种疫苗接种后的反应和产生的免疫力也不一样。所以，单靠接种疫苗扑灭传染病往往有一定困难，只有配合综合性防疫措施，才能取得预期效果。同时，应创造条件对鸭/鹅群进行抗体水平监测，确定免疫效果和加强免疫时间。

七、免疫接种失败的原因

鸭/鹅群经免疫接种后，抵挡不住相应特定疫病的流行或抗体滴度检查不合格，均认为免疫接种失败。分析免疫接种失败的原因，可从以下5个方面考虑：

（1）接种时存在母源抗体 如果在雏鸭/鹅体内母源抗体未降低或消失时就接种疫苗，母源抗体就会与疫苗抗原发生中和作用，不能产生良好的免疫应答，导致免疫失效。

（2）疫苗失效 疫苗保存、运输不当，或者超过有效期，均可造成疫苗失效或减效。

（3）疫苗间干扰 例如，接种法氏囊病疫苗之后一段时间内，若接种其他疫苗，将影响另一种疫苗的免疫效果。

（4）接种方法不当 疫苗接种方法很多，如注射法、刺种法、饮水法、气雾法及滴鼻、点眼法等，由于鸭/鹅的日龄不同、鸭/鹅群的组合不同，所需的免疫方法、疫苗种类、稀释浓度、接种剂量均不相同，如果违反了操作规程，就达不到免疫目的。

（5）鸭/鹅群隐性感染某些传染病 例如，接种鸭瘟疫苗时，若鸭群潜伏鸭瘟、法氏囊病等，接种的疫苗受到免疫抑制或病毒的干扰，达不到免疫目的。

八、疫苗接种后的免疫监测

一般情况下，鸭/鹅群免疫接种后多不进行免疫监测，但在疫病严重污染的地区，为了确保鸭/鹅群获得可靠的免疫效果，时常在疫苗接种之后测定其是否确实获得免疫，因为在某些因素的影响下，如疫苗的质量差、用法不当或鸭/鹅体应答能力低等，虽然进行了疫苗接种，但鸭/鹅群没有获得坚强的免疫力，若忽视了再次免疫接种，就不能抵抗一些传染病的侵袭。根据鸭/鹅体和疫苗应用情况，可将免疫监测分为4类。

(1) 从未免疫的鸭/鹅群 疫苗接种后，若鸭/鹅群出现阳性血清反应，则认为免疫获得成功，否则认为免疫失败。某些疫病还要求血清达到一定效价，才认为免疫成功。

(2) 曾免疫过的鸭/鹅群 再次进行疫苗接种，需做免疫前和免疫后血清效价升高的比较，若免疫后血清效价出现明显升高，则认为免疫成功，否则需要重新进行免疫。

(3) 观察疫苗在接种部位的反应 疫苗经皮肤刺种后，在刺种部位出现反应时，则认为免疫获得成功；若无反应，需重新接种。

(4) 其他监测法 有些菌苗对鸭/鹅免疫后，既无局部反应，也不出现阳性血清反应，需要采取其他特殊的监测方法。

凡是经过监测之后，证明未能产生满意的免疫效果，一律需要重新进行免疫，直至获得满意的免疫效果为止。

第四章 鸭、鹅病毒性传染病的诊治

一、禽流感

禽流感是由 A 型流感病毒，特别是 H5N1、H7N1、H9N1 亚型毒株引起的家禽和野禽的一种严重败血性传染病。雏鸭、雏鹅感染后发病率高、死亡率高，常给鸭/鹅养殖业造成严重的经济损失。

【流行特点】 各种家禽和野生禽均可感染，在禽类中尤以鸭和火鸡发病最为严重，常可导致大批死亡。

本病主要发生于 2～6 周龄的雏鸭和雏鹅，一般冬春寒冷季节多发。被感染的家禽从呼吸道和粪便中排出病毒。鸟类、哺乳动物（犬、猫、鼠）、饲料、饮水、饲养用具、车辆及有关人员等均可传播本病。通过与感染禽直接或间接接触使病毒经呼吸道或消化道传播发病。

不同流感病毒的致病力差异很大，在自然情况下，有些毒株，如 H5N1、H7N1、H9N1 亚型毒株的致病性较强，鸭/鹅群的发病率和死亡率均较高；有些毒株仅引起轻度的呼吸道症状。鸭/鹅、鸡、火鸡、鸽、鹌鹑等家禽均能自然感染禽流感，其中鸡、火鸡及雏鸭、雏鹅等感染后常引起呼吸道症状和产蛋率下降，或者能导致大量死亡，但鸭、鹅等成年水禽大多处于健康带毒状态而不发病。

【典型临床症状】 本病的潜伏期长短不一，从数小时至 2～3 天，由于家禽的种类、年龄、毒株和外界环境条件不同，以及有无并发症等，因而表现的症状也有很大的差异。

（1）雏鸭、雏鹅 雏鸭、雏鹅表现精神沉郁、眼眶湿润、流泪（彩图 4-1），流鼻汁、呼吸困难、咳嗽、打喷嚏、呼吸有啰音、食欲不振或废绝，下痢（排黄白色或青绿色稀粪）。发病后期出现劈叉、扭颈（彩图 4-2）、摇头、仰翻或横冲直撞等神经症状。濒死时呈侧卧或角弓反张（彩图 4-3）。死亡率可高达 30%～70%。

（2）填鸭 填鸭除精神沉郁和喜卧外，多表现消化功能紊乱，食道

积食（俗称不化食），经久不愈直至死亡。

（3）产蛋鸭 产蛋鸭多于气候骤变时突然发病，产蛋率急剧下降，1周内可由95%下降到30%左右，甚至停产。蛋壳褪色，产畸形蛋（小蛋、软蛋或粗壳蛋）。产蛋恢复较慢，很难达到原来的产蛋水平。病鸭除个别因继发感染（多为大肠杆菌）而死亡外，一般很少死亡。

（4）成年鹅 成年鹅体温升高，食欲减退或废绝，仅饮水。拉白色或带浅黄绿色水样稀粪。羽毛松乱，身体蜷缩，精神沉郁，昏睡，反应迟钝（彩图4-4）。部分病鹅曲颈斜头，有神经症状，尤其是雏鹅较为明显。多数病鹅站立不稳，后退倒地。部分病鹅颈部肿大，皮下水肿（彩图4-5），眼睛潮红或出血，眼睛四周羽毛贴着黑褐色的眼眶，呈戴眼镜样，严重者瞎眼，也有的病例鼻孔流血。种鹅发病症状稍轻，产蛋率急剧下降，3~5周后又缓慢上升，破蛋、畸形蛋增多，种蛋的受精率和孵化率降低。患病未死的母鹅一般在1~5个月后才能恢复产蛋。

【典型病理变化】 患病鸭/鹅头颈部肿胀，皮下有浅黄色胶冻样浸润，两脚爪干燥，鳞片有紫红色的出血斑（彩图4-6）。剖检可见病死鸭/鹅的鼻腔和眶下窦充有浆液或黏液性分泌物。慢性病例的窦腔内有干酪样分泌物，鼻腔、喉头及气管黏膜出血（彩图4-7、彩图4-8），气囊混浊，轻度水肿，呈纤维素性气囊炎。脾脏稍肿大，瘀血；肝脏肿大、瘀血、出血（彩图4-9），部分病例肝小叶间质增宽；肾脏稍肿大，充血；胰腺边缘充血、出血，有出血斑和坏死斑，或呈液化状；胸壁有浅黄色胶样物；腺胃黏性分泌物较多，部分病例黏膜出血（彩图4-10）；腺胃乳头肿大，呈化脓性出血，并有灰白色分泌物；肠黏膜及淋巴组织出血（彩图4-11），有局灶性出血斑或出血块，或者有出血性溃疡病灶，十二指肠呈环状出血（彩图4-12），直肠后段黏膜出血；法氏囊肿大，出血。产蛋母鸭卵泡破裂于腹腔中，卵泡膜充血并有出血斑，输卵管浆膜充血、出血，腔内有凝着蛋白，成年产蛋鸭可在输卵管内见到白色或浅黄色的脓性渗出物或豆腐渣样干酪样物质。病程较长的患病母鸭卵巢中的卵泡萎缩，卵泡膜充血、出血或变形，显紫葡萄状卵巢。

【鉴别诊断】

（1）鸭禽流感与鸭瘟的鉴别 二者均有精神沉郁、食欲减退、下痢、共济失调、头颈侧斜扭曲、腿瘫软、角弓反张、肠炎等临床症状和病理变化。但二者的区别在于：鸭瘟多发于成年产蛋鸭，病鸭体温升高、流泪，眼结膜充血、水肿，有的外翻，眼睑周围羽毛湿润呈湿圈，严重

者上下眼睑粘连；部分病鸭头部皮下水肿导致头部肿大，故有“大头瘟”或“肿头瘟”之称，多呈急性死亡，病程较短；剖检可见肝脏表面和切面有大小不等的灰黄色或灰白色的坏死斑点，少数坏死点中间有小出血点，或者外围有一条环状出血带；心外膜充血、出血，呈“刷漆样”，冠状沟有出血点；脾脏略肿大，常呈暗褐色；胸腺和胰腺常见有小出血点或灰色坏死斑。

（2）鹅禽流感与小鹅瘟的鉴别　二者均有精神沉郁、食欲减退、拉稀、肠炎等临床症状和病理变化。但二者的区别在于：小鹅瘟易感染10日龄以内的雏鹅，而鹅禽流感易发生在1月龄以内的雏鹅，发病率高达100%；小鹅瘟的主要特征为急性下痢，以消化道病变为特征。将肝脏、脾脏、脑等病料处理后接种5枚11日龄鸡胚和5枚12日龄易感鹅胚，观察5~7天，如果两种胚胎均在96小时内死亡，绒尿液具有血凝性并被特异抗血清所抑制，即可判定为鹅禽流感；而鸡胚不死亡，鹅胚部分或全部死亡，胚体病变典型，无血凝性，可诊断为小鹅瘟。

（3）鸭/鹅禽流感与鸭/鹅病毒性肝炎的鉴别　二者均有精神沉郁、食欲减退、拉稀、共济失调、头颈侧斜扭曲、腿瘫软、角弓反张、肠炎等临床症状和病理变化。但二者的区别在于：病毒性肝炎潜伏期短，感染24小时就可发病，所以一般发生在幼雏阶段，集中于5周龄以内发病；而鸭/鹅禽流感各种日龄可感染，但临床上以1月龄以上的鸭/鹅发病多见。鸭/鹅病毒性肝炎病例以头触地，喙端、爪尖瘀血而呈暗紫色。剖检可见肝脏肿大，发黄，表面有大小不等的出血斑点；胆囊肿大，充满胆汁；脾脏有时肿大且呈斑驳状；多数病例肾脏充血、肿胀。

（4）鸭禽流感与鸭细小病毒病的鉴别　二者均有精神沉郁、食欲减退、拉稀、共济失调、头颈侧斜扭曲、腿瘫软、角弓反张、肠炎等临床症状和病理变化。但二者的区别在于：鸭细小病毒病急性型病例多见于7~21日龄雏番鸭，病雏两翅下垂，尾端向下弯曲，无力走动，排灰白色或浅绿色稀粪并黏附于肛门周围。剖检可见泄殖腔扩张、外翻，心脏变圆，心壁松弛，肾脏、脾脏表面有针尖大、灰白色坏死灶。

（5）鸭/鹅禽流感与鸭/鹅巴氏杆菌病的鉴别　二者均有精神沉郁、食欲减退、流鼻液、拉稀等临床症状和病理变化。但二者的区别在于：鸭/鹅感染巴氏杆菌病后，呼吸明显困难，神经症状不明显。剧烈腹泻，排出铜绿色或白色稀粪。特征性病变发生在肝脏，肝脏略肿大，色泽变浅，质地变硬，表面散布着许多灰白色坏死灶和针尖大出血点。肺脏出

血，发生肝变。心冠有弥漫性出血点。

（6）鸭/鹅禽流感与鸭/鹅支原体病的鉴别 二者均有打喷嚏，咳嗽，呼吸有啰音，流鼻液、结膜炎、流泪等临床症状。但二者的区别在于：鸭/鹅支原体病的病原为支原体，病鹅一侧或两侧眶下窦发炎。有关节炎，关节肿胀，跛行。剖检可见鼻孔、鼻旁窦、气管、肺浆膜黏性分泌物增多，气囊混浊、有干酪样分泌物，关节液黏稠如豆油，平板凝集试验呈阳性。

（7）鸭/鹅禽流感与鸭/鹅维生素 B_1 缺乏症的鉴别 二者均有精神沉郁、食欲减退、共济失调、头颈扭曲、腿瘫软、肠炎等临床症状和病理变化。但二者的区别在于：维生素 B_1 缺乏症多发于成年鸭/鹅。幼雏发病多表现突发性，个别幼雏腿肌麻痹，头后仰呈观星状。

（8）鸭/鹅禽流感与鸭/鹅磺胺类药物中毒的鉴别 二者均有精神沉郁、食欲减退、腹泻等临床症状和病理变化。但二者的区别在于：鸭/鹅磺胺类药物中毒的病因是投药过量所致，具有磺胺类药物投喂史，患病鸭/鹅体温不高，消化道出血严重。

注意

禽流感为人畜共患传染病，已出现许多鸭/鹅传染人的病例，要做好疫区内人员的防护工作，防止禽流感传染给人。

【防治措施】

（1）禁止从疫区引种，从源头上控制本病的发生 正常引种时要做好隔离检疫工作，最好对引进的种鸭/鹅群抽血，做血清学检查，淘汰阳性个体；无条件的也要对引进的种鸭/鹅隔离观察 5～7 天，淘汰盲眼、红眼、精神不振、步态不正常、排绿色粪便的个体。

（2）鸭/鹅群接种禽流感灭活疫苗 种鸭/鹅群每年春、秋两季各接种 1 次，每次每只接种 2～3 毫升；仔鸭、仔鹅 10～15 日龄每只首免接种 0.5 毫升，25～30 日龄每只再接种 1～2 毫升，可取得良好的效果。

（3）避免鸡、鸭、鹅混养和串栏 禽流感可种间传播，应引起注意。

（4）鸭/鹅棚舍、场地、水上运动场、用具、孵化设备要定期消毒，保持清洁卫生 水上运动场以流动水最好。水塘、场地可用生石灰消毒，平时隔 15 天消毒 1 次，有疫情时隔 7 天消毒 1 次；用具、孵化设备可用福尔马林熏蒸消毒或百毒杀喷雾消毒；产蛋箱的垫料要常换、消毒。

（5）种鸭/鹅群和肉鸭/鹅群分开饲养 场地、水上运动场、用具都应相对独立使用。肉鸭/鹅饲养实行全进全出制度，出栏后空栏要消毒和净化15天以上。

（6）发现可疑病例立刻上报　一旦受到疫情威胁或发现可疑病例，应立即上报相关兽医部门，立刻采取有效措施防止扩散，包括及时准确诊断病例及隔离、封锁、销毁、消毒、紧急接种、预防投药等。

提示

①对产蛋期的鸭/鹅注射疫苗时应尽量轻抓轻放，同时做好抗应激的工作（如增加多维素，加强通风和保温等），以减轻应激造成的短期减蛋。

②为了避免由于使用低劣疫苗而导致免疫效果欠佳甚至免疫失败，建议在免疫前和免疫后15天或在1~3日龄、25~28日龄、50~60日龄和120日龄进行禽流感的抗体监测，根据其监测结果及时采取必要的措施。

二、鸭瘟

鸭瘟又叫鸭病毒性肠炎、鸭大头瘟，是由疱疹病毒引起的鸭、鹅、雁等水禽的一种急性、高度致死性传染病，以体温升高、黏膜出血、下痢和部分病禽头颈部肿胀为特征。

【流行特点】　本病四季均可发生，以春夏和秋季流行严重。不同年龄和品种的鸭均可感染，但以番鸭、麻鸭最易感染发病，北京鸭一般不易发病。1月龄以内的雏鸭发病较少，以成年鸭多发。本病主要通过呼吸道、消化道、交配等途径传播，传播迅速，发病率和死亡率均可达到50%~100%。

【典型临床症状】　一般潜伏期为3~5天，病程为3~10天，病鸭于发病初期精神沉郁，厌食，缩颈垂翅，两脚麻痹，羽毛松乱（彩图4-13），行走困难，若强行驱赶，则扑翅向前跳跃；体温升高，口渴并大量饮水；流泪，眼周围羽毛湿润（彩图4-14），甚至有脓性分泌物将眼睑粘连（彩图4-15）；部分病鸭头颈部肿胀（彩图4-16），俗称“大头瘟”或“肿头瘟”；鼻腔和眼睛流出浆液性、血性分泌物，呼吸困难，呼吸时发出鼻塞音，叫声嘶哑；下痢，排出灰白色或绿色稀粪，肛门周围的羽毛沾污并结块，泄殖腔黏膜充血、出血、水肿，严重者黏膜外翻；死亡时眼睛充血，嗉囊无食物，手感空虚。一般病程超过1周，病鸭体重迅速下降。

【典型病理变化】 成年鸭剖检后可见皮肤、黏膜、浆膜出血，皮下组织、胸腔、腹腔常见有浅黄色的胶冻样浸润物；食道黏膜有纵行排列的出血斑点（彩图4-17），并有灰黄色伪膜覆盖（彩图4-18），伪膜易剥离，剥离后食道黏膜留有溃疡斑痕，这是鸭瘟所具有的特征性病变。泄殖腔黏膜的病变与食道相同，黏膜表面覆盖有一层灰褐色或绿色的坏死结痂，不易剥离，黏膜上有出血斑点和水肿。肝脏表面和切面有大小不等的灰黄色或灰白色坏死灶（彩图4-19），少数坏死点中间有小点出血，或者外围有一条环状出血带。心外膜充血、出血，呈“刷漆样”（彩图4-20），冠状沟有出血点；脾脏略肿大，常呈暗褐色；胸腺和胰腺常见小出血点或灰色坏死斑；整个肠道黏膜充血（彩图4-21），尤以十二指肠和直肠最为严重；食道膨大部与腺胃或腺胃与肌胃交界处常见灰黄色坏死带或出血带（彩图4-22），有时出现溃疡。

产蛋鸭的卵巢可见充血和出血，有的因卵泡破裂而导致腹膜炎。

幼鸭的病变与成年鸭基本相似，但食道和泄殖腔的病变较轻，在小肠的肠壁上常见环状出血点带，法氏囊黏膜出血（彩图4-23）。

【鉴别诊断】

（1）鸭瘟与鸭巴氏杆菌病的鉴别 二者均有精神沉郁、食欲减退、拉稀、肠炎等临床症状和病理变化。但二者的区别在于：鸭瘟流行范围较广，病程较长，一般多在发病后4～6天死亡，而鸭巴氏杆菌病一般零星发生，以产蛋母鸭多发，病鸭常突然死亡。鸭瘟病例流涕、流泪，死亡时眼睛充血，嗉囊无食物，手感空虚，而鸭巴氏杆菌病病例常摇头，死亡时口、鼻流稀血水，嗉囊里充满饲料，手感硬实。鸭瘟为疱疹病毒感染，而鸭巴氏杆菌病为巴氏杆菌感染，使用磺胺类或抗生素治疗有效。鸭巴氏杆菌病病例剖检可见肝脏表面有许多针尖大出血点和灰白色坏死灶，而鸭瘟病例肝脏有大小不等的灰黄色或灰白色坏死灶。

（2）鸭瘟与鸭禽流感的鉴别 二者均有精神沉郁、食欲减退、下痢、肠炎等临床症状和病理变化。但二者的区别在于：鸭禽流感多发于1月龄以内的雏鸭，1月龄以后的雏鸭发病较少，而鸭瘟以成年鸭多发。鸭禽流感病例消化道病变类似鸭瘟，但不同的是，鸭禽流感病例腺胃乳头肿大，呈化脓性出血，并有灰白色分泌物；胰腺边缘充血、出血，有灰白色或黄白色坏死灶。成年产蛋鸭可在输卵管内见到白色或浅黄色的脓性渗出物或豆腐渣样的干酪样物质，法氏囊和肾脏肿大、出血。

（3）鸭瘟与鸭病毒性肝炎的鉴别　二者均有精神沉郁、食欲减退，拉稀、肠炎等临床症状和病理变化。但二者的区别在于：鸭病毒性肝炎对 1 周龄内易感雏鸭有极高的发病率和致死率，超过 3 周龄的雏鸭发病率较低，而鸭瘟虽然对各种日龄的鸭均可感染发病，但 3 周龄以内的雏鸭较少发生死亡。如果发病鸭多为成年鸭或成年鸭发病多于雏鸭，则鸭瘟的可能性大于病毒性肝炎；如果发病鸭多为雏鸭或绝大部分为雏鸭，而成年鸭很少发病，则可初步诊断为鸭病毒性肝炎。

鸭病毒性肝炎病例的喙端和爪尖瘀血而呈暗紫色。剖检可见肝脏肿大，发黄，表面有大小不等的出血斑点；胆囊肿大，充满胆汁；脾脏有时肿大且呈斑驳状；多数病例的肾脏肿胀；气囊中有微黄色渗出液和纤维素絮片。而鸭瘟病例高热、肿头、流泪，眼周围有分泌物，两颊麻痹。剖检可见皮肤有出血点，皮下组织胶冻样浸润，消化道黏膜充血，有坏死伪膜或溃疡，泄殖腔黏膜出血、水肿。

【防治措施】　鸭瘟目前尚无有效的治疗方法，控制本病依赖于平时的预防措施。预防应从消除传染源、切断传播途径和对易感水禽进行免疫接种等方面着手。

1）不从疫区引进种鸭、雏鸭或种蛋。一定要在引进时先了解当地有无疫情，确无疫情，经过检疫后才能引进。鸭运回后隔离饲养，观察 2 周。

2）病愈鸭及人工免疫鸭能获得坚强的免疫力。免疫母鸭可使雏鸭产生被动免疫，但 10 日龄以后的雏鸭体内母源抗体大多迅速消失。对受威胁的鸭群可用鸭胚鸭瘟弱毒疫苗进行免疫。20 日龄雏鸭开始首免，每只鸭肌内注射 0.2 毫升，5 个月后再免疫接种 1 次即可；种鸭每年接种 2 次；产蛋鸭在停产期接种，一般在 1 周内产生坚强的免疫力。3 月龄以上的鸭肌内注射 1 毫升，免疫期可达 1 年。

3）鸭群一旦发生鸭瘟，必须迅速采取严格封锁、隔离、消毒、毁尸及紧急预防接种等综合性防疫措施。紧急预防接种必须及早进行。各地实践证明，一旦发现鸭瘟就应立即用鸭瘟弱毒疫苗进行紧急接种，一般在接种后 1 周内死亡显著降低，随后停止发病和死亡。如果时间拖延后再注射疫苗，或者不配合进行严格隔离、消毒等措施，则保护率就很差。同时，严格禁止病鸭外调或上市出售，应停止放牧，防止扩大疫情。

4）在发病初期肌内注射抗鸭瘟高免血清，每只鸭注射 0.5 毫升有一定的疗效。

提示

100%的疫苗免疫不等于就能达到100%的免疫效果，已经免疫的鸭群，虽然免疫合格率达到80%～100%，但从一个群体来看，抗体水平是不一致的，这种群体发生鸭瘟病例并不罕见，因此必须防止“一针定乾坤”的想法和做法，既要追求免疫的数量，更要追求免疫的质量，把鸭瘟的防控与鸭群主要疫病的防疫结合起来，与生物安全（消毒、隔离、卫生）结合起来，与提高饲养管理结合起来，这才是鸭群防疫工作的根本所在。

三、小鹅瘟

小鹅瘟又称鹅细小病毒感染、鹅心肌炎或渗出性肠炎等，是由细小病毒所引起的、主要侵害30日龄以内雏鹅和雏番鸭的一种急性、高度接触性、败血性传染病，传染性强且死亡率高。雏鹅以全身急性败血性病变和渗出液或伪膜性肠炎、心肌炎为特征，致病性强，死亡率高。

【流行特点】 本病可发生于任何品种的3～4日龄以至30日龄以内的雏鹅，以6日龄左右发病较多，30日龄以上的雏鹅很少发病。发病日龄越小，发病率和死亡率也越高。最高的发病率和死亡率出现在10日龄以内的雏鹅，可达95%～100%。15日龄以上的雏鹅发病比较缓和，有少数患病雏鹅可自行康复。发病率和死亡率的高低随被感染雏鹅的日龄不同而有差异，也与当年留种母鹅群的免疫状态有密切关系。在每年全部淘汰种鹅群的区域，通常经过一次大流行之后，当年留剩下来的鹅群都是患病后痊愈或经无症状感染而获得免疫力的，这种免疫鹅产的种蛋所孵出的雏鹅也获得坚强的被动免疫，能抵抗小鹅瘟病毒的感染，不会发生小鹅瘟。所以，本病的流行常有一定的周期性，就是大流行之后的一年或数年内往往不见发病，或者仅零星发生。但以后如果小鹅瘟病毒传入，又引起大暴发。而在四季常青或每年更换部分种鹅群饲养方式的区域，一般不可能发生大流行，但每年有不同程度的流行发生，死亡率一般在20%～30%，高的可达50%左右。

传染源为患病雏鹅及带毒鹅。病毒主要经消化道传播，也可垂直传播。

白鹅、灰鹅、狮头鹅及其他品系的雏鹅易感。番鸭也易感，其他禽类及哺乳类动物不易感。

本病一年四季均可发生，但主要发生于育雏期间。雏鹅发病率和死亡率与日龄、母源抗体水平有关。

【典型临床症状】 本病的潜伏期依据感染时的年龄而定。1日龄感染者为3～5天，2～3周龄感染者为5～10天；根据病程的长短不同，可将其临诊类型分为最急性型、急性型和亚急性型3种。

（1）最急性型 最急性型多发生于3～10日龄的雏鹅，通常不见有任何前驱症状，发生败血症而突然死亡，或者在发生精神呆滞后数小时即呈现衰弱，倒地划腿，挣扎几下就死亡。病势传播迅速，数日内即可传播全群。

（2）急性型 急性型多发生于15日龄左右的雏鹅，患病雏鹅表现精神沉郁，食欲减退或废绝，羽毛松乱，头颈缩起，闭眼呆立，离群独处，不愿走动（彩图4-24），行动缓慢；虽能随群采食，但所采得的草并不吞下，随采随丢。患病雏鹅鼻孔流出浆液性鼻液，沾污鼻孔周围，患病雏鹅频频摇头；进而饮水量增加，逐渐出现拉稀，排灰白色或灰黄色的水样稀粪，常为米浆样混浊且带有气泡或纤维状碎片，肛门周围绒毛被粪便沾污（彩图4-25）；喙端和蹼色变暗（发绀）；有个别患病雏鹅临死前出现颈部扭转或抽搐、瘫痪等神经症状（彩图4-26）。据临床所见，大多数雏鹅发生于急性型，病程一般为2～3天，随患病雏鹅日龄增大，病程渐长而转为亚急性型。

（3）亚急性型 亚急性型通常发生于流行的末期或20日龄以上的雏鹅，其症状轻微，主要以行动迟缓、走动摇摆、拉稀、采食量减少、精神状态略差为特征。病程一般为4～7天，有极少数患病雏鹅可以自愈，但吃料不正常，生长发育受到严重阻碍，成为僵鹅。

【典型病理变化】 患病雏鹅小肠部分肠管显著膨大（彩图4-27），空肠和回肠有急性卡他性-纤维素性坏死性肠炎，整片肠黏膜坏死、脱落，与凝固的纤维素性渗出物形成栓子（彩图4-28）或包裹在肠内容物表面形成伪膜，堵塞肠腔。剖检时可见靠近卵黄与回盲部的肠段，外观极度膨大，质地坚实，长2～5厘米，形状如香肠，肠管被浅灰色或浅黄色的栓子塞满；脑膜及脑实质血管充血并有小出血灶，神经细胞变性，严重病例出现小坏死灶，胶质细胞增生。

【鉴别诊断】

（1）小鹅瘟与鹅副黏病毒病的鉴别 二者均有精神沉郁、食欲减退、拉稀、肠炎等临床症状和病理变化。但二者的区别在于：鹅副黏病

毒病是由Ⅰ型副黏病毒引起的，各种品种和日龄的鹅均具有易感性，而小鹅瘟主要是雏鹅易感。鹅副黏病毒病的病变特征为：肠道黏膜上皮坏死脱落，与渗出的纤维素一起形成伪膜，包裹肠内容物，致使肠道膨大，与小鹅瘟的香肠样病变相似，但其长度比小鹅瘟形成的要长。用脑、脾脏、胰腺或肠道病料处理接种鸡胚，一般于36～72小时死亡。绒尿液具有血凝性，并能被Ⅰ型副黏病毒抗血清所抑制，可确诊为鹅副黏病毒病。

（2）小鹅瘟与鹅禽流感的鉴别 二者均有精神沉郁、食欲减退、拉稀、肠炎等临床症状和病理变化。但二者的区别在于：鹅禽流感易发生在1月龄以内的雏鹅，发病率高达100%，而小鹅瘟易感染10日龄以内的雏鹅。鹅禽流感特征的病理变化为：头颈部肿大，眼出斑，头颈部皮下出血或胶样浸润，内脏器官、黏膜和法氏囊出血，腺胃乳头、腺胃与肌胃交界处及肌胃角质膜下有出血点或瘀斑状出血；而小鹅瘟的主要特征为急性下痢，以消化道病变为特征。将肝脏、脾脏、脑等病料处理后接种5枚11日龄鸡胚和5枚12日龄易感鹅胚，观察5～7天，如果两种胚胎均在96小时内死亡，绒尿液具存血凝性并被特异抗血清所抑制，即可判定为鹅禽流感。

（3）小鹅瘟与鹅巴氏杆菌病的鉴别 二者均有精神沉郁、食欲减退、拉稀等临床症状和病理变化。但二者的区别在于：鹅感染巴氏杆菌病后，表现为口鼻流液，呼吸明显困难，神经症状不明显；剧烈腹泻，排出铜绿色或白色稀粪。特征性病变发生在肝脏，肝脏略肿大，色泽变淡，质地变硬，表面散布着许多灰白色、针尖大的坏死点。肺出血，发生肝变。心冠有弥漫性出血斑点。另外，腹膜、皮下组织和腹部脂肪、十二指肠也常有出血斑点，但无凝固性栓子。而小鹅瘟神经症状较明显，肺部无肝变。

（4）小鹅瘟与雏鹅沙门氏菌病的鉴别 二者均有精神沉郁、食欲减退、拉稀、肠炎等临床症状和病理变化。但二者的区别在于：鹅沙门氏菌病是由沙门氏菌感染所引起的传染病，雏鹅易感，死亡率高。一般在4～6日龄发病，表现为严重下痢、缩颈呆立。肠黏膜充血、出血，盲肠内有干酪样物质，但与小鹅瘟栓子形成的部位、外形与质地不一样。采用细菌培养法，无菌取病死鹅肝组织接种于普通琼脂培养基上，经37℃培养24小时可见无芽孢、单个、两端略园的细长杆菌。染色观察为革兰氏阴性菌，即可确诊为鹅沙门氏菌病。

（5）小鹅瘟与鹅球虫病的鉴别 二者均有精神沉郁、食欲减退、拉

稀、肠炎等临床症状和病理变化。但二者的区别在于：鹅球虫病的病原是球虫，一般侵害3～12周的雏鹅和育成鹅，并集中于5～9月发病，而小鹅瘟发病一般无季节性；球虫病病例粪便稀薄并常暗红色或深红色，内含有脱落的肠黏膜。十二指肠到回盲瓣处的肠管扩张，腔内充满血液和脱落的黏膜碎片，肠壁增厚，黏膜有大面积的充血区和弥漫性出血点，黏膜面粗糙不平，而小鹅瘟病例肠壁变薄、光滑。取病鹅粪便和病变较明显的小肠刮取物制片，直接或经染色后镜检，可见大量球虫卵囊及裂殖子，即可诊断为鹅球虫病。

【防治措施】

（1）环境消毒　全场定期消毒，针对垫草、料槽、场地，应用百毒杀进行喷雾消毒。对病死鹅做深埋处理，深埋时加入消毒粉（如三氯异氰尿酸钠、生石灰等）。

（2）把好引种关　引进健康的种鹅，防止带回疫病，已引进的种鹅要隔离饲养观察。

（3）疫苗接种　种鹅应于开产前1个月进行首次免疫小鹅瘟疫苗，用灭菌生理盐水将疫苗进行20倍稀释，每只鹅皮下或肌内注射1毫升；间隔7～10天后进行二次免疫，将疫苗进行10倍稀释，每只鹅皮下或肌内注射1毫升。使种鹅产生免疫抗体，孵出的雏鹅才可以产生免疫力。

（4）孵化设备消毒　孵房（炕坊）内的孵化设备、一切用具及屋内和地面应定期消毒，尤其是在有小鹅瘟流行的区域，孵房应注重消毒。免疫种鹅群和非免疫种鹅群的种蛋应分开孵化，避免混蛋，使孵出的雏鹅有不同水平的母源抗体，从而影响雏鹅群的免疫效果；来自疫区的种蛋在入炕孵化之前应先清理蛋壳表面污物，然后进行消毒处理再入炕孵化。

（5）注射小鹅瘟免疫血清　对雏鹅注射抗小鹅瘟血清进行免疫是防治本病的一项关键措施。出壳1～2天的雏鹅，每只皮下注射0.5毫升，保护率达95%左右；已发病的雏鹅每只注射0.5～1毫升，治愈率为85%；对病雏做紧急预防时，每只注射0.5毫升，保护率达90%。购进的小鹅瘟高免血清应放在2～15℃冷暗处保存，有效期一般为1年。

此外，对已发生小鹅瘟的病鹅群，可试用吗啉胍（病毒灵）口服，每天1～2次，每次1片，具有一定的疗效。

四、鸭细小病毒病

鸭细小病毒病是由细小病毒引起的一种急性、败血性传染病。由于

本病多发于番鸭（瘤头鸭），固又多称为番鸭细小病毒病。本病主要发生于3周龄以内的雏番鸭，具有高度传染性和高死亡率；病鸭肠道严重发炎，肠黏膜坏死、脱落，肠管脓肿、出血。

【流行特点】 本病的发生没有性别差异，但与日龄有关。一般从4~5日龄初发病，10日龄左右达到高峰，以后逐日减少，20日龄以后表现为零星发病。随着饲养年限的增加，雏鸭发病日龄有延长的趋势，即30日龄以后的番鸭偶尔也有发病，但死亡率较低，往往形成僵鸭。

本病主要经消化道感染，孵化场和带毒鸭是主要传染源。成年番鸭感染本病后不表现任何症状，但能随分泌物、排泄物排出大量病毒污染环境成为重要传染源。本病也可垂直污染种蛋。带病毒的种蛋污染孵化场，随着工作人员的流动、工具污染等因素造成大面积传播。

本病的发生一般无明显季节性，特别是我国南部地区，常年平均温度较高，湿度较大，易发生本病。散养的雏番鸭全年均可发病。但在集约化养殖场，本病主要发生于当年9月至第二年3月，原因是这段时间气温相对较低，育雏室内门窗紧闭，空气流通不畅，污染较为严重，发病率和死亡率均较高；而在夏季，通风较好，发病率一般在20%~30%。

本病的发病率和死亡率受饲养管理因素的影响较大。实践中，凡是管理适当、消毒严格、通风良好，以及种鸭进行免疫接种且防污染控制较好，本病的发生率和死亡率可控制在30%以内。管理条件差、育雏室污染严重且通风不良，种鸭未进行免疫接种，雏番鸭的发病率和死亡率均很高。

【典型临床症状】 潜伏期为4~16天，最短为2天。根据病程长短，可分为最急性型、急性型和亚急性型。

（1）最急性型 该型多发生于出壳后6天以内的雏鸭。其病势凶猛，病程很短，只有数小时。多数病例不表现先驱症状即衰竭，倒地死亡。该型的病雏喙端、泄殖腔、蹼间等变化不明显，偶见羽毛直立、蓬松。病雏临死时两脚乱划，头颈向一侧扭曲。该型发病率低，占整个病例的4%~6%。

（2）急性型 该型多发生于7~21日龄，占整个病例数的90%以上。病雏主要表现为精神委顿（彩图4-29），羽毛蓬松、直立，两翅下垂，尾端向下弯曲，两脚无力且懒于走动，不合群，对食物啄而不吃；有不同程度的拉稀现象，排出灰白色或浅绿色稀粪，内常混有絮状物，并常黏附于肛门周围；喙端发绀；蹼间及脚趾边有不同程度发绀；呼吸

用力，后期常蹲伏于地，张嘴呼吸；临死前两脚麻痹，倒地抽搐，最后衰竭死亡。病程为2~4天。

（3）亚急性型 该型病例较少，往往是由急性型随日龄增加转化而来的。病雏主要表现为精神委顿，喜蹲伏，排黄绿色或灰白色稀粪，并黏附于肛门周围。该型的死亡率随日龄增加而渐减，幸存者多成僵鸭。该型病例在6周龄鸭中也是极个别发生。

【典型病理变化】 最急性型由于病程短，病理变化不明显，只在肠道内出现急性卡他性炎症，并伴有肠黏膜出血，其他内脏无明显病变。

急性型病理变化较为典型，呈全身败血现象。肛门周围有大量稀粪黏着，泄殖腔扩张、外翻。心脏变圆，心房扩张，心壁松弛，尤以左心室病变明显，有半数病例心肌呈瓷白色。肝脏稍肿，呈紫褐色或土色，无明显坏死灶；胆囊显著肿大，胆汁充盈，胆汁呈暗绿色。肾脏、脾脏稍肿大。有些胰腺呈浅绿色，还有少量出血点；有些胰腺有灰白色坏死灶（彩图4-30）。特征性病变在肠道、十二指肠。在肠道前段有大量胆汁渗出；空肠前段及十二指肠后段呈急性卡他性炎症，大量出血点密布于黏膜表面。空肠中后段和回肠前段的黏膜有不同程度脱落，有的肠壁可见到肌层；回肠中后段可见到外观显著膨大的肠带，剖开见有大量炎性渗出物，或者内混脱落的肠黏膜，少数病例中见有假性栓子（彩图4-31），即在膨大处内有一小段质地松软的黏稠性聚合物，长度为3~5厘米，呈黄绿色，其组成主要是脱落的黏膜、炎性渗出物及肠内容物。也有的病例在肠黏膜表面附着有散在的纤维素性凝块，呈黄绿色或暗绿色，未见有真正的栓子形成；两侧盲肠均有不同程度的炎性渗出和出血现象，直肠黏液较多，黏膜有许多出血点，肠管肿大；脑膜无明显病变，个别有散在的出血点；鼻腔、喉头、气管及支气管无黏液渗出；食管、腺胃和肌胃也未见病变。全身脱水较明显。

【鉴别诊断】

（1）鸭细小病毒病与鸭大肠杆菌病的鉴别 二者均有精神沉郁、食欲减退、拉稀、肠道黏膜呈卡他性或坏死性炎症等临床症状和病理变化。但二者的区别在于：鸭大肠杆菌病病例发病无日龄区分，多呈散发，病程较缓，死亡率相对较低；全身浆膜呈渗出性炎症，心包膜和气囊壁表面附有黄色纤维素性渗出物；心包腔和腹腔常有浅黄色渗出液；肝脏肿大，质地变硬，肝被膜呈灰白色；脾脏肿大，呈紫黑色斑纹状；心冠脂肪有细小出血点；肺脏有不同程度瘀血；选用适宜抗生素可以控制。

（2）鸭细小病毒病与鸭沙门氏菌病的鉴别 二者均有精神沉郁、食欲减退、拉稀、共济失调等临床症状和病理变化。但二者的区别在于：鸭沙门氏菌病虽多发于雏鸭，但50日龄以上也有发病。剖检可见肝脏显著肿大，边缘钝圆，被膜有纤维素性渗出物覆盖，实质内有细小的灰黄色坏死点，有的实质呈豆腐渣样病变；盲肠显著膨大，内有干酪样物质。选用抗生素可控制。

（3）鸭细小病毒病与鸭巴氏杆菌病的鉴别 二者均有精神沉郁、食欲减退、拉稀、肠炎等临床症状和病理变化。但二者的区别在于：鸭巴氏杆菌病多发于35日龄以后的仔鸭或产蛋鸭。除肠道呈现急性卡他性或出血性肠炎外，特殊病变为肝脏肿大，表面散布许多针尖大出血点和灰白色坏死灶；心冠和心外膜有弥漫性出血斑点，全身浆膜有不同程度出血点；肺脏严重瘀血，眼结膜发绀。选用抗生素可控制。

（4）鸭细小病毒病与雏鸭禽流感的鉴别 二者均有精神沉郁、食欲减退、拉稀、共济失调、头颈侧斜扭曲、腿瘫软、角弓反张、肠炎等临床症状和病理变化。但二者的区别在于：雏鸭禽流感多发于2周龄以内的雏鸭，主要表现为呼吸道症状，鼻腔内有浆液性或黏液性分泌物，呼吸困难，摇头、打喷嚏，常发出咳咳声；眼角流泪，常见眶下窦肿胀；鼻咽部和气管黏膜充血。

（5）鸭细小病毒病与番鸭球虫病的鉴别 二者均有精神沉郁、食欲减退、拉稀、肠炎等临床症状和病理变化。但二者的区别在于：番鸭球虫病多发生于15~45日龄的番鸭，并且主要表现为肠道炎症，其病变特点是小肠中后段出现卡他性、出血性肠炎，肠黏膜肿胀，有许多针尖状出血点，有的见有红白相间的小点，黏膜表面常覆有一层糠麸状或奶酪状黏液，多数病例排出含有黏液的血便。病鸭消瘦，可视黏膜苍白，心肌色浅。有条件的可取粪便镜检，见有卵囊，即可确诊。

（6）鸭细小病毒病与雏鸭一氧化碳中毒的鉴别 二者均有精神沉郁、羽毛蓬松、运动失调、拉稀、发病急、死亡率高等临床症状。但二者的区别在于：雏鸭一氧化碳中毒多发生在冬春季节，室内用煤炉或木炭保温，通风不好。病雏表现不安，羽毛蓬松，运动失调，嗜睡，呼吸困难，头颈前伸。剖检可见脏器呈鲜红色，肌肉呈樱桃红色，食管、腺胃黏膜出血。改变加温措施，及时通风换气，病情随即缓解。中毒严重者给以等渗葡萄糖液等可治愈。

【防治措施】

（1）加强环境控制措施，减少污染，增强雏番鸭的抵抗能力　孵化场的一切用具物品、器械等在使用前后应该清洗、消毒。购入的孵化用种蛋也要进行甲醛熏蒸消毒。刚出壳的雏鸭应避免与新购入种蛋接触。育雏室要定期消毒。如果孵化场已被污染，则应立即停止孵化，待全部器械用具彻底消毒后再继续孵化。

（2）对番鸭进行疫苗接种　应用番鸭细小病毒活疫苗对出壳48小时内的健康番鸭进行接种，每只皮下注射0.2毫升，可以预防本病的发生。

（3）发病时用高免血清防治　利用鸭等制备免疫血清，收集琼扩效价为1∶32以上的鸭血清，用于雏番鸭（5日龄）预防，可大大降低发病率。其用量为每只雏鸭皮下注射1毫升。对发病鸭进行治疗时，使用剂量为每只雏鸭皮下注射3毫升，治愈率可达70%。

①鸭细小病毒病的流行和发生，很大程度上是通过孵房传播，因此应做好孵房的清洁卫生及消毒工作。对于已经被本病毒污染的孵房，并发现每批出壳不久的雏番鸭有本病流行时，应立即停止孵化，对孵房进行全面的清洗和严格的消毒。

②雏鸭疫苗免疫后7天内应进行严格隔离饲养，防止强毒感染。

③鸭细小病毒病同源抗血清可用于预防和治疗，而异源抗血清不宜用于预防，仅在发病雏番鸭群做紧急预防和治疗使用。

五、传染性法氏囊病

传染性法氏囊病是由传染性法氏囊病病毒感染所引起的一种急性、高度接触性传染病，其主要特征为患病鸭/鹅精神委顿，羽毛松乱，法氏囊肿大、出血，胸肌、腿肌出血。

鸭/鹅传染性法氏囊病死亡率高、淘汰率高，影响增重，同时可导致免疫抑制，造成免疫失败，使鸭/鹅群对其他病原的易感性增加。

【流行特点】　7～35日龄鸭/鹅对本病易感性高，最小发病的为4日龄，最大发病的为110日龄。

本病在群内传播迅速，病程短促，出现症状后1～2天死亡，死亡高峰期在发病后3～4天，发病率为10%～100%，死亡率为10%～60%。

各个品种鸭、种鹅均可感染，当养殖场周围地区的鸡场或与鸭/鹅混养的鸡发生了传染性法氏囊病后，鸭/鹅也可能会发生传染性法氏囊病。本病还可以与鸭/鹅病毒性肝炎发生混合感染。鸭/鹅传染性法氏囊病广泛流行和发生，其病毒不断扩散，会污染环境，从而在鸡、鸭、鹅之间及其他禽类或鸟类之间相互感染。

【典型临床症状】 患病鸭/鹅初期精神委顿，扎堆、怕冷，头与翅膀下垂，羽毛蓬乱，食欲减退或废绝；后期步态不稳，或呆立于池塘某个角落，或卧地不起，嗜睡或闭目打盹，排黄绿色或白色稀粪，其中含大量白色尿酸盐，随着病情的加重，拉稀加剧，泄殖腔周围羽毛被粪便污染，个别鸭/鹅粪便带血。有的病鸭/鹅从口腔或鼻腔流出大量黏液。患病鸭/鹅迅速脱水消瘦，眼窝下陷，脚爪干枯，最后衰竭死亡。病程为3~5天。若与病毒性肝炎发生混合感染，还可见患病鸭/鹅出现全身性抽搐，身体侧卧，头向后仰，两脚痉挛性地向后踢蹬，有时在地上转圈。

【典型病理变化】 法氏囊有不同程度病变，肿大2~3倍，黏膜表面有严重的弥漫性出血，外观呈暗紫色或紫葡萄样，腔内有糨糊状渗出物或干酪样物质，有点状或条纹状出血。有的鸭/鹅法氏囊外有黄色透明胶冻样物质包裹，内有浅黄色分泌物。在发病后期，法氏囊萎缩，出血明显；腿肌和胸肌有出血斑点，呈斑驳状，严重者全腿和全胸肌都出血。有的患病鸭/鹅的胸腺肿大、出血；心包膜增厚，心包液增多，心包脂肪有点状出血；肝脏、脾脏、肾脏肿大，肾脏表面及输尿管内有白色尿酸盐沉着；肌胃与腺胃交界处有出血带，腺胃乳头肿胀；肠道内积液增加，肠道黏膜有出血斑点，盲肠扁桃体肿大、出血；腹腔有出血点，大的有绿豆大，小的有针头至粟粒大；胆囊肿大，内充满胆汁，胆汁呈绿色且内积有大量浅黄色液体。若与病毒性肝炎发生混合感染，还可见肝脏肿大、质脆、色浅发黄，周边有坏死灶，表面有大小不等的出血点。

【鉴别诊断】

法氏囊是鸭/鹅的免疫器官，许多急性传染病及接种法氏囊病弱毒苗均能引起法氏囊轻度充血和有少量渗出物，某些健康鸭/鹅也有这种现象，对此应积累解剖经验，防止误诊为传染性法氏囊病。

（1）鸭/鹅传染性法氏囊病与鸭/鹅副黏病毒感染的鉴别 二者均有精神沉郁，羽毛松乱且无光泽；腺胃和肌胃交界处有出血带或出血斑；心包膜增厚，心包液增多，心包脂肪有点状出血；肠黏膜充血肿胀，有枣核状出血点，内容物稀薄，呈灰白色并混有气泡；肝脏肿大并呈土黄

色，周边有坏死灶；肾脏存在苍白、肿大等病理变化。但鸭/鹅法氏囊病病例几乎95%以上在胸部、腿部肌肉出血，这是其特有的病变，便于区别。

（2）鸭/鹅传染性法氏囊病与鸭/鹅沙门氏菌病的鉴别　二者均有食欲减退、精神不振、闭眼缩颈、翅下垂、毛松乱、排白色稀粪等临床症状。但二者的区别在于：患鸭/鹅沙门氏菌病的病禽出壳后即现病情，有时出壳十几天表现出临床症状，幼雏因肛门周围绒毛与粪便干结封住肛门不能排粪而鸣叫，人工剥去干结物则粪便喷射而出。幸存者发育不良，有气喘和关节炎。剖检可见早期死亡的肝脏肿大、充血，有条纹状出血，卵黄吸收不全。病程长的，心脏、肝脏、肺脏、盲肠、大肠和肌胃有坏死灶，盲肠内有干酪样物质。

【防治措施】

（1）加强管理　发现有病的鸭/鹅应及时隔离、消毒，防止污染环境，每天彻底清除粪便和垃圾，及时更换垫料，保持舍内清洁、干燥、通风，并供给清洁的饮水。

（2）严格消毒　平常用5%消毒液带禽消毒，每周1次，有疫情时每天消毒1次。用具、饮水器及料槽也要用5%聚维酮碘消毒液进行刷洗，再用清水冲洗。

（3）定期免疫　有条件的鸭/鹅养殖场要做抗体监测，制定好合理的免疫程序，按时进行免疫接种，保证鸭/鹅群有一个较高的免疫水平。

（4）注意引种　引进种鸭、种鹅时，先要了解疫情，不要到疫区购买。购进幼雏时要进行免疫接种，隔离饲养1周后才能混群饲养和放牧。

（5）对症治疗　鸭/鹅群发病后，全群鸭/鹅用鸡传染性法氏囊病卵黄抗体注射，发病鸭/鹅体重在1千克以下的每只皮下注射1~2毫升，同时要添加青霉素、链霉素以预防抗体内的杂菌感染，每天1次，连用2~3天；体重在1千克以上的鸭/鹅，每只皮下注射3~4毫升，同时要添加青霉素、链霉素以预防抗体内的杂菌感染，每天1次，连用2~3天；待病情稳定后于5~10天后用鸡法氏囊疫苗加强免疫，有条件的最好同时使用法氏囊灭活疫苗0.5毫升，肌内注射，以维持较长时间的保护。另外，还要在饮水中添加电解多维、黄芪多糖，用氟苯尼考可溶性粉剂拌料，以增强机体的抵抗力，控制继发感染。

提示

抗体治疗的效果一方面取决于治疗时间，另一方面取决于抗体效价。对于重症或发病中后期患病鸭/鹅的治疗效果较差的情况，可在抗血清中加入干扰素，效果更好。

六、鸭/鹅痘

鸭/鹅痘是由痘病毒引起的一种急性接触性传染病，其临诊特征是在皮肤、口腔出现痘斑。本病鹅群易感，并且病症严重，鸭群虽可发生，但并不严重。

本病通常发生在喙和皮肤间，或者同时发生。病变的特征是喙和皮肤的表皮和羽囊上皮发生增生和炎症过程，上皮细胞内出现具有特异性的包涵体，最后形成结痂和脱落。

【流行特点】 本病一年四季均可发生，尤其秋冬两季最易流行。一般在秋季发生皮肤型痘多见。痘病毒对干燥的抵抗力很强，在外界环境中能够长期生存，从皮肤病灶脱落下来的干痘痂的毒力可以保存几个月之久。病毒可以在土壤中生存数周，常用的消毒药物可在10分钟内杀死病毒。

各日龄的鸭、鹅均可感染本病，但以幼雏多见。本病通常通过患病鸭/鹅与健康鸭/鹅的接触而感染，病毒一般通过损伤的皮肤和黏膜传播，脱落的痘痂和痘疱中的脓液是主要的传染源，吸血昆虫及体表寄生虫常促使本病传播。

【典型临床症状及典型病理变化】 病初体温稍高，反应迟钝，食欲下降，产蛋下降或完全停止。根据病毒侵害部位不同，可分成皮肤型、黏膜型和混合型。

（1）皮肤型 在鸭/鹅体的无羽部位，如嘴角、眼皮、脚、蹼处有大小不等的结节状痘样疹，有的聚集成较大的疣状结节。结节状病变干涸后成痂，痂脱落后留下一个暂时性的瘢痕。

（2）黏膜型 最初在口腔黏膜上及咽喉处有灰白色痘疹，在嘴角处有结节样痘疹，痘疹逐渐化脓形成溃疡。眼睛先有水样分泌物，后来逐渐发展成脓性结膜炎，上、下眼睑常黏合在一起，严重时致使一侧或两侧眼睛失明。

（3）混合型 以上两种临床症状均有的称为混合型。

【鉴别诊断】

(1) 鸭/鹅痘与鸭/鹅维生素 A 缺乏症的鉴别　二者均有精神委顿、体重减轻、食欲消失、口腔内有溃疡灶，可连成大片并覆有干酪样伪膜，呼吸、吞咽困难，眼发炎等临床症状。但二者的区别在于：鸭/鹅维生素 A 缺乏症是因维生素 A 缺乏引起的，口腔内的伪膜如豆腐渣样，眼内有干酪样物，角膜混浊、软化或穿孔。运动失调，外界刺激即引起神经症状。剖检可见肾脏呈灰白色，肾小管、输尿管有白色尿酸盐，心包、肝脏、脾脏表面有尿酸盐沉积。用鱼肝油治疗有效。对于鸭/鹅痘，患病鸭/鹅病初眼内蓄积豆渣样物（皮肤型），口腔内的伪膜与维生素 A 缺乏症类似，但随病程发展，其他部位可出现痘疹，试用鱼肝油治疗数日无效。

(2) 鸭/鹅痘与鸭/鹅烟酸缺乏症的鉴别　二者均可见到皮肤、腿有小结节。但二者的区别在于：鸭/鹅烟酸缺乏症是因烟酸缺乏引起的，患病鸭/鹅表现出发育不全，羽毛稀少，皮肤发炎，有化脓性结节，腿部关节肿大，骨粗短，腿部弯曲，口炎，下痢等。

(3) 鸭/鹅痘与其他鸭/鹅病的鉴别　根据本病临床症状，与其他鸭/鹅病也易于鉴别，因为在一个群体中不可能所有的患病鸭/鹅均呈黏膜型痘，而不见有皮肤痘样病变。

【防治措施】　①认真做好平时的卫生工作，夏季、秋季要做好驱除吸血昆虫及体表寄生虫的工作。②对发生鸭/鹅痘的病禽，要隔离治疗，可用碘酊涂擦痘疹，并在饲料中添加鱼肝油粉、土霉素等。

疫苗接种后 5 天左右应检查接种部位是否有轻微红肿、水泡或结痂，如果 80% 以上的鸭/鹅有反应，说明接种成功；如果反应率很低，应考虑重新接种。

七、新型鸭瘟

新型鸭瘟是由疱疹病毒（最新病毒型）感染所引起的一种高发病率、高死亡率的病毒性传染病，主要病症为软脚、肿头、流泪、排黄绿色稀粪、肝脏出血和坏死、食道和泄殖腔有溃疡与伪膜等。本病 2002 年被首次发现，2006 年相继有报道，由于发病症状与鸭瘟有相似处，但用防治鸭瘟的方法治疗却不见效，故业界称为“新型鸭瘟”。

【流行特点】　本病发病季节多为 2～5 月，发病以 10～30 日龄的雏

肉鸭为主，蛋用鸭、番鸭也有发病。本病病程比较长，雏鸭死亡率达50%~100%，发病率也比较高，给养鸭业造成严重损失。

【典型临床症状】 病鸭初期体温升高，呈稽留热，精神不振，头颈缩起，食欲大减，饮水增加，羽毛松乱无光泽，两翅下垂，两脚无力，行走困难，严重者静卧不起。最具特征性的症状是流泪和眼睑水肿。初期眼流浆液性分泌物，眼睛四周的羽毛湿润、粘连，后期分泌物变成黏性或脓性，眼睑粘连在一起不能张开，严重者眼睑肿胀甚至翻出于眼眶外，翻开眼睑可看到眼结膜出血，偶尔有溃疡出现。本病的另一个明显症状是头颈部肿胀。此外，病鸭鼻腔有稀薄或黏稠的黄色分泌物流出；呼吸困难，呼吸时有鼻塞音；叫声嘶哑；腹泻，排黄绿色或灰白色稀粪；双翅羽毛管内有紫黑色血，这样的羽毛管易断裂、脱落；上喙端、爪尖、足蹼末梢等部位发绀。

【典型病理变化】 剖检可见，内脏器官广泛性出血，尤其是在口腔、食道、盲肠、直肠和泄殖腔等消化道的黏膜上。病初，在消化道黏膜表面出现斑点状出血，随后被隆起的黄白色痂块状物覆盖，随着病程发展，病变物聚集成绿色的表面痂块，原来的出血性基部基本消失。早期食道黏膜上有分散状的黄白色痂块，后期痂块常融合成片，坏死灶表面被浅黄色、灰黄色或黄绿色的伪膜覆盖，表面有与食道纵向平行的皱褶。颈部皮下有浅黄色胶冻样水肿，出血严重。在肝脏可见到出血和局灶性坏死，坏死部位呈浅铜色或古铜色，并且肿大、质脆。肠黏膜部分呈急性、出血性的卡他性炎症或坏死性炎症；小肠前段黏膜充血、出血，部分小肠肿胀，呈环状出血；泄殖腔黏膜也有充血、出血，并且有水肿现象，严重者黏膜外翻，肛门四周羽毛被严重污染，并且有结块。

【鉴别诊断】

（1）新型鸭瘟与鸭瘟的鉴别 二者均有精神沉郁、食欲减退、拉稀、共济失调、头颈侧斜扭曲、腿瘫软、肠炎等临床症状和病理变化。但二者的区别在于：两种病的病理剖检状况不同，鸭瘟的特征病状是肿头、流泪，以及食道和泄殖腔黏膜局灶性出血甚至坏死，而新型鸭瘟的主要临床症状是双翅羽毛管瘀血、出血，呈紫黑色；肝脏和脾脏表面局灶性瘀血、出血；胰腺出血。新型鸭瘟用鸭瘟血清抗体治疗无效。实验室检查，可通过血清学中和试验来区别二者。

（2）新型鸭瘟与雏鸭病毒性肝炎的鉴别 二者均有精神沉郁、食欲减退、拉稀、共济失调、头颈侧斜扭曲、腿瘫软、肠炎等临床症状和病

理变化。但二者的区别在于：患病毒性肝炎的死雏鸭呈明显的角弓反张，剖检病变主要为肝脏和肾脏肿大，表面有大量出血斑。而患新型鸭瘟的死雏鸭角弓反张不明显，剖检病变除肝脏、肾脏出血外，胰腺、肠道黏膜也有明显出血。临床初步诊断后，可通过病毒的分离、血清学试验等实验室诊断手段进一步区别。

（3）新型鸭瘟与鸭巴氏杆菌病的鉴别　二者均有精神沉郁、食欲减退、拉稀、共济失调、头颈侧斜扭曲、腿瘫软、肠炎等临床症状和病理变化。但二者的区别在于：鸭巴氏杆菌病是由禽多杀性巴氏杆菌引起的一种接触性传染病，临床上的主要诊断要点是发病率高、病死率高、死亡快，其他禽类也可感染发病并引起死亡，皮下脂肪、心冠脂肪及心肌外膜出血，肝脏有大量灰白色坏死灶，抗菌药物对其治疗有效。而新型鸭瘟仅侵害鸭，临诊特征是双翅羽毛管发黑，发病率与病死率不高，肝脏和脾脏表面有局灶性瘀血或出血，胰腺出血，采用抗菌药物治疗无效。根据临床症状一般就能区别两者，也可在实验室通过细菌的分离、鉴定或病毒的分离及血清学试验来区分。

诊断巴氏杆菌病，经肝脏触片、心包液涂片，革兰氏染色或亚甲蓝染色，见有许多两极染色的卵圆形小杆菌。用肝脏和心包液接种鲜血培养基，能分离到巴氏杆菌。

（4）新型鸭瘟与鸭球虫病的鉴别　二者均有精神沉郁、食欲减退、拉稀、腿瘫软、肠炎等临床症状和病理变化。但二者的区别在于：鸭球虫病是由球虫引起的一种寄生虫病，发病率和病死率都很高，多感染15～45日龄的番鸭，发病率达30%～90%，死亡率达20%～70%。临床特征是排暗红色或深红色稀粪，十二指肠和盲肠黏膜上有针尖大的出血点或出血斑，并有浅红色或深红色胶冻样血性黏液。病鸭大多在发病后3～5天死亡，用抗球虫药或磺胺类药物可治疗。而新型鸭瘟可侵害不同日龄的鸭，病死鸭不仅肠道出血，肝脏、脾脏、胰腺、肾脏等均有不同程度的出血或瘀血，应用药物治疗无效。在实验室，取粪便镜检，球虫病可见有卵囊。

（5）新型鸭瘟与鸭坏死性肠炎的鉴别　二者均有精神沉郁、食欲减退、拉稀、腿瘫软、肠炎等临床症状和病理变化。但二者的区别在于：鸭坏死性肠炎多发生于种鸭，常在秋冬季节发病，临床特征是病鸭食欲下降，体弱，不能站立，肠道黏膜坏死，突然死亡。而新型鸭瘟可发生于不同日龄的鸭，病鸭的肠道、胰腺、肝脏、肾脏等均有不同程度出血。

在实验室，可通过病毒的分离、血清学试验来区分。

【防治措施】 ①目前对本病的发生尚无有效的治疗方案，对于发病的肉鸭只能予以淘汰。本病主要发生于1月龄以内的雏鸭，而雏鸭抵抗力较低，所以为让雏鸭能够健康地生长和发育，一定要创造良好的条件，使其尽早地适应舍内外环境。②据报道，通过注射疫苗免疫可以有效预防本病。因此，在生产实践中要做好免疫工作，加强饲养管理，把损失降到最低。③加强对疾病的预防措施是防止新型鸭瘟发生的关键，发病早期阶段使用抗生素、抗病毒类药物及清热解毒作用的中草药等可以预防并发症的发生。加强饲养管理和消毒工作，注意营养全面，提高鸭群的整体营养水平，保持场地干爽，减少应激因素的影响，为雏鸭补给维生素、补充液盐等，可有效预防本病的发生。

八、新鸭疫

新鸭疫是由呼肠孤病毒等多病原感染所引起的一种多病原传染病，其特征是急性发病、高死亡率和严重减蛋。本病是近年新发现的烈性传染病，其症状和病变极易与小鹅瘟、鸡新城疫、番鸭细小病毒病、雏鸭病毒性肝炎等传染病混淆，但用小鹅瘟血清、鸡新城疫I系疫苗、番鸭细小病毒高免血清或蛋黄液、雏鸭病毒性肝炎高免血清或蛋黄液等进行被动免疫治疗及干扰素治疗无效。

【流行特点】 本病发病季节多为3～9月，各年龄、各个品种的鸭均可发生。

【典型临床症状及典型病理变化】

（1）肉鸭 病鸭精神委顿，体温升高，腹泻。剖检可见肝脏肿大、弥漫性出血，腺胃环状出血，脾脏有出血点。

（2）产蛋鸭、种鸭 患病鸭群突然大幅度减蛋。剖检可见腹膜炎，卵泡变性坏死，表面呈灰色、褐色或红褐色，有时卵泡破裂而使腹腔充满腥臭的混浊状液体；输卵管增厚。

（3）番鸭 番鸭或半番鸭更多见。多在雏鸭期发生，当天发病率为10%，第二天达到40%，第三天可达100%。病鸭体温为40～42.6℃，精神萎靡，不食，羽毛蓬松，肉瘤发绀，脚软不愿走动，拉白色水样稀粪，常扎堆昏睡；迅速消瘦，死前头卷曲于腹下。病程为2～5天，最急性病例常挣扎几下后突然死亡。

剖检可见肝脏、脾脏、肠道散布坏死点，有些病例在喉头、气管、

腺胃、心脏内外膜、肾脏、胰腺、泄殖腔、法氏囊上也有针头大、边缘不整齐的弥漫性灰白色坏死点，鼻腔内有大量黏液，脑、肺脏充血出血。心肌脂肪变性，心包发炎增厚，有混浊的纤维素性渗出物，有时与胸壁粘连。

【鉴别诊断】

（1）新鸭疫与鸭瘟的鉴别　二者均有精神沉郁、食欲减退、拉稀、肠炎等临床症状和病理变化。但二者的区别在于：鸭瘟的病原为鸭瘟病毒，多发于成年产蛋鸭，病鸭体温升高、流泪，眼结膜充血、水肿，有的外翻，眼睑周围羽毛湿润呈湿圈，严重者上、下眼睑粘连。部分病鸭头部皮下水肿导致头部肿大，故有“大头瘟”或“肿头瘟”之称，多呈急性死亡，病程较短。剖检可见心外膜充血、出血，呈“刷漆样”，冠状沟有出血点。脾脏略肿大，常呈暗褐色。胸腺和胰腺常见小出血点或灰色坏死斑。

（2）新鸭疫与新型鸭瘟的鉴别　二者均有精神沉郁、食欲减退、体温升高、拉稀、肠炎等临床症状和病理变化。但二者的区别在于：新型鸭瘟的病原为疱疹病毒，病鸭流泪，眼睑水肿。眼内流浆液性、脓性分泌物，翻开眼睑可看到眼结膜出血，头颈部肿胀，呼吸困难，呼吸时有鼻塞音。剖检可见内脏器官广泛性出血，尤其是在口腔、食道、盲肠、直肠和泄殖腔等消化道的黏膜上。颈部皮下有浅黄色胶冻样水肿，出血严重。在肝脏可见到出血和局灶性坏死，坏死部位呈浅铜色或古铜色，并且肿大、质脆。

（3）新鸭疫与鸭禽流感的鉴别　二者均有精神沉郁、食欲减退、拉稀、肠炎等临床症状和病理变化。但二者的区别在于：鸭禽流感多发于1月龄以内的雏鸭，1月龄以后的雏鸭发病较少，而新鸭疫可发生于各种类型的鸭。鸭禽流感病例消化道病变类似新鸭疫，但不同的是：鸭禽流感病例腺胃乳头肿大，呈化脓性出血，并有灰白色分泌物；胰腺边缘充血、出血，有灰白色或黄白色坏死灶；成年产蛋鸭可在输卵管内见到白色或浅黄色的脓性渗出物或豆腐渣样的干酪样物质；法氏囊和肾脏肿大、出血。

（4）新鸭疫与鸭巴氏杆菌病的鉴别　二者均有精神沉郁、食欲减退、拉稀、肠炎等临床症状和病理变化。但二者的区别在于：鸭瘟流行范围较广，病死率高，番鸭育雏期发病，发病后3天死亡率可达100%，而鸭巴氏杆菌病一般零星发生，病鸭常突然死亡，并以产蛋的母鸭多发；

新鸭疫病例高温稽留、羽毛蓬松、肉瘤发绀、迅速消瘦，死亡时嗉囊无食物，手感空虚，而鸭巴氏杆菌病病例常摇头，死亡时口、鼻流稀血水，嗉囊里充满饲料，手感硬实；鸭瘟为呼肠孤病毒感染，而鸭巴氏杆菌病为巴氏杆菌感染，使用磺胺类或抗生素治疗有效；鸭巴氏杆菌病病例剖检可见肝脏表面有许多针头大小、分布均匀的灰白色坏死灶，而新鸭疫病例肝脏病变不明显。

【防治措施】

（1）加强饲养管理 注意鸭舍和周围环境的清扫和消毒。

（2）把好种蛋引进关 不从疫区引进种蛋，患病母鸭所产的蛋不得留作种用。

（3）接种疫苗 在发病严重地区，应接种新鸭疫油乳剂灭活苗，雏鸭5~7日龄肌内注射，每只0.25毫升；种鸭、产蛋鸭在产蛋前免疫，每只0.5毫升。

（4）紧急预防或治疗 如果附近的鸭群已发生本病，可用新鸭疫蛋黄抗体肌内注射，做紧急预防或治疗。各种鸭的剂量是：雏鸭每只0.5~1毫升，种鸭、产蛋鸭每只1~2毫升。

九、鸭腺病毒感染

鸭腺病毒感染又称鸭减蛋综合征，是由腺病毒引起的使鸭群产蛋率下降的一种传染病。其主要特征为产蛋率下降，蛋壳褪色，产软壳蛋或无壳蛋。本病可使鸭群产蛋率下降至40%~60%，蛋的破损率可达30%~40%，无壳蛋、软壳蛋达15%，给养鸭业造成了严重的经济损失。

【流行特点】 本病的易感动物主要是鸭、鸡，任何年龄、任何品种的鸭均可感染。幼鸭感染后不表现任何临床症状，也查不出血清抗体，只有到开产以后，血清才转为阳性，尤其在产蛋高峰期30周龄前后，发病率最高。

本病主要传染源是病鸭和带毒母鸭，既可垂直感染，也可水平感染。病毒主要在带毒鸭生殖系统增殖，感染鸭的种蛋内容物中含有病毒，蛋壳还可以被泄殖腔的含病毒粪便所污染，因而可经孵化传染给雏鸭。鸭粪是发病鸭水平感染的主要方式，鸭可以从喉及粪便中排出病毒。此外，鸭蛋和盛蛋工具经常在鸭场间随便流动，这中间受感染的产蛋鸭在产蛋中可能是一个主要的水平传播来源。

【典型临床症状】 发病鸭群的临床症状并不明显，发病前期可发现少数鸭拉稀，个别排绿便，部分鸭精神不佳，闭目似睡，受惊后变得精

神；采食、饮水略有减少，体温正常。发病后鸭群产蛋率突然下降，每天可下降3%~5%，连续2~3周，下降幅度最高可达40%~60%，以后逐渐恢复，但很难恢复到正常水平或达到产蛋高峰。在开产前感染时，产蛋率达不到高峰。蛋壳褪色（绿色变为白色），产异状蛋、软壳蛋、无壳蛋的数量明显增加。

【典型病理变化】 本病基本上不死鸭，剖检病死鸭无明显病变。部检产无壳蛋或异状蛋的病鸭，可见其输卵管及子宫黏膜肥厚，腔内有白色渗出物或干酪样物，有时也可见到卵泡软化，其他脏器无明显变化。

【鉴别诊断】

（1）鸭腺病毒感染与鸭传染性脑脊髓炎的鉴别 鸭传染性脑脊髓炎也可导致鸭产蛋率下降，但其病原为禽脑脊髓炎病毒，病鸭表现为行动迟缓，走几步即蹲下，常以跗关节着地，驱赶时以跗关节走路并拍打翅膀，眼晶体混浊，失明。剖检可见脑膜充血、出血，神经元肿大，树突、轴突消失。鸭腺病毒感染则无此症状和病变。

（2）鸭腺病毒感染与鸭脂肪肝综合征的鉴别 鸭脂肪肝综合征是鸭的一种代谢病，虽然病鸭也表现产蛋率突然下降，但本病主要发生于肥胖鸭，病鸭的冠苍白，死亡率高。剖检病死鸭可发现肝脏肿大，易碎，呈黄褐色，肝破裂出血。鸭腺病毒感染则无此症状和病变。

（3）鸭腺病毒感染与鸭维生素A、维生素D、钙缺乏症的鉴别 鸭缺乏维生素A、维生素D和钙时，由于卵壳腺机能不正常，缺乏钙质原料，不能分泌充足的壳质等，因而产软壳蛋、无壳蛋，但饲料中添加钙及维生素A和维生素D后便很快会恢复。

【防治措施】 本病目前尚无有效的治疗方法，只能加强预防。

1）未发生本病的鸭场应保持本病的隔离状态，严格执行全进全出制度，绝不引进或补充正在产蛋的鸭，不从有本病的鸭场引进雏鸭或种蛋。注意防止从场外带进病原污染物。

2）在本病流行地区可用疫苗进行预防，产蛋鸭可在120日龄采用鸭腺病毒油乳剂灭活疫苗（或鸭腺病毒蜂胶灭活疫苗）皮下注射，每只鸭1毫升。

提示

一般注射疫苗后18天鸭群产蛋率开始明显回升，到26天鸭的产蛋率几乎恢复，但不能达到原有水平。

十、鹅腺病毒感染

鹅腺病毒感染又称鹅病毒性肠炎，是由腺病毒感染所引起的一种雏鹅传染病，具有传播快、发病率高、死亡率高的特点，其主要临诊特征为小肠出现出血性、纤维素性、渗出性、坏死性炎症。

【流行特点】 本病是诸多雏鹅传染病中危害较严重的疫病，传播广，发病率和死亡率均很高，鹅的日龄越小，易感性越高，是较难控制的一种病毒性传染病。一般3~30日龄雏鹅最易感染。雏鹅3日龄以后开始发病，5日龄开始死亡，10~20日龄达到死亡高峰，30日龄以后基本不发生死亡，死亡率为25%~75%，甚至高达100%。10日龄以后发病死亡的雏鹅有60%~80%的病例在盲肠至十二指肠肠段出现典型的类似于小鹅瘟的"香肠样"病变。

【典型临床症状】 本病的潜伏期为3~5天，根据病程长短可分为最急性、急性、慢性3种类型。

(1) 最急性型 该型多发生于3~7日龄的雏鹅，病鹅往往没有前期症状，一旦出现症状即极度衰弱、昏睡，临死前倒地乱划，迅速死亡，病程为几小时至1天左右。

(2) 急性型 该型一般多发生于8~15日龄的雏鹅，病鹅精神沉郁，食欲减退。随病情的发展，病鹅掉群，行动迟缓，嗜睡，不采食，但饮水不减少；腹泻，排出浅黄绿色、灰白色或蛋清样稀粪，常混有气泡，恶臭；呼吸困难，鼻孔流出浆液性分泌物，喙端及边缘色泽变暗；临死前两腿麻痹不能站立，以喙触地，昏睡而死，或者临死前出现抽搐，病程为3~5天。

(3) 慢性型 该型多发生于15日龄以后的雏鹅，主要表现为精神萎靡，消瘦，间歇性腹泻，最后因消瘦、营养不良和衰竭而死亡，部分幸存者生长发育不良。

【典型病理变化】 病变主要在肠道，各小肠段明显充血和出血，黏膜肿胀，黏液增多。小肠后段出现包裹有浅黄色伪膜的凝固性栓子（彩图4-32），类似"香肠样"病变，与小鹅瘟相似，最初这种栓子直径较小，大约为0.2厘米，长度可达10厘米，随着病程时间的延长，栓子越来越长，有的可达30厘米以上，直径可达0.5~0.7厘米，使小肠外观膨大，比正常大1~2倍，肠壁变薄。没出现栓子的肠段严重出血，将黏膜面成片染成红色。此外，可见皮下充血、出血；胸肌和腿肌出血且呈暗红色；有的心外膜充血或有小出血点；肝脏瘀血呈暗红色，有小出血点或出血斑，胆囊明显肿胀、扩张，体积比正常大3～5倍，胆汁充盈，呈深墨绿色；肾脏充血或轻微出血，呈暗红色。

【鉴别诊断】

（1）鹅腺病毒感染与小鹅瘟的鉴别　二者均有精神沉郁、食欲减退、拉稀、肠炎并形成栓子等临床症状和病理变化，极易混淆。但二者的区别如下：

1）发病时间。小鹅瘟常发生于4～10日龄的鹅雏，以6日龄左右最易发病；鹅腺病毒感染发生于8～60日龄的雏鹅，以8～20日龄多发。

2）传播速度。小鹅瘟发病迅速，传播快，发病12小时就有50%左右的病雏出现明显的临床症状，而鹅腺病毒感染的发病速度和传播速度较小鹅瘟慢，发病24小时内只有10%左右的病雏有明显的临床症状。

3）临床症状。小鹅瘟临床症状非常明显，一般出现下痢、呼吸困难及神经症状等综合性症状，而鹅腺病毒感染的临床症状较轻，以痢疾为主，前期粪便呈大酱色，后期变为草绿色。

小鹅瘟死亡速度快，一般发病24小时内死亡率达50%，3天基本结束，无论鹅群多大，只有10%～15%；而鹅腺病毒感染死率较均衡，一般1天死亡率为10%～20%，成年鹅只有1%～3%。

4）栓塞的区别。鹅腺病毒感染和小鹅瘟鉴别诊断的重点在栓塞。小鹅瘟形成的栓塞短而细，长2～5厘米，直径为1.0～1.5厘米，切面质地一样较硬，全部为肠黏膜脱落物形成，呈乳白色。而鹅腺病毒感染形成的栓塞长而粗，长5～10厘米，直径为1.5～3厘米，大小是小鹅瘟形成栓塞的2～4倍，并且质地不一样，外部为肠黏膜脱落形成包皮，内部包埋的是肠内容物。

（2）鹅腺病毒感染与鹅副黏病毒感染的鉴别　二者均有精神沉郁、食欲减退、拉稀、肠炎并形成栓子等临床症状和病理变化。但二者的区别在于：鹅副黏病毒感染是由Ⅰ型副黏病毒引起的，以消化道症状和病变为特征的急性传染病，各品种和日龄的鹅均具有易感性，而鹅腺病毒感染主要是雏鹅易感。鹅副黏病毒感染的病变特征为：肠道上皮黏膜坏死脱落，与渗出的纤维素一起形成伪膜，包裹肠内容物，致使肠道膨大。用脑、脾脏、胰腺或肠道病料处理接种鸡胚，一般于36～72小时死亡。绒尿液具有血凝性，并能被Ⅰ型副黏病毒抗血清所抑制，可确诊为鹅副

黏病毒感染。

（3）鹅腺病毒感染与鹅禽流感的鉴别 二者均有精神沉郁、食欲减退、拉稀、肠炎等临床症状和病理变化。但二者的区别在于：鹅禽流感的特征性病理变化为头颈部肿胀，皮下出血或胶样浸润，内脏器官、黏膜和法氏囊出血，腺胃乳头、腺胃与肌胃交界处及肌胃角质膜下有出血点或瘀斑状出血。

【防治措施】 目前，对鹅腺病毒感染尚无有效的治疗药物，平时应注意不从疫区引进种蛋、雏鹅和成年种鹅。有本病的流行地区主要是使用疫苗进行免疫，发病时可用高免血清进行防治。

（1）疫苗免疫

1）种鹅免疫。在种鹅开产前使用雏鹅腺病毒-小鹅瘟二联弱毒疫苗，进行2次免疫，于5~6个月能够使后代雏鹅获得母源抗体的保护，不发生雏鹅腺病毒感染和小鹅瘟，这是预防本病最为有效的方法。

2）雏鹅免疫。在雏鹅1日龄时，使用雏鹅腺病毒弱毒疫苗口服进行免疫，3天即可产生部分免疫力，5天可产生100%免疫保护。

（2）高免血清防治 对出壳1日龄雏鹅，使用雏鹅腺病毒高免血清或雏鹅腺病毒-小鹅瘟二联高免血清皮下注射，每只0.5毫升，即可预防本病的发生。

对发病的雏鹅群，使用雏鹅腺病毒高免血清或雏鹅腺病毒-小鹅瘟二联高免血清皮下注射，每只1.0~1.5毫升，治愈率可达60%~100%。

十一、副黏病毒感染

副黏病毒病感染是由Ⅰ型副黏病毒引起的导致鸭/鹅发生消化道和呼吸道症状的传染病。

【流行特点】 各种年龄的鸭/鹅对副黏病毒均具有易感性，年龄越小发病率和死亡率越高。不同品种的鸭/鹅均能发病，自然条件下潜伏期为3~5天。本病无季节性，一年四季均可发生，常引起地方性流行。产蛋种鸭、种鹅除发病死亡外，产蛋率明显下降。发生本病的鸭/鹅群，其附近尚未接种疫苗的鸡也可感染发病且死亡。本病可通过不同的途径感染，如点眼、滴鼻、口服、肌内注射、皮下注射等均可使鸭、鹅100%发病，但死亡率不同。

【典型临床症状】 发病鸭/鹅初期精神不振，食欲减退，饮水增加，缩颈闭眼，体重迅速减轻，两腿无力，蹲伏或瘫痪，开始排白色稀粪，

中期排红色稀粪，后期排绿色或黑色稀粪；有些患病鸭/鹅甩头，呼吸困难，口中有黏液蓄积；部分患病鸭/鹅后期出现摇晃、打转、角弓反张等神经症状（彩图4-33）。感染副黏病毒的成年鸭/鹅表现为产蛋率下降，产软壳蛋、无壳蛋、小型蛋等。本病能通过种蛋垂直传播，致使死胚增多，孵出的弱雏增多，部分出现扭头、转圈、向后仰等神经症状。

【典型病理变化】 剖检可见鼻腔内黏稠分泌物增多，喉头黏膜出血，食道黏膜有芝麻大小灰黄色结痂，并且易剥离；心冠脂肪出血，心包炎、心肌松弛、变性；十二指肠、空肠、回肠、结肠黏膜有纤维性结痂，剥离后可见严重出血或溃疡，并且十二指肠有枣核状肿胀；盲肠扁桃体肿胀、出血，甚至溃疡；结肠和盲肠有大小不一的溃疡灶（彩图4-34），直肠内充满灰绿色粪便，直肠黏膜出血，直肠后段出现条纹状出血；肠道黏膜上皮坏死脱落，与渗出的纤维素一起形成伪膜，包裹肠内容物，致使肠道膨大；肝脏有的呈土黄色；腺胃乳头出现轻微出血。有神经症状的病死鸭/鹅剖检可见脑膜充血、出血；部分鸭/鹅食管与腺胃，以及腺胃与肌胃交界处出血、溃疡。

【鉴别诊断】

（1）鸭副黏病毒感染与鸭瘟的鉴别 二者均有精神沉郁、食欲减退、拉稀、共济失调、头颈侧斜扭曲、腿瘫软、角弓反张、肠炎等临床症状和病理变化。但二者的区别在于：鸭瘟的病原为疱疹病毒，成年鸭多发，1月龄以内的雏鸭发病较少。而鸭副黏病毒感染对各品种和日龄鸭均具有易感性，是由Ⅰ型副黏病毒引起的以消化道症状和病变为特征的急性传染病。

（2）鹅副黏病毒感染与小鹅瘟的鉴别 二者均有精神沉郁、食欲减退、拉稀、肠炎等临床症状和病理变化。但二者的区别在于：小鹅瘟是细小病毒引起的，主要是雏鹅易感，而鹅副黏病毒感染对各品种和日龄鹅均具有易感性，是由Ⅰ型副黏病毒引起的，其病变特征为肠道黏膜上皮坏死脱落，与渗出的纤维素一起形成伪膜，包裹肠内容物，致使肠道膨大。这与小鹅瘟的“香肠样”病变相似，但其长度比小鹅瘟形成的要长。用脑、脾脏、胰腺或肠道病料处理接种鸡胚，一般于36～72小时死亡，并且绒尿液具有血凝性，并能被Ⅰ型副黏性病毒抗血清所抑制，可确诊为副黏病毒感染。

（3）副黏病毒感染与禽巴氏杆菌病的鉴别 二者均有体温升高、闭目、垂翅、口鼻分泌物多、呼吸困难、拉稀并混有血液等临床症状，并

第四章

均有全身黏膜、浆膜出血，以及心冠脂肪有出血点等病理变化。但二者的区别在于：禽巴氏杆菌病的病原为巴氏杆菌，一般只流行于个别鸭/鹅群或小范围地区，而副黏病毒感染则波及全场或更大范围。在病状上，副黏病毒感染可见神经症状，禽巴氏杆菌病则无此症状，而偶见关节炎表现。禽巴氏杆菌病的病程短，多于1~3天死亡，而副黏病毒感染多于3~5天死亡。患禽巴氏杆菌病的死禽剖检可见肝脏上有灰白色坏死灶，心包膜内见大量纤维蛋白渗出物，肠黏膜无溃疡，而副黏病毒感染的鸭/鹅肝脏无坏死点，心包膜内渗出物少，肠黏膜上多有溃疡。细菌学检查，禽巴氏杆菌病可检出巴氏杆菌。

（4）副黏病毒感染与沙门氏菌病的鉴别　二者均有羽毛松乱、精神萎靡、呼吸困难、腹泻等临床症状。但二者的区别在于：沙门氏菌病的病原为沙门氏菌，主要发生于幼雏，特点是排白色稀粪；成年鸭/鹅较少发病且多为慢性，有时也可见下痢，腹部增大，但不见呼吸困难，慢性病例常可见卵巢萎缩，卵黄变性，质硬且色浅，有时形成囊泡。细菌学检查，沙门氏菌病可检出沙门氏菌。副黏病毒感染的鸭/鹅呼吸道症状严重，并有神经症状，剖检可见呼吸道和消化道严重出血。实验室检验，副黏病毒感染的病原是Ⅰ型副黏病毒。

（5）副黏病毒感染与其他神经疾病的鉴别　鸭/鹅食盐中毒，维生素A、维生素B、维生素D、维生素E缺乏症，以及药物中毒等疾病均可使患病鸭/鹅出现神经症状，但一般无呼吸道和消化道症状。

【防治措施】　本病目前尚无特效治疗药物，应坚持预防为主的原则，及早接种疫苗。

1）一般不要从疫区引进雏鸭、雏鹅，必须引种时应给雏鸭、雏鹅注射副黏病毒油乳剂灭活苗，每只0.3毫升，15日龄以上的鸭/鹅每只0.5毫升。切实做好引种鸭/鹅群的隔离消毒工作。

2）加强鸭/鹅群的饲养管理，调整鸭/鹅群的饲养密度，注意搞好环境卫生，经常消毒鸭/鹅舍及用具。对已发病鸭/鹅群，全场清除粪便、污物，彻底消毒；对病死鸭/鹅要做深埋处理。

3）种鸭、种鹅群至少应经4次灭活苗免疫。第一次免疫，在7~15日龄用Ⅰ号剂型，每只幼雏皮下注射0.5毫升；第二次免疫，在第一次免疫后2个月内用Ⅰ号剂型，每只鸭/鹅皮下或肌内注射0.5毫升；第三次免疫，在产蛋前15天左右用Ⅰ号剂型，每只鸭/鹅肌内注射1.0毫升；第四次免疫，在第三次免疫2个月后用Ⅱ号剂型，每只鸭/鹅肌内注射

1.0 毫升。经 4 次灭活苗免疫后，种鸭、种鹅群在整个饲养期内能比较有效地预防本病的发生。

4）种鸭、种鹅经免疫的雏群，第一次免疫，在 15 日龄左右用 I 号剂型灭活苗免疫，每只幼雏皮下注射 0.5 毫升；第二次免疫在第一次免疫后 2 个月内进行，每只肌内注射 0.5 毫升。种鸭、种鹅未经免疫或无母源抗体的雏群，第一次免疫应在 2～7 日龄或 10～15 日龄用 I 号剂型灭活苗免疫，每只幼雏皮下注射 0.5 毫升；第二次免疫在第一次免疫后 2 个月内进行，每只肌内注射 0.5 毫升。

十二、鸭冠状病毒感染

鸭冠状病毒感染又称鸭冠状病毒性肠炎，是由冠状病毒属的肠炎病毒感染所引起的一种病毒性传染病，其特征是病鸭急性腹泻，喙壳上皮脱落，出现破溃（俗称烂嘴壳）。

【流行特点】 本病可发生于各年龄段的鸭、火鸡，幼鸭发病多见于 20 日龄左右，其他禽类未见感染报道。传染源是病禽和潜伏期的感染禽。病毒随粪便排出，污染环境、饲料、饮水、垫料等，经消化道感染禽类。

本病潜伏期为 2～4 天，开始少数发病，1～2 天后出现死亡高峰。发病率近 100%，死亡率为 5%～50% 或偶尔高些。急性死亡者病程为 2～3 天，慢性病例病程可延至 15～20 天，病毒经 10 天左右可传至邻近的鸭舍。

【典型临床症状】 幼龄鸭病初精神委顿，食欲减退，不爱活动，体温较低；进而闭眼昏睡，缩颈弓腰，畏寒怕冷，眼有黏性分泌物；腹泻，排黄绿色或白色水样稀粪，其内含有尿酸盐或黏液；不断鸣叫，扎堆，部分出现脚后伸、头颈后弯、呈观星状等神经症状；病鸭死前喙壳由浅黄色变为浅紫色，喙壳上皮脱落，出现破溃（俗称烂嘴壳）。产蛋鸭产蛋迅速减少。

【典型病理变化】 病鸭咽喉黏膜有卡他性炎症。腺胃黏膜出血、脱落；胆囊肿大；胰腺出血。肠道病变明显，其中以十二指肠段病变最为明显，肠系膜血管扩张、充血，并有出血点；肠充血、出血，肠壁水肿明显，整个十二指肠外观呈红色、紫色或紫红色，内有血性黏液；肠黏膜呈深红色，黏膜脱落，肠壁形成溃疡，盲肠黏膜常见斑状或条状的白色附着物，刀刮有硬感；直肠和泄殖腔充血、水肿。

【鉴别诊断】

（1）鸭冠状病毒感染与鸭细小病毒病的鉴别 二者均有精神沉郁、食欲减退、羽毛松乱、腹泻等临床症状，以及小肠黏膜充血、出血、脱落等病理变化。但二者的区别在于：鸭细小病毒病的病原为细小病毒，感染病例可见心脏变圆，心房扩张，心壁松弛，心肌呈瓷白色。而鸭冠状病毒感染病例腹泻严重，粪便呈白色、黄绿色，有时呈喷射状；喙壳上皮脱落，出现破溃；腺胃黏膜出血、脱落；胆囊肿大。

（2）鸭冠状病毒感染与鸭轮状病毒感染的鉴别 二者均有精神沉郁、呼吸困难、腹泻等临床症状。但二者的区别在于：鸭轮状病毒感染的病原为轮状病毒，其病变主要集中在小肠，小肠黏膜充血、脱落，肠系膜淋巴结肿大、出血，但缺少其他器官的病理变化。而鸭冠状病毒感染病例腹泻严重，粪便呈白色、黄绿色，有时呈喷射状。喙壳上皮脱落，出现破溃；腺胃黏膜出血、脱落；胆囊肿大。

（3）鸭冠状病毒感染与鸭大肠杆菌病的鉴别 二者均有精神沉郁、食欲减退、拉稀、肠道黏膜呈卡他性或坏死性炎症等临床症状和病理变化。但二者的区别在于：鸭大肠杆菌病的病原为大肠杆菌，发病无日龄区分，多呈散发，病程较缓，死亡率相对较低；全身浆膜呈渗出性炎症，心包膜和气囊壁表面附有黄色纤维素性渗出物；心包腔和腹腔常有浅黄色渗出液；肝脏肿大、质脆，肝被膜呈灰白色；脾脏肿大，呈紫黑色斑纹状；心冠状脂肪有细小出血点；肺脏有不同程度瘀血；选用适宜的抗生素可以控制。而鸭冠状病毒感染病例腹泻严重，喙壳上皮脱落，出现破溃。

（4）鸭冠状病毒感染与鸭沙门氏菌病的鉴别 二者均有精神沉郁、食欲减退、拉稀、肠炎等临床症状和病理变化。但二者的区别在于：鸭沙门氏菌病的病原为沙门氏菌，虽多发于雏鸭，但50日龄以上的鸭也有发病。剖检可见肝脏显著肿大，边缘钝圆，被膜有纤维素性渗出物覆盖，实质内有灰黄色坏死灶，有的实质呈豆腐渣样病变；盲肠显著膨大，内有干酪性填塞物。选用抗生素可控制。而鸭冠状病毒感染病例腹泻严重，喙壳上皮脱落，出现破溃。

（5）鸭冠状病毒感染与鸭巴氏杆菌病的鉴别 二者均有精神沉郁、食欲减退、拉稀、肠炎等临床症状和病理变化。但二者的区别在于：鸭巴氏杆菌病的病原为巴氏杆菌，多发于35日龄以后的仔鸭或产蛋鸭。除肠道呈现急性卡他性或出血性肠炎外，特殊病变为肝脏肿大，表面散布许多针尖大出血点和灰白色坏死灶；心冠和心外膜有弥漫性出血斑点，

全身浆膜有不同程度出血点；肺脏严重瘀血，眼结膜发绀。选用抗生素可控制。而鸭冠状病毒感染病例腹泻严重，喙壳上皮脱落，出现破溃。

（6）鸭冠状病毒感染与番鸭球虫病的鉴别　二者均有精神沉郁、食欲减退、拉稀、肠炎等临床症状和病理变化。但二者的区别在于：番鸭球虫病的病原为球虫，20～45日龄的番鸭多发生，并且主要表现为肠道炎症，其病变特点是小肠中后段出现卡他性、出血性肠炎，肠黏膜肿胀，有许多针尖状出血点，有的见有红白相间的小点，黏膜表面常覆有一层红色胶冻状黏液，多数病例排出含有黏液的血便。病鸭消瘦，可视黏膜苍白，心肌色浅。有条件的可取粪便镜检，见有卵囊，即可确诊。

【防治措施】

（1）加强饲养管理　加强鸭/鹅舍及其周围环境的卫生消毒工作，做到全进全出。空舍后应闲置3～4天，并严格清洗和消毒，可预防和控制本病。雏鸭应饲养在消毒后的育雏室，与成年鸭隔离饲养。

（2）免疫预防　可在种鸭产蛋前建立主动免疫，使雏鸭出壳时即具有母源抗体，到10日龄时再给予高免抗体，对预防本病有明显效果。

目前对本病尚无特效治疗药物，可采用新霉素和抗病毒药物控制病情，防止继发感染，降低死亡率。

十三、圆环病毒感染

圆环病毒感染是由圆环病毒所引起的一种病毒性传染病，也是近些年新发现的一种禽类传染病，本病除了能引起鸭/鹅的原发性感染导致死亡外，严重的能使鸭/鹅体的免疫系统受到损害，使鸭/鹅体产生免疫抑制而继发其他传染性疾病，导致鸭/鹅大量死亡，造成巨大的经济损失。

【流行特点】　各品种鸭/鹅均能感染本病，6～10周龄鸭/鹅感染可表现临床症状。若有其他疾病混合感染或继发感染，本病的发病日龄会更低。据报道，鸭/鹅圆环病毒的感染率可随着鸭/鹅日龄的增长而下降。

本病的发生常为混合感染，常与鸭瘟、小鹅瘟、鸭细小病毒病、鸭疫里氏杆菌病、大肠杆菌病等形成混合感染。一旦发生混合感染，鸭/鹅的死亡率将会大大上升。病毒或许可以通过散在空气中的病毒粒子经过呼吸道传播，再通过粪便排出。

【典型临床症状】　患病鸭/鹅的羽毛发育不良、紊乱、脱落，生长发育不良、迟缓，体况消瘦，呼吸困难，贫血，鸭/鹅群中出现零星死亡。如果与鸭/鹅肝炎病毒发生混合感染，则发病鸭/鹅病程急、死亡快，大多死前头仰脚蹬，全身抽搐。部分鸭/鹅群扎堆、眼半闭、缩颈、羽毛蓬松，少数拉黄白色稀粪。

【典型病理变化】 单独发生的圆环病毒感染，剖检可见卵巢、脾脏、胸腺、法氏囊出血、萎缩。若出现混合感染，则会出现相应更加严重的病理变化，如与雏鹅肝炎病毒发生混合感染，则肝脏肿大且积点状出血，有瘀血斑或土黄斑；胆汁少且稀薄、色浅；脾脏呈斑驳状，肿大或萎缩；肾脏肿胀、出血；法氏囊内有浅黄色渗出物，黏膜有出血。

【防治措施】 对于鸭/鹅圆环病毒病，目前尚无可靠的疫苗和防治药物，只能采取预防和对症治疗的方法。当疾病发生时，要改善饲养条件，加强管理，采取对症治疗措施，同时注意防止继发感染其他疾病。①平时应禁止去疫区引种。②完善鸭/鹅的免疫程序，做好基础疫苗的免疫工作。③改善养殖场的卫生环境，定期进行消毒。

① 圆环病毒对外界环境的抵抗力极强，一般消毒剂很难将其杀灭，选用氢氧化钠或过氧乙酸消毒效果较好。

② 鸭/鹅圆环病毒病是一种免疫抑制病，因此感染圆环病毒的鸭/鹅易继发或并发感染，其造成的危害和损失与鸭/鹅群的饲养管理密切相关，因此要提升饲养管理水平，降低发病造成的损失。

十四、病毒性肝炎

病毒性肝炎是由肝炎病毒引起雏鸭、雏鹅的一种急性高度致死性传染病。其特征是发病急、传播迅速、病程短和死亡率高，病雏表现角弓反张，肝脏肿大、有出血性斑点。

【流行特点】 在自然条件下，病毒性肝炎只发生于雏鸭和雏鹅。成年种鸭/鹅即使在受病原污染的环境中也不会发病，并且不影响其产蛋率。幼雏可通过蛋黄获得母源抗体。

本病主要通过消化道和呼吸道而发生感染。在野外和舍饲条件下，本病具有极强的传染性，可迅速传播给鸭/鹅群中的全部易感雏鸭/鹅。

本病的发生没有明显的季节性，一年四季均可发生，但似乎冬春两季更易发病。养殖场饲养管理和环境卫生条件等应激因素的影响较大。未施行免疫接种计划的养殖场，发病率可高达100%，死亡率则差别很大，从不足20%到90%以上。一般来说，1周龄内的雏鸭、雏鹅死亡率

最高，2～4周龄的雏鸭、雏鹅次之，4～5周龄的中雏死亡率较低。5周龄以上的鸭/鹅基本不发生死亡。

【典型临床症状】 潜伏期为1～2天。流行过程短促，发作和传播快，鸭/鹅群一旦感染，发病率急剧上升，短期内即可达到发病高峰，死亡常在4～5天发生，随即发病率迅速下降以至终止，这是由于潜伏期及病程短，而雏鸭、雏鹅易感性又随日龄的增长而下降所致。雏鸭、雏鹅在发病初期精神委顿，废食，拉稀，眼半闭呈昏睡状，以头触地，不久即出现神经症状，运动失调，身体倒向一侧，两脚痉挛性踢动，死前头向背部扭曲，呈角弓反张状（彩图4-35）。

【典型病理变化】 死雏体况良好，绒毛外观也比较好，喙端和爪尖瘀血而呈暗紫色。剖检可见肝脏肿大、质脆、色暗淡或发黄，表面有大小不等的出血斑点（彩图4-36）；胆囊肿大呈长卵圆形（彩图4-37），内充满胆汁，胆汁呈褐色、浅茶色或浅绿色；脾脏有时肿大且呈斑驳状（彩图4-38）；多数病例的肾脏肿大（彩图4-39），呈暗灰色，血管明显呈暗紫色树枝状；气囊中有微黄色渗出液和纤维素絮片；日龄较大的幼龄鸭/鹅可能继发有细菌性败血症的变化，如幼雏疫里氏杆菌病、幼雏沙门氏菌病等。

【鉴别诊断】

（1）病毒性肝炎与禽巴氏杆菌病的鉴别 二者均有精神沉郁、食欲减退、拉稀、肠炎等临床症状和病理变化。但二者的区别在于：禽巴氏杆菌病的病原为巴氏杆菌，各年龄的鸭/鹅均能发生，常呈败血经过，缺乏神经症状。青年鸭/鹅、成年鸭/鹅比雏鸭/鹅更易感，尤其是3周龄以内的幼雏很少发生。剖检可见肝脏略肿大，有灰白色坏死灶，心冠有弥漫性出血斑点，心包积液，十二指肠黏膜严重出血等特征性病变，与鸭/鹅病毒性肝炎完全不同。肝脏组织触片、心包液涂片，革兰氏染色或亚甲蓝染色见有许多两极染色的卵圆形小杆菌。用肝脏组织和心包液接种鲜血培养基，能分离到巴氏杆菌。

（2）鸭病毒性肝炎与鸭疫里氏杆菌病的鉴别 二者均有精神沉郁、食欲减退、拉稀、肠炎等临床症状和病理变化。但二者的区别在于：鸭疫里氏杆菌病的病原为鸭疫里氏杆菌，多发于2～6周龄的幼鸭。病鸭眼、鼻分泌物增多，头颈发抖和昏睡。剖检可见纤维素性心包炎、纤维素性气囊炎和纤维素性肝周炎，脑血管扩张、充血，脾脏肿大呈斑驳状。

（3）鸭/鹅病毒性肝炎与雏鸭/鹅沙门氏菌病的鉴别 二者均有精神

沉郁、食欲减退、拉稀、肠炎等临床症状和病理变化。但二者的区别在于：雏鸭/鹅沙门氏菌病的病原为沙门氏菌，常见于3周龄以内的幼雏。病雏的主要特征是严重下痢，眼有浆液脓性结膜炎，分泌物较多。剖检可见肝脏有细小的灰黄色坏死灶，肠黏膜水肿、充血及点状出血。

(4) 病毒性肝炎与曲霉菌病的鉴别　二者均有精神沉郁、食欲减退、拉稀、肠炎等临床症状和病理变化。但二者的区别在于：曲霉菌病的病原为曲霉菌，多发于20日龄以内的幼雏。患病鸭/鹅的主要症状为呼吸困难，张口呼吸。剖检时见患病鸭/鹅的肺脏和气囊上有黄色干酪性病灶。检查饲料可发现饲料霉败变质，或者垫料严重霉变。

【防治措施】 ①一旦雏鸭、雏鹅发生病毒性肝炎，则应紧急注射高免幼雏肝炎血清或高免幼雏肝炎卵黄抗体，每只肌内注射0.5~1毫升，能够有效地控制本病在鸭/鹅群中的传播流行和降低死亡率。②在流行病毒性肝炎的地区，可以用弱毒疫苗免疫产蛋鸭/鹅。方法是在产蛋鸭/鹅开产之前2~4周肌内注射0.5毫升未经稀释的胚液，这样产蛋鸭/鹅所产的蛋中就含有大量母源抗体，所孵出的雏鸭/鹅因此而获得被动免疫，免疫力能维持3~4周，这是当前预防本病的一种既操作方便又安全有效的方法。③加强环境卫生管理，严格执行检疫和消毒制度，也是预防本病的积极措施。

提示

① 本病的发生往往是由于从疫区或疫场购入幼雏或种蛋所致，因此要慎重购入。

② 当采用鸭病毒性肝炎的Ⅰ、Ⅲ型弱毒株制备的疫苗或高免血清或高免卵黄抗体免疫的鸭群，但仍然不能控制鸭病毒性肝炎的发生时，在排除了疫苗及抗体的质量和其他并发症等因素之后，可考虑采用当地的鸭病毒性肝炎病毒分离株制备疫苗，或者用病死鸭的病理组织制成组织灭活疫苗进行预防接种。

③ 幼雏接种弱毒疫苗后48小时开始产生免疫力，120小时产生坚强免疫力，免疫持续期可达50~60天。

④ 抗体治疗的效果一方面取决于治疗时间的早晚，另一方面取决于抗体效价的高低，对于重症或发病中后期患病鸭/鹅的治疗效果较差。如果在抗血清中加入干扰素，效果更好。

十五、鸭传染性脑脊髓炎

鸭传染性脑脊髓炎是由禽脑脊髓炎病毒感染所引起的一种主要侵害雏鸭神经系统的病毒性传染病，以运动失调和头颈部震颤为主要发病特征。

【流行特点】　各年龄的鸭均可感染，主要侵害1～21日龄的鸭，7～14日龄最易感。本病的发病率为50%～60%，死亡率为20%～30%。本病一年四季均可发生，但主要集中在冬春两季。

本病既可水平传播，又能垂直传播。水平传播包括病鸭与健康鸭同居接触传染、出雏器内病雏与健雏接触传染及媒介物（如污染的饲料、饮水等）在鸭群之间造成传染。由于该病毒可在鸭肠道内繁殖，因而病鸭的粪便对本病的传播更为重要。垂直传播是成年鸭感染病毒之后、产生抗体之前的短时期内，产出含病毒的蛋，孵出带病雏鸭。但是，康复鸭所产的蛋含有较高的母源抗体，可对雏鸭起到保护作用。

【典型临床症状】　病鸭开始精神不振，随之发生运动失调，跗关节着地，前后摇晃，有的坐在地上，有的倒卧一侧，尔后症状更加明显，很少活动，如受惊扰则行走动作不能控制，足向外弯曲难以行动，两翅展开，头颈震颤，步态不稳，最后呈侧卧瘫痪状态。发病初期病鸭有食欲，当其完全麻痹后，则无法摄食和饮水，最终衰竭并相互踩踏而死。

【典型病理变化】　剖检可见大脑水肿，大脑后半部有液囊，脑膜充血、出血，并有浅黄绿色的坏死区；肌胃内层有较多微小点状白色病灶；脾脏稍肿；小肠有轻度炎症。

【鉴别诊断】

（1）鸭传染性脑脊髓炎与鸭维生素E缺乏症的鉴别　二者均有精神沉郁、共济失调、行走不便、不能站立，以及成年鸭产蛋率及孵化率下降等临床症状。并且均有脑膜充血、出血等病理变化。但二者的区别在于：鸭维生素E缺乏症的病因是维生素E缺乏，一般在2～4周龄发生，要比鸭传染性脑脊髓炎晚一些，病雏常伴有白肌病及渗出性素质，剖检可见小脑水肿，表现有出血点，脑内还有黄绿色混浊的坏死区，而鸭传染性脑脊髓炎病在脑部无肉眼可见的明显变化。

（2）鸭传染性脑脊髓炎与鸭维生素A缺乏症的鉴别　二者均有精神

沉郁、羽毛松乱、生长缓慢、消瘦、共济失调、走路不稳，以及驱赶、刺激时出现神经症状等。但二者的区别在于：维生素 A 缺乏症的病因是维生素 A 缺乏，雏鸭流泪，角膜混浊、软化或穿孔，口腔有白色小结节，覆有豆渣样薄膜。成年鸭的喙、爪色浅，趾爪蜷曲。剖检可见咽喉黏膜有白色结节，覆有豆渣样膜，肾灰白色，肾小管、输尿管充满白色尿酸盐。

（3）鸭传染性脑脊髓炎与鸭维生素 D 缺乏症的鉴别 二者均有精神沉郁、共济失调、行走不便、不能站立，以及成年鸭产蛋率及孵化率下降等临床症状。但二者的区别在于：维生素 D 缺乏症的病因是维生素 D 缺乏，虽然最早可发生于 10～11 日龄雏鸭，但一般要到 1 月龄后才发生，具有明显的骨软症而瘫痪。鸭传染性脑脊髓炎除表现雏鸭瘫痪外，其头颈部神经性震颤症状明显。

（4）鸭传染性脑脊髓炎与鸭维生素 B_2 缺乏症的鉴别 二者均有不愿走路，常以跗关节着地，腿麻痹，生长受阻等临床症状。但二者的区别在于：维生素 B_2 缺乏症的病因是维生素 B_2 缺乏，虽然也以跗关节着地，以翅保持移动平衡，但一般多在 2～3 周龄发生腹泻，足趾向内卷在 2 周龄之后发生，趾爪明显，皮肤干而粗糙，据此易与鸭传染性脑脊髓炎相区别。

【防治措施】

（1）把好引进种蛋关 不从疫区引进种蛋，患病母鸭所产的蛋不得留作种用。

（2）接种疫苗 在发病严重地区，应在种鸭产蛋前 1 个月接种禽传染性脑脊髓炎油佐剂灭活疫苗。

（3）治疗 目前，还没有治疗本病的特效药物。雏鸭发病时，应立即淘汰重病雏鸭，并做好消毒、隔离与综合防治措施，防止病原扩散。同时要对全群注射脑脊髓炎高免卵黄抗体，并用吗啉胍（病毒灵）粉剂（每包 50 克，兑水 25 千克）配合维生素 C、复合维生素 B 液及抗生素饮水，连用 5～7 天。

十六、鸭病毒性肿头出血症

鸭病毒性肿头出血症是由鸭病毒性肿头出血症病毒（呼肠孤病毒）感染所引起的一种鸭的急性败血性传染病。本病以鸭头部肿胀，眼结膜充血、出血，全身皮肤广泛出血，肝脏肿大且呈土黄色并伴有出血斑点，

体温在43℃以上，排草绿色稀粪等为临床特征，发病率为50%～100%，死亡率为40%～80%甚至100%，是严重危害养鸭业的一种新的传染病。

【流行特点】 本病主要流行于秋冬季节，春季也发生，夏天发生较少，冬季为发病高峰时期。麻鸭、番鸭、半番鸭、野鸭、肉鸭和产蛋鸭等不分品种、年龄、性别均可感染发病，初次发病的鸭场和地区呈急性暴发，发病率和死亡率常常达100%。鸭群中突然出现少数病鸭，2～3天出现大量病鸭和病死鸭，4～5天死亡达到高峰。病程一般为4～6天，再次或反复发生的地区和鸭场，发病率为50%～90%，死亡率为40%～80%。发病日龄最早的为3日龄雏鸭，500日龄的成年鸭仍有发病。

【典型临床症状】 自然感染鸭的潜伏期为4～6天，一个鸭场或地区引进病鸭后其他鸭经4～6天开始出现临床症状；病鸭初期精神委顿，不愿活动。随着病程发展，病鸭卧地不起，被毛凌乱无光并沾满污物，不食却大量饮水，腹泻，排出草绿色稀粪，呼吸困难，眼睑充血、出血并严重肿胀，眼、鼻流出浆液性或血性分泌物，所有病鸭头部明显肿胀，体温升高至43℃以上，后期体温下降，迅速死亡。

【典型病理变化】 剖检可见雏鸭、肉鸭头部肿大，眼睑肿胀充血、出血，头部皮下充满浅黄色透明浆液性渗出液，全身皮肤广泛出血，消化道和呼吸道出血；肝脏肿大、质脆，呈土黄色并伴有出血斑点；脾脏肿大；心脏外膜和心冠脂肪有少量出血斑点；肺脏出血；肾脏肿大、出血；肠浆膜和其他浆膜有出血点。

产蛋鸭的卵巢严重充血、出血，心脏内膜及心肌层中有出血灶、坏死；肝脏后期出现局灶性坏死；脾脏出血；肺脏毛细血管充血，间质水肿增宽；十二指肠黏膜上皮脱落，固有膜炎性水肿，残存绒毛固有膜填满肠腔；直肠绒毛固有膜炎性细胞浸润，肠腺细胞趋于坏死，与基膜分离。

【鉴别诊断】

(1) 鸭病毒性肿头出血症与鸭瘟的鉴别 鸭病毒性肿头出血症的头颈肿大易与鸭瘟混淆，但二者的区别在于：鸭病毒性肿头出血症病例近100%病例出现头部肿大，鸭瘟仅有部分病鸭头颈肿大；二者虽然均有消化道黏膜出血病变，但鸭病毒性肿头出血症缺乏鸭瘟病例消化道黏膜坏死和纤维素性伪膜覆盖等特征性病变；鸭病毒性肿头出血症缺乏鸭瘟病例肝脏的灰白色坏死点，而呈土黄色肿大，

质脆，并有出血斑点；鸭瘟病例肝脏的组织学变化有明显的包涵体，而鸭病毒性肿头出血症病例没有；鸭瘟在自然流行中以成年放牧鸭群发病和死亡较为严重，圈养的1月龄以后的雏鸭鲜见大批发病，而鸭病毒性肿头出血症在各种年龄段的发病和死亡都很严重，尤以雏鸭更甚。

（2）鸭病毒性肿头出血症与鸭病毒性肝炎的鉴别 鸭病毒性肿头出血症病例的肝脏变化易与鸭病毒性肝炎混淆，但二者的区别在于：鸭病毒性肝炎发病具有明显的年龄特点（主要侵害3周以下的雏鸭），肝脏的组织学变化表现为坏死、炎性细胞浸润和胆管上皮细胞增生。

（3）鸭病毒性肿头出血症与鸭禽流感的鉴别 二者均有精神沉郁、食欲减退、拉稀、共济失调、头颈侧斜扭曲、腿瘫软、肠炎等临床症状和病理变化。但二者的区别在于：禽流感病毒可引起鸡、火鸡、鸭和鹌鹑等多种家禽和鸟类发病，属正黏病毒科成员，有囊膜和血凝性；而鸭病毒性肿头出血症的发病鸭群与鸡群混养时，鸡群未见发病，流行区域的鸡群也未见禽流感发生，分离的病毒无血凝性且不感染SPF鸡胚（雏鸡）、雏鹅等。

【防治措施】 ①坚持自繁自养，不到疫区去引进种鸭、雏鸭、商品鸭和种蛋。如果必须到非疫区引进种鸭、雏鸭、商品鸭和种蛋，则必须经过严格的检疫，经检疫合格后才能引进。种鸭、雏鸭、商品鸭引进后，必须经隔离饲养观察2周以上，确认健康，方可混群饲养或向外销售。②实行舍养或圈养结合，严格控制鸭与外界野禽接触，减少疫病传播机会。③谢绝外人对鸭场参观访问。饲养员进入鸭舍必须彻底消毒，更换衣服。定期对鸭舍、场地、用具进行消毒，对鸭场出现的病死鸭及时做焚烧或深埋处理，消灭蚊蝇、老鼠，做好清洁卫生，减少病原微生物滋生繁殖。④做好鸭的保健和常规疫苗的免疫工作，对鸭经常投喂一些黄芪多糖、板蓝根等中草药制剂，提高机体免疫功能，增强抗病能力。同时，常规免疫需要的疫苗，如小鸭病毒性肝炎、鸭瘟、禽流感疫苗等必须按程序免疫到位。⑤一旦鸭场出现肿头、流泪、死亡等现象，要引起高度重视，尽快确诊。同时，要对患病鸭群进行隔离、封锁，严禁继续放牧和人员往来，以防疫病扩散。对受威胁的健康鸭群，可采集典型病死鸭的肝脏、脾脏等脏器，做成灭活疫苗，进行免疫，有较好的预防效果。

提示

在生产实践中本病常与鸭瘟混合感染，因此，除了看到100%的病鸭出现肿头，全身皮肤广泛性出血，肝脏有出血斑之外，还能看到鸭瘟的特有病变。

十七、鸭花肝病

鸭花肝病可能是由呼肠孤病毒（也有人认为是疱疹病毒）引起的、番鸭多发、对雏鸭有着较高发病率和死亡率的一种病毒性传染病。由于患病雏鸭的肝脏具有特征性病灶，在其表面形成大量灰白色小点或花斑点，故称花肝病。近些年本病在饲养番鸭地区的发生呈上升趋势，对本病的治疗目前尚未发现理想的特效药，应引起广大养殖户的重视。

【流行特点】 本病经消化道感染，也可经呼吸道感染，主要发生在饲养番鸭的地区，多发生于7~35日龄的番鸭，而通常10~25日龄的雏番鸭为最易感鸭群，发病率为60%~90%，死亡率为50%~80%。雏番鸭的日龄越小，其发病率和死亡率越高。

【典型临床症状】 患病雏鸭精神沉郁，食欲不振甚至废绝，行动迟缓而跟不上鸭群，尔后出现蹲伏或侧卧，闭眼缩颈，排出白色稀粪，有的病鸭肛门周围有粪便污染，病重者出现阵发性抽搐，大部分病重雏鸭在出现抽搐后数分钟或几小时内死亡，死亡鸭多呈角弓反张姿势。

【典型病理变化】 病死雏番鸭最具有特征性的剖检病变部位为肝脏和脾脏。表现为肝脏肿大，呈黄褐色，表面有出血点和出血斑，表面密布大量针尖大小的灰白色坏死点，使肝脏呈白点肝或花斑肝（彩图4-40）；脾脏肿大（彩图4-41）；肾脏轻度肿大、出血；小肠黏膜肿胀、充血、出血，充满大量的黏液，肠壁有灰白色坏死灶（彩图4-42）。此外，胰腺出血，有弥漫性或局部性灰白色坏死点。病程稍长的病例常见心脏松弛、心包积液、心包炎、肝周炎及肠壁粘连等。

【鉴别诊断】

（1）鸭花肝病与鸭瘟的鉴别 二者均有精神沉郁、食欲减退、拉稀、肠炎等临床症状和病理变化。但二者的区别在于：鸭瘟的病原为疱疹病毒，各品种鸭均可发生，多发于成年产蛋鸭，病鸭体温升高、流泪；

眼结膜充血、水肿，有的外翻，眼睑周围羽毛湿润呈湿圈，严重者上、下眼睑粘连。部分病鸭头部皮下水肿导致头部肿大，故有大头瘟或肿头瘟之称。病例多呈急性死亡，病程较短。剖检可见心外膜充血、出血，呈“刷漆样”，冠状沟有出血点；脾脏略肿大，常呈暗褐色；胸腺和胰腺常见有小出血点或灰色坏死斑。

(2) 鸭花肝病与鸭禽流感的鉴别 二者均有精神沉郁、食欲减退、拉稀、肠炎等临床症状和病理变化。但二者的区别在于：鸭禽流感的病原为A型流感病毒，可发生于各品种的鸭，剖检可见鸭禽流感病例消化道病变类似鸭花肝病，但不同的是鸭禽流感病例腺胃乳头肿大，呈化脓性出血，并有灰白色分泌物；胰腺边缘充血、出血，有灰白色或黄白色坏死灶；成年产蛋鸭可在输卵管内见到白色或浅黄色的脓性渗出物或豆腐渣样的干酪样物质，法氏囊和肾脏肿大、出血。

(3) 鸭花肝病与鸭巴氏杆菌病的鉴别 二者均有精神沉郁、食欲减退、拉稀、肠炎等临床症状和病理变化。但二者的区别在于：鸭花肝病主要发生于番鸭，对雏鸭危害严重，流行范围较广，病死率高，番鸭育雏期发病，发病后3天死亡率可达100%，而鸭巴氏杆菌病一般零星发生，各品种鸭均可发生，病鸭常突然死亡，并以产蛋的母鸭多发；鸭花肝病病例高温稽留，羽毛蓬松，迅速消瘦，常有神经症状，死亡时嗉囊无食物，手感空虚，而鸭巴氏杆菌病病例常摇头，死亡时口、鼻流稀血水，嗉囊里充满饲料，手感硬实；鸭花肝病可能为呼肠孤病毒感染，而鸭巴氏杆菌病为巴氏杆菌感染，使用磺胺类或抗生素治疗有效。

【防治措施】

1）加强饲养管理和常规消毒，对鸭舍、用具、周围环境用百毒杀(1∶600）进行彻底消毒，每天1次，连用3天。

2）用疫苗免疫接种，但免疫接种应在3日龄内进行。由于本病发病日龄与雏番鸭三周病相似，故目前推荐采用雏番鸭花肝病和三周病二联弱毒疫苗（花周二联疫苗）一次注射，每只0.2毫升，预防效果不错。

3）日粮中按说明添加微量元素和中药方剂清瘟败毒散（黄连、黄芩、连翘、桔梗、知母、大黄、槟榔、山楂、枳实、赤芍等），连用5天，以提高鸭群的抗病力。

4）对本病的控制，目前尚未发现理想的特效药，但应用以下方法

对症治疗可减少死亡：①发生本病时，应尽快肌内注射鸭花肝病精制高免卵黄抗体，每只1.5毫升；鸭基因干扰素按说明3倍量，肌内注射。全群隔天再治疗1次，病重鸭每天1次，连用3天。②饮水中按说明添加葡萄糖和电解多维，同时加入氟苯尼考配成0.05%水溶液，连用3天，以补充体液和防止继发感染。③用复方乙酰甲喹拌料，每100千克料加100毫克药，连用3天。

提示

在卵黄抗体中加入广谱抗生素，如阿莫西林（按每千克体重用15~20毫克）、硫酸阿米卡星（按每千克体重用2.5万~3万国际单位）等肌内注射，可预防或治疗继发感染。

十八、鸭网状内皮组织增殖病

网状内皮组织增殖病是火鸡、鸭、鸡和其他鸟类的一种肿瘤性疾病，是由网状内皮组织增殖病病毒群感染所引起的一种病毒性传染病。鸭的临床表现特征是贫血和生长迟缓。主要病理变化是肝脏、脾脏坏死，细胞浸润或增生。本病的发病率和死亡率均较低。

【流行特点】 在自然条件下，病鸭与健康鸭同群同养，可因接触血传染。腹腔、肌内或皮下人工接种，可引起感染，而通过口腔或鼻腔接种却很少引起感染。关于经卵传播的问题，目前尚未得到证实。雏鸭较成年鸭易感，家鸭的传染来源可能来自野鸭，家鸭因自然感染比较少见。

【典型临床症状】 本病可分为急性和慢性两类。急性病例死亡很快，除精神萎靡外，很少出现其他明显的临床症状。慢性病例体质衰弱，生长迟缓或停顿，羽毛稀少，出现全身性贫血。

【典型病理变化】 本病毒群可引起3类病变，即内脏增生型、神经增生型和坏死病变型。

（1）内脏增生型 该型主要发生在肝脏和脾脏，其次是肠道。肝脏肿大，表面有斑驳状白色的增生性病变；脾脏肿大显著，表面也有增生性病变，有时有坏死性病变；肠道病变主要是肠壁增生性变厚，有网状细胞性浸润区和坏死性病变。

（2）神经增生型 在肝脏细胞浸润区，经常见到浸润细胞沿神经纤维排列，有的神经水肿，并发生分离现象。

(3) 坏死病变型 该型主要见于脾脏，还有大区域性出血。其次是肠道上皮组织坏死，上皮细胞脱落，并残留有溃疡灶，有时延伸至肌层。

【防治措施】 本病目前尚无治疗和疫苗接种方法，只有采取一般性的防疫消毒和卫生管理措施。

第五章 鸭、鹅细菌性传染病的诊治

一、禽巴氏杆菌病

禽巴氏杆菌病又称禽霍乱、禽出血性败血症，或者简称禽出败，是由多杀性巴氏杆菌引起的一种鸭、鹅等禽类传染病。主要临诊特征为纤维素性心包炎、纤维素性肝周炎、纤维素性气囊炎、干酪性输卵管炎、关节炎及麻痹。因其具有发病率和病死率高等特点，常给养禽业造成较严重的经济损失。

【流行特点】 各种家禽包括鸡、鸭、鹅、鸽、火鸡等都有易感性，野禽中的野鸭、海鸥和飞鸟均能感染。鸡、鸭、鹅最为易感，并且多为急性经过。鸭群、鹅群发病多呈流行性。病禽和带菌禽是本病的传染源。病禽的排泄物污染饲料、饮水，经消化道传染；也可经病禽的咳嗽、鼻腔分泌物排出细菌，通过飞沫进入呼吸道而传染；有时也可经损伤的皮肤传染。此外，内源性传染也属可能。带菌的鸭、鹅由于长途运输，或者饲养管理及卫生条件太差，易使鸭、鹅的抵抗力降低而暴发本病。病死禽污染的池塘、湖泊、水洼、河沟渠道及放牧鸭、鹅，饲养人员乱串鸭、鹅的棚舍，以及运输工具、野生禽类或动物等均可能成为传播本病的媒介。

本病的流行无明显的季节性。由于各地气候条件不同，有的地区以春秋两季发病较多，有的多发生于秋冬季节。

【典型临床症状】 潜伏期为0.5~3天。按病程长短可分为最急性型、急性型和慢性型。

(1) 最急性型 最急性型常见于流行初期，无明显可见症状，鸭/鹅常在吃食时或吃食后突然倒地，迅速死亡。有的成年鸭/鹅在放牧中突然死亡。

(2) 急性型 患病鸭/鹅精神委顿，不愿下水，行动缓慢，常落于鸭/鹅群的后面或独蹲一隅，不愿行动，羽毛松乱，食欲减退或不食，口

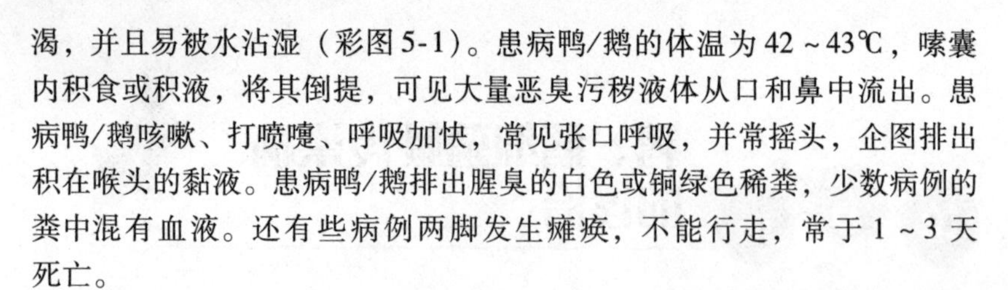

渴，并且易被水沾湿（彩图 5-1）。患病鸭/鹅的体温为 42～43℃，嗉囊内积食或积液，将其倒提，可见大量恶臭污秽液体从口和鼻中流出。患病鸭/鹅咳嗽、打喷嚏、呼吸加快，常见张口呼吸，并常摇头，企图排出积在喉头的黏液。患病鸭/鹅排出腥臭的白色或铜绿色稀粪，少数病例的粪中混有血液。还有些病例两脚发生瘫痪，不能行走，常于 1～3 天死亡。

（3）慢性型 在本病的流行过程中，常遗留部分慢性病例，占发病总数的 2%～10%。该型病例消瘦，一侧或两侧局部关节肿胀、发热、疼痛，使患病鸭/鹅行走困难，跛行或完全不能行走；穿刺时见有暗红色液体，时间较久则局部变硬；切开见有干酪样坏死。有的慢性型病例也转为急性型而死亡。

【典型病理变化】 病死鸭/鹅尸僵完全，皮肤上有少数散在的出血斑点；心包液增多，呈透明的橙黄色，有的内混纤维素絮片；心外膜、心耳、心冠有弥漫性出血斑点；肝脏略肿大，呈黏土色，质地变硬，易碎裂，表面有针尖大出血点和灰白色坏死灶（彩图 5-2），发生脂肪变性；胆囊多肿大；肠道以十二指肠和大肠黏膜充血、出血最严重，并有轻度卡他性炎症，小肠后段和盲肠较轻；肺脏出现多发性肺炎，间有气肿和出血；鼻腔黏膜充血或出血。幼雏多出现多发性关节炎，关节囊增厚，内含有暗红色、混浊的黏稠液体。

【鉴别诊断】

（1）鸭巴氏杆菌病与鸭瘟的鉴别 二者均有精神沉郁、食欲减退、拉稀、肠炎等临床症状和病理变化。但二者的区别在于：鸭瘟流行范围较广，病程较长，一般多在发病后 4～6 天死亡，而鸭巴氏杆菌病一般零星发生，病鸭常突然死亡；鸭瘟多发于雏鸭，而鸭巴氏杆菌病多发于产蛋鸭；鸭瘟病例流涕、流泪，死亡时眼睛充血，嗉囊无食物，手感空虚，而鸭巴氏杆菌病病例常摇头，死亡时，口、鼻流稀血水，嗉囊里充满饲料，手感硬实；鸭瘟为疱疹病毒感染，而鸭巴氏杆菌病为巴氏杆菌感染，使用磺胺类或抗生素治疗有效；鸭瘟病例肝脏有大小不等的灰黄色或灰白色坏死灶，而鸭巴氏杆菌病病例剖检可见肝脏表面有许多针头大小且分布均匀的灰白色坏死灶。

（2）鹅巴氏杆菌病与小鹅瘟的鉴别 二者均有精神沉郁、食欲减退、拉稀、肠炎等临床症状和病理变化。但二者的区别在于：小鹅瘟病例鼻孔流出浆液性鼻液，沾污鼻孔周围，病鹅频频摇头，排灰白色或灰黄色的水样稀粪，常为米浆样混浊且带有气泡或有纤维状碎片；患病雏鹅临死前出现颈部扭转或抽搐、瘫痪等神经症状。剖检特征性病变是空肠和回肠的急性卡他性-纤维素性坏死性肠炎，肠黏膜坏死、脱落，与凝固的纤维素性渗出物形成栓子或包裹在肠内容物表面形成伪膜，堵塞肠腔。鹅感染巴氏杆菌病后，表现为口鼻流液，呼吸明显困难，神经症状不明显；剧烈腹泻，排出铜绿色或白色稀粪。特征性病变发生在肝脏，肝脏肿大，色泽变浅，质地变硬，表面散布着许多灰白色、针尖大的坏死点。肺脏出血，发生肝变。心冠脂肪组织上面有明显的出血点，但无凝固性栓子。抗菌类药物治疗有效。

（3）禽巴氏杆菌病与禽流感的鉴别　二者均有精神沉郁、食欲减退、流鼻液、拉稀、肠炎等临床症状和病理变化。但二者的区别在于：禽流感病例神经症状较明显，其特征性病理变化为头颈部肿胀比禽巴氏杆菌病严重，头颈部皮下出血或胶样浸润，内脏器官、黏膜和法氏囊出血，腺胃乳头、腺胃与肌胃交界处及肌胃角质膜下有出血点或瘀斑状出血；而鸭/鹅感染巴氏杆菌病后呼吸明显困难，神经症状不明显。剧烈腹泻，排出绿色或白色稀粪。特征性病变发生在肝脏，肝脏肿大，色泽变浅，质地变硬，表面散布着许多针尖大的灰白色坏死点。肺脏出血，发生肝变。心冠脂肪组织上面有明显的出血点。

（4）禽巴氏杆菌病与副黏病毒病的鉴别　二者均有体温高、闭目、垂翅、口鼻分泌物多、呼吸困难、拉稀混有血液等临床症状；并均有全身黏膜、浆膜出血，以及心冠脂肪有出血点等病理变化。但二者的区别在于：副黏病毒病可波及全村或更大范围，而禽巴氏杆菌病一般只流行于个别鸭/鹅群或小范围地区；患禽巴氏杆菌病的死禽剖检可见肝脏上有黏土色坏死点，心包膜内见大量纤维蛋白渗出物，肠黏膜无溃疡，而患副黏病毒病的死禽肝脏无坏死点，心包膜内渗出物少，肠黏膜上多有溃疡。细菌学检查，禽巴氏杆菌病可检出巴氏杆菌。

（5）鸭巴氏杆菌病与鸭疫里氏杆菌病的鉴别　二者均有精神沉郁、食欲减退、拉稀、肠炎等临床症状和病理变化。但二者的区别在于：鸭疫里氏杆菌病主要发生于幼鸭，8 周龄以后很少发生，主要病变常见有心包炎、气囊炎和肝周炎。

（6）禽巴氏杆菌病与沙门氏菌病的鉴别　二者均有精神沉郁、食欲减退、拉稀、肠炎等临床症状和病理变化。但二者的区别在于：患沙门氏菌病的死禽具有其最特征的病变，即盲肠肿大 1 ~ 2 倍，呈斑驳状，肠

内有干酪样团块物质。

(7) 禽巴氏杆菌病与大肠杆菌病的鉴别 二者均有精神沉郁、食欲减退、拉稀、肠炎等临床症状和病理变化。但二者的区别在于：大肠杆菌病病例在心包膜、心外膜、肝脏和气囊表面有黄绿色纤维性渗出物；肝脏肿大、质脆，表面有针尖大小、边缘不整齐的灰白色坏死灶，比禽巴氏杆菌病的坏死灶稍大。

【预防措施】 ①加强鸭/鹅的饲养管理，平时严格执行养殖场兽医卫生防疫措施，以栋舍为单位采取全进全出的饲养制度，预防本病的发生。②一般从未发生本病的养殖场可不进行疫苗接种。鸭/鹅群发病后应立即采取治疗措施，有条件的地方应通过药敏试验选择有效药物全群给药。磺胺类药物、红霉素、庆大霉素、诺氟沙星、喹乙醇等均有较好的疗效。在治疗过程中，剂量要足，疗程要合理，当鸭/鹅死亡明显减少后，再继续投药2~3天以巩固疗效，防止复发。与此同时要妥善处理病尸，做到无害化处理，避免人为地传播本病。③加强养殖场兽医防疫措施。搞好舍内外消毒工作，对及早控制本病有重要作用。④对本病常发生地区或养殖场，药物治疗效果日渐降低，本病很难得到有效控制，可考虑用疫苗进行预防。但由于疫苗免疫期短，防治效果并不十分理想，所以有条件的地方可在本场分离细菌，经鉴定合格后制作自家灭活苗，定期对鸭/鹅群进行注射，经实践证明，通过1~2年的免疫，本病可得到有效控制。

【治疗方法】 ①10%氟苯尼考加黄芪多糖全群饮水，连用3天。②对患病病鸭/鹅用青霉素加链霉素混合后进行注射，每天1次，连用3天。同时对场地和鸭/鹅棚舍早晚用石灰水、过氧乙酸或百毒杀等消毒液交替消毒场地，用高锰酸钾水消毒料槽、水槽和用具。采取以上措施后，病情可逐步得到控制。

① 禽巴氏杆菌的抗原结构很复杂，商品化疫苗只能对同型菌株的攻击提供较为满意的免疫保护，而对异型菌株的攻击则没有或极少提供交叉免疫保护，这是禽巴氏杆菌菌苗免疫不能令人满意的重要原因之一。

② 为巩固疗效和防止用药后病情的反弹，建议在用药后，鸭/鹅群死亡减少或停止时，不要马上停药，应再用2~3天预防剂量的药。

二、鸭疫里氏杆菌病（鸭传染性浆膜炎）

鸭疫里氏杆菌病又称鸭传染性浆膜炎，是由鸭疫里氏杆菌（也叫鸭疫巴氏杆菌）引起的鸭的一种接触性、急性或慢性、败血性传染病，其主要特征是纤维素性心包炎、肝周炎、气囊炎、干酪性输卵管炎、关节炎及麻痹，是造成幼鸭死亡最严重的传染病之一。

【流行特点】 本病主要发生于2~6周龄的幼鸭，8周龄以后和1周龄以内的幼鸭很少发病，其他水禽、火鸡、鸡、鹌鹑等也曾有发病报道。本病的发病率较高，有的高达90%以上，死亡率为5%~80%。

本病一年四季均可发生，尤以冬春寒冷的季节多见，主要经呼吸道或皮肤感染，被病原菌污染的饲料、饮水或周围环境均能传播本病，育雏室饲养密度过大、空气流通不畅、潮湿、环境卫生差，饲养粗放或饲料中营养不全等均易造成本病的发生和传播。此外，病菌也有可能通过鸭蛋传播。

【典型临床症状】 本病根据病程长短可分为最急性型、急性型和慢性型。

（1）最急性型 最急性病例常表现为突然死亡，无任何临床症状。

（2）急性型 急性型病例主要表现为病鸭闭口嗜睡，精神委顿，缩头垂翅或嘴抵地，食欲不振或废绝；排黄绿色恶臭稀粪（发病早期排出白色稀粪，后期变成绿色稀粪）；腿软，呈犬坐姿势（彩图5-3），行动缓慢，不愿走动，或者共济失调；打喷嚏，眼、鼻常流出黏液性或浆液性分泌物，使病鸭眼周围的羽毛粘连，出现黑眼圈，故本病病鸭有眼镜鸭之称（彩图5-4）；濒死前出现神经症状。病鸭站立时，头颈向身体的右侧弯转90度，呈S形，顺着歪脖的方向转圈，此为本病的特征性症状。最后，病鸭角弓反张，抽搐死亡。病程为1~3天。

（3）慢性型 28日龄以上的幼鸭，多呈亚急性或慢性经过，病程超过7天。病鸭食欲不振或废绝，腿脚无力，不愿走动，多伏卧。少数病例头颈歪斜（彩图5-5），若遭遇惊吓，则不断鸣叫、倒退或痉挛转圈。当采食饮水或安静蹲卧时，病鸭伸颈，头颈稍弯曲，张口呼吸。少数病例出现跗关节肿胀。耐过的病鸭往往较瘦弱，发育不良。

【典型病理变化】 鸭疫里氏杆菌病的特征性病理变化是浆膜面上有纤维素性炎性渗出物，以心包膜、肝被膜和气囊壁的炎症为主。多数病例表现为全身脱水，心包炎（彩图5-6），心包液增多，心包膜附着纤维素性渗出物，心包内填充浅黄色纤维素性渗出物，病程较长时，可见心包膜与心外膜粘连；肝脏肿大，明显大于正常肝脏，呈棕红色或土黄色，质脆，表面覆盖有一层极易剥离的灰白色或灰黄色纤维素膜（彩图5-7），病程较长时，渗出物呈干酪样，不易剥离；气囊混浊、增厚（彩图5-8），气囊壁上附有纤维素性渗出物；脾脏肿大或肿大不明显，表面附有纤维素膜，有的病例脾脏明显肿大，呈红灰色斑驳状（彩图5-9）；脑膜及脑实质血管扩张、瘀血，病鸭出现神经症状时，可见纤维素性脑膜炎及脑膜充血、出血。慢性病例常见胫膝关节及跗关节肿胀，切开可见关节液增多。少数病例输卵管内有干酪样渗出物。部分病例肠道充血、出血，以十二指肠病变最为严重，表面有黄色胶冻样分泌物；直肠处可见白色或浅绿色稀粪。

【鉴别诊断】

（1）鸭疫里氏杆菌病与鸭大肠杆菌病的鉴别 患病鸭群发生鸭疫里氏杆菌病时，常有60%以上的患病鸭群同时混合感染大肠杆菌病。大肠杆菌性败血症的病变表现为心包炎、肝周炎和气囊炎，与鸭疫里氏杆菌病的病变非常相似。但二者的区别在于：鸭大肠杆菌病剖检时有特殊臭味，病鸭心脏和肝脏表面附着的渗出物较厚，一般为干酪样（凝乳状），色较重，不易剥离，肝脏肿大呈铜绿色；而鸭疫里氏杆菌病病例心脏和肝脏表面附着的渗出物较薄，一般较湿润、色浅。鸭疫里氏杆菌病病鸭表现头颈震颤、歪斜等神经症状，而鸭大肠杆菌病不表现神经症状。

（2）鸭疫里氏杆菌病与鸭衣原体病的鉴别 鸭衣原体病是由鹦鹉热衣原体引起的一种接触性传染病，病理变化表现为心包炎、肝周炎和气囊炎，与鸭疫里氏杆菌病的病理变化非常相似。但二者的区别在于：鸭衣原体病病例的粪便呈绿色水样，气味恶臭，而鸭疫里氏杆菌病病例发病早期常排白色黏稠样粪便；鸭疫里氏杆菌病病例表现头颈震颤、歪斜等神经症状，而鸭衣原体病病例不表现神经症状。

（3）鸭疫里氏杆菌病与鸭花肝病的鉴别 鸭花肝病是由呼肠孤病毒引起的对雏番鸭有着较高发病率和病死率的一种传染病。病程较长的花肝病病鸭表现的心包炎与鸭疫里氏杆菌病有相似之处。但二者的区别在于：鸭疫里氏杆菌病还表现肝周炎和气囊炎，鸭花肝病则没有肝周炎和气囊炎的变化；在流行病学方面，鸭花肝病发生于7~35日龄

的雏番鸭、雏半番鸭和雏鸭，而鸭疫里氏杆菌病多发生于1~8周龄各品种鸭。

(4) 鸭疫里氏杆菌病与鸭沙门氏菌病的鉴别 二者病程较长后均可引起鸭喘气、消瘦和神经症状。但二者的区别在于：鸭疫里氏杆菌病病例发病早期常排白色黏稠样粪便，而鸭沙门氏菌病病例常排绿色或浅绿色水样粪便或黑褐色糊状粪便；剖检时，鸭疫里氏杆菌病可见心包炎、肝周炎和气囊炎，而鸭沙门氏菌病偶见心包炎，以肝脏呈古铜色、表面有灰白色小坏死点及盲肠肿胀、内有干酪样物质形成栓子为特征。

(5) 鸭疫里氏杆菌病与鸭禽流感的鉴别 鸭禽流感是由禽流感病毒引起的一种病毒性传染病，其中由H5N1亚型病毒引起的发病率和病死率最高。其表现的神经症状与鸭疫里氏杆菌病有相似之处。但二者的区别在于：鸭禽流感表现心冠脂肪、心肌出血；胰腺出血，表面有大量针尖大小的白色坏死点或透明样液化灶等，与鸭疫里氏杆菌病的病变完全不同；鸭禽流感发生于各日龄的鸭，而鸭疫里氏杆菌病多发生于1~8周龄各品种鸭。

【预防措施】

(1) 加强饲养管理 给鸭群供应优质、营养全面、充足的饲料，保持合理的环境温度、空气湿度和饲养密度，加强鸭只的运动，并及时更换垫料，做好通风换气工作，提高鸭只的体质。

(2) 做好消毒和疫苗接种工作 为了防止疫病的产生和扩散，要对鸭棚舍、饲槽、水槽及鸭只经常活动的场所进行定期消毒，并做好鸭疫里氏杆菌灭活苗的免疫接种工作。

(3) 严格检疫 加强对鸭场、孵化场的监督管理工作，添置必要的防疫设备。在疫苗接种消毒和种苗供应方面严格把关，并做好运输检疫、市场检疫工作，防止疫情产生和蔓延。

建议免疫程序如下：

1) 5日龄免疫应用蜂胶疫苗0.5毫升/只，13日龄加强免疫应用油乳剂疫苗0.5毫升/只。

2) 1~2日龄免疫应用蜂胶疫苗0.2毫升/只。实验证明，7日龄应用二联蜂胶疫苗预防，0.5毫升/只，10天后攻毒，保护率可达80%~100%。

提示

① 由于灭活疫苗注射后需10~15天才产生免疫力，最佳保护率出现在免疫后15~20天，在产生免疫力之前，为了防止本病和大肠杆菌的侵入，可在注射灭活疫苗当天开始在饲料中添加抗菌药物，每隔3天投1次药，4次为1个疗程。

② 在注苗前1天开始，连续3天在饮水中添加维生素C（1吨水加100克），可减少应激反应。

③ 油乳剂灭活苗切忌注射腿肌和胸肌，以免使注射部位产生硬结块，从而影响鸭只的活动和降低肉的品质。正确的注射部位应在颈部下1/3处背部中央或腹股沟皮下。若是蜂胶疫苗，由于容易吸收，则可以进行胸部肌内注射。

【治疗方法】 发病后可应用加有敏感药物的蜂胶疫苗加大剂量紧急预防注射，并投喂抗生素。

（1）土霉素 0.05%混入饲料中连喂3~5天。

（2）青霉素、链霉素 各3000~5000单位，肌内注射，连用2~3天。

（3）磺胺二甲基嘧啶 0.3%混入饲料中，连喂3天。

（4）头孢肠杆清 每袋兑水75千克，每天4袋，每天集中2次饮用，连用5天。

（5）恒福特 严重的病鸭用恒福特按0.5毫升/千克体重（即25毫克/千克体重）肌内注射，每天1次，连续注射2次。

提示

① 在饮水给药前，应停水1小时，同时增加饮水器的数量。

② 多黏菌素B和卡那霉素似乎对鸭疫里氏杆菌具有天然的耐药性。

③ 鸭疫里氏杆菌易产生耐药性，在临床治疗时，应根据所分离细菌的药敏试验结果选择高敏药物，并定期更换用药或几种药物交替使用。

④ 每次喂完抗菌药物之后，为了调整肠道微生物区系的平衡，应喂微生态制剂2~3天。

三、鹅疫里氏杆菌病

鹅疫里氏杆菌病又称鹅渗出性败血症，是由鸭疫里氏杆菌引起的一种接触性传染病。本病呈急性或慢性败血症形式，其临诊特征是纤维素性心包炎、肝周炎、气囊炎、干酪性输卵管炎、关节炎和脑膜炎。

【流行特点】 1~8周龄的鹅易感，尤其以2~3周龄的雏鹅最易感，一般常发病的疫群中1周龄以内的雏鹅很少发病（可能因有母源抗体），7~8周龄的也很少发病。本病在感染群中感染时可达90%。一年四季均可发生，尤以冬春季节为甚。由于育雏室饲养密度过大，空气不流通，潮湿，卫生条件不好，饲养粗放，饲料中缺乏维生素与微量元素及蛋白质水平过低等，均易造成疾病的发生与传播。

【典型临床症状】 本病潜伏期的长短与菌株的毒力、感染途径及应激等因素有关，一般为1~3天，有时长达1周左右。本病可分为最急性、急性、亚急性和慢性。

最急性型病例出现于鹅群刚开始发病时，通常看不到任何明显症状即突然死亡。急性病例多见于2周龄的雏鹅，病程一般为1~3天。其临床症状主要表现为精神沉郁、厌食、离群、不愿走动和行动迟缓，甚至伏卧不起、垂翅、衰弱、昏睡、咳嗽、打喷嚏；眼鼻分泌物增多，眼有浆液性、黏液性或脓性分泌物，常使眼眶周围的羽毛粘连，甚至脱落，鼻内流出浆液性或黏液性分泌物，分泌物凝结后堵塞鼻孔，使病鹅表现呼吸困难；部分病鹅缩颈或以嘴抵地，濒死时神经症状明显。

日龄稍大的仔鹅（4~7周龄）多呈亚急性或慢性经过，病程可达7天或7天以上。临床症状主要表现为精神沉郁、厌食、腿软弱无力、不愿走动、伏卧或呈犬坐姿势，以及共济失调、生长迟缓等。

【典型病理变化】 剖检病死鹅见心包积液，心包膜可见一层黄白色的纤维素性渗出物，有些可见心包膜与心包粘连；气囊混浊，有絮状黄白色纤维素性渗出物附着；肝脏表面有一层黄白色的纤维素膜，厚薄不均，易剥离，肝脏稍肿，多呈土黄色；胆囊肿胀，胆汁充盈；脾脏表面也有黄白色的纤维素性渗出物附着；肠道出血、黏膜脱落，肠壁变薄；出现关节炎症状的病鹅关节腔积液，关节囊表面有黄白色的纤维素性渗出物附着；少数病鹅脑膜充血。

【鉴别诊断】

（1）鹅疫里氏杆菌病与鹅巴氏杆菌病的鉴别 二者均有精神不振、呼吸困难、下痢、肠炎等临床症状和病理变化。但二者的区别在于：鹅

巴氏杆菌病的发病高峰主要集中在性成熟期，在16周龄以前很少发生，而鹅疫里氏杆菌感染多发于雏鹅；鹅巴氏杆菌病病例常见一侧或两侧肉垂肿大，腿部关节或趾关节肿胀，跛行，但无神经症状；剖检可见心肌与心冠脂肪大量点状出血，肝脏质脆，个别被膜脱落，表面有大量白色或浅黄色针尖大小坏死点。

（2）鹅疫里氏杆菌病与鹅大肠杆菌病的鉴别 二者均有精神不振、呼吸困难、下痢、肠炎等临床症状和病理变化。但二者的区别在于：鹅大肠杆菌病病例气囊腔、心包腔、肝脏表面、腹腔均可能见到大量灰白色的纤维素性渗出凝固物，而鹅疫里氏杆菌病病例一般没有这些明显的病变。

（3）鹅疫里氏杆菌病与鹅沙门氏菌病的鉴别 二者均有精神不振、呼吸困难、下痢、肠炎等临床症状和病理变化。但二者的区别在于：鹅沙门氏菌病病例以急性败血型为主，病雏鹅表现食欲废绝、严重腹泻，肛门周围有粪便污染，呼吸困难，但无神经症状；剖检可见肝脏表面有灰白色坏死点，呈古铜色，脾脏肿大，胆囊肿大并充满绿色油状胆汁等病变，而鹅疫里氏杆菌病则不明显。

（4）鹅疫里氏杆菌病与鹅链球菌病的鉴别 二者均有精神不振、下痢、肠炎等临床症状和病理变化。但二者的区别在于：鹅链球菌病病例多为急性败血症变化，实质器官出血较为严重，肝脏、脾脏肿大，表面密集出血点或出血斑；心冠脂肪、心内膜和心肌出血；肾脏肿大、出血；雏鹅卵黄吸收不全，脐炎；成年鹅有腹膜炎病变。

【预防措施】

（1）控制传染源 患病鸭和带菌鸭很容易传染给雏鹅，因此，在无流行发生鸭疫里氏杆菌病地区的鹅群在饲养过程中必须与鸭群绝对分离饲养，防止被感染。

由于雏鹅易感本病，因此，在流行本病的地区，鹅群在饲养过程中，雏鹅群之间、雏鹅群与青年鹅群、雏鹅群与成年鹅群之间应隔离分开饲养，防止雏鹅被感染。

雏鹅群放牧或下水塘，应远离鸭群和其他鹅群，可有效地防止本病的发生。

（2）加强环境卫生，减少各种应激因素 由于本病的发生和流行与应激因素密切相关，因此在将雏鹅转舍、舍内迁至舍外及下塘饲养时，应特别注意气候和温度的变化，减少运输和驱赶等应激因素对鹅群的影

响。平时，应注意环境卫生，及时清除粪便，鹅群的饲养密度不能过高，注意鹅舍的通风及温湿度。对于发生过本病的鹅场，待该批鹅群出栏上市后，对鹅舍、场地及各种用具进行彻底、严格的清洗和消毒，老疫区的鹅场，在饲养管理时更应特别注意清毒。如果气候突变或有其他较强烈的应激因素存在，可在饲料或饮水中适量添加敏感的抗菌药物。尽量不从本病流行的鹅场引进种蛋和雏鹅。

(3) 接种菌苗　灭活菌苗可有效预防和降低鹅疫里氏杆菌病的死亡率。由于菌苗所诱导的免疫力具有血清型特异性，因此理想的菌苗应含有主要血清型菌株，这样才能提供有效的保护。商品雏鹅在第一和第三周免疫接种活苗产生的保护作用可持续到上市，种用鹅在开产初期接种灭活疫苗产生的保护作用可持续整个产蛋期。

【治疗方法】　本病可用康复鹅血清进行治疗或预防。药物治疗时，由于不同血清型及同型的不同菌株对抗菌药物的敏感性差异较大，所以必须进行药敏试验。同时，还应注意到有不少药物在药敏试验时，虽表现为高度敏感，而在实际应用时疗效却并不明显。应用敏感药物进行治疗，虽然可以明显地降低发病率和死亡率，但由于鹅舍、场地、池塘及用具受污染，当下一批幼鹅进入易感日龄后，本病又会暴发。如果每批鹅都采用药物进行治疗或预防，一方面会增加生产成本，另一方面又会导致菌株产生耐药性。对于最急性和急性病例、在治疗之前已出现一定程度的死亡的病例或症状和病变严重的病例，敏感药物的疗效也不理想。因此，有效地控制本病的流行关键在于预防。

据报道，饮水或饲料中添加0.2%~0.25%磺胺二甲基嘧啶可以预防鹅出现临床症状。饲料中添加0.025%或0.05%磺胺喹噁啉可有效降低鹅群的死亡率。皮下注射林可霉素、大观霉素、青霉素或青霉素与双脱氢链霉素可有效降低鹅群的死亡率。另外，喹诺酮类如恩诺沙星、环丙沙星等，可有效防止雏鹅感染后的死亡，第一天在饮水中按每千克体重添加50毫克，之后4天按每千克体重添加25毫克。

四、大肠杆菌病

大肠杆菌病是由革兰氏阴性埃希氏大肠杆菌引起的一种细菌性传染病，临床上以脐炎、眼结膜炎、气囊炎、心包炎、败血症、肉芽肿及输卵管炎等为特征，各日龄的鸭、鹅均可感染发病，但以雏鸭、雏鹅多见。

【流行特点】 不同品种和日龄的鸭、鹅均可发生感染致病，但临床上以2~6周龄的鸭、鹅多见，表现的病型也有一定的差异。例如，关养的肉用雏鸭所表现的病型以纤维素性心包炎、气囊炎、肝周炎及败血症较为常见，脐炎、眼结膜炎则以1~2周龄麻鸭多见。雏鹅感染可引起大肠杆菌性败血症，成年产蛋鹅感染可引起大肠杆菌性生殖器官病（俗称鹅蛋子瘟）。

患病鸭/鹅和带菌鸭/鹅是本病的主要传染源，通过粪便排出的病菌散布于外界，污染水源、饲料，经消化道感染；也可由鸭/鹅棚舍的尘埃经呼吸道感染；或者病菌污染蛋壳经入孵种蛋裂隙使胚胎发生感染，导致胚胎死亡或初生雏致病；病原菌还可经损伤的皮肤侵入；此外，成年鸭/鹅还可以通过交配引起感染。

本病一年四季均可发生。在南方，产蛋鸭以温暖潮湿的梅雨季节易发，而密闭关养的肉用雏鸭则以寒冷的冬春季节多见。

大肠杆菌属条件性致病菌，不良的饲养环境和管理是促进本病发生的主要诱因。临床常见的发病率一般为5%~30%。其发病率通常因日龄和饲养管理条件而异，往往是环境差、日龄小的幼雏发病率高。

【典型临床症状】 根据本病的临床症状和病理变化可分为以下多种类型：

(1) 卵黄囊炎及脐炎型 该型多发生于胚胎期至3日龄的幼雏，感染胚有的在孵出前可能死亡，能孵出的也大多是残弱雏，腹部膨大、脐部发炎、肿胀（彩图5-10），有的脐孔破溃，皮肤较薄，严重者颜色青紫。患病鸭/鹅精神委顿，两肢无力，喜卧嗜睡，废食或少食，饮水也少，一般多于1~3天死亡，极少数病雏也能拖延至5~7天。

(2) 眼炎型 该型多见于1~2周龄幼鸭。病雏眼结膜发炎、流泪，有的角膜混浊，病程稍长的眼角有脓性分泌物，严重者封眼，病程为1~3天。该型有时在鸭/鹅群中常与其他病型同时出现。

(3) 关节炎型 该型多见于7~10日龄的幼雏，病雏一侧或两侧跗关节或趾关节炎性肿胀，运动受限，出现跛行，吃食减少，若不及时治疗，病雏常在3~5天衰竭死亡。该型有时也见于青年鸭/鹅或成年鸭/鹅。

(4) 败血型 该型见于各种日龄的鸭/鹅，但以1~2周龄幼鸭和雏鹅多见，常突然发生，最急性的则无任何症状出现死亡。病雏精神不振、吃食减少、渴欲增强、羽毛蓬松、缩颈闭目、拉稀、常喜卧、

不愿行动，部分患病鸭/鹅出现呼吸道症状，眼、鼻常有分泌物，病程为1~2天。

（5）脑炎型　该型见于1周龄的幼雏，病程稍长的转为脑炎型。病雏扭颈，出现神经症状，吃食减少或不食。病程为2~3天。

（6）浆膜炎型　该型常见于2~6周龄的肉用鸭。病雏精神沉郁、食欲不振或废绝、气喘、甩鼻，出现呼吸道症状，眼结膜和鼻腔带有浆液性或黏液性分泌物，缩颈闭目，嗜睡，羽毛松乱、两翅下垂，常发生下痢；部分病例腹部膨大下垂，行动迟缓。严重者呈企鹅状，腹部触诊有液体波动。病程一般为2~7天。

（7）肉芽肿型　该型临床上见于青年鸭/鹅或成年鸭/鹅。患病鸭/鹅精神不振、食欲减退、拉稀、行动缓慢，常落群，羽毛蓬松，逐渐消瘦，最后衰竭而死。病程在1周以上。

（8）生殖器官炎型　该型临床上见于成年鸭/鹅。患病公鸭/鹅阴茎红肿发炎，常脱垂，病程长的阴茎上面有大小不等的干酪样坏死结节或痂块。患病母鸭/鹅开始产蛋减少，产软壳蛋或薄壳蛋，继而停产；食欲减退或不食，病初饮欲增加，后废绝，腹部膨大下垂，易恋巢，行动迟缓，严重者呈企鹅状；拉黄白色或带黄绿色的稀粪，有时排泄物中混有蛋黄、蛋白或变性的凝固絮状碎片，逐步消瘦，衰竭而死。病程为7~10天。

【典型病理变化】

（1）卵黄囊炎及脐炎型　死于卵黄囊炎及脐炎的病雏可见卵黄囊膜水肿增厚，卵黄吸收不良，卵黄稀薄、腐臭，呈污褐色，或者内有较多的凝固豆腐渣样物质；喙、脚、蹼干燥。

（2）眼炎型　除眼结膜炎或角膜炎外，可见气囊轻度混浊，肝脏肿大，严重的肝脏呈青铜色，有散在的坏死灶，胆囊充盈，肠道黏膜呈卡他性炎症。

（3）关节炎型　病死鸭/鹅剖检可见跗关节或趾关节炎性肿胀，内含有纤维素性或混浊的关节液。

（4）败血型　败血型的病死鸭/鹅，常见心包积液，心包膜增厚，心包积液混浊（彩图5-11），心冠脂肪有细小出血点；肝脏呈青铜色，有出血点或散在的坏死灶，表面有絮状纤维素沉着（彩图5-12）；脾脏肿大，呈紫黑色斑纹状；肺脏有不同程度的瘀血；肠道黏膜呈卡他性炎症。幼雏有时伴有气囊炎、脐炎及眼结膜炎。

（5）脑炎型 脑炎型病例见肝脏肿大，呈青铜色或墨绿色，有散在的坏死点；脑膜血管充血，脑实质有点状出血。

（6）浆膜炎型 死于浆膜炎型的患病鸭/鹅，可见心包积液，心包膜增厚，呈纤维素性心包炎，气囊混浊，表面有纤维素渗出，呈纤维素性气囊炎；肝脏肿大，表面也有纤维素膜覆盖，有的肝脏伴有坏死灶。病程较长病例的腹腔内有浅黄色腹水，肝脏质地变硬。肠道黏膜轻度出血，鼻旁窦腔内有黏液性或浆液性分泌物。

（7）肉芽肿型 病死鸭/鹅可见心肌、肺脏、肠系膜上有绿豆至黄豆大小菜花样增生物，有时也见于肝脏、肾脏和胰腺，肠道黏膜（小肠后端及盲肠）也常有坏死样肉芽肿病变。

（8）生殖器官炎型 病死的产蛋鸭/鹅剖检可见卵子变形、变性，腹腔内有较多的腐臭的卵黄碎片，肠环间粘连；病程较长的病例，腹腔内有较多混浊的炎性渗出液。输卵管扩张，内有腐臭且凝固的卵黄和蛋白。公鸭/鹅的病变局限于外生殖器官部分。

【鉴别诊断】

（1）鸭大肠杆菌病与鸭疫里氏杆菌病的鉴别 二者均有精神不振、呼吸困难、下痢、肠炎等临床症状和病理变化。但二者的区别在于：鸭疫里氏杆菌病对于1～8周龄的鸭均可感染，但以2～3周龄的雏鸭最易感，而大肠杆菌病多发于鸭20日龄以后；患鸭疫里氏杆菌病的鸭出现头颈歪、转圈，不停地点头、摇头、扭头等典型神经症状，而大肠杆菌病病鸭有耸脖、走路摆尾现象，没有上述典型的神经症状；鸭疫里氏杆菌病病例脾脏肿大，呈大理石病变，最明显的眼观病变是纤维素性渗出物，表面的渗出物较厚，构成纤维素性心包炎、肝周炎、气囊炎、干酪性输卵管炎和脑炎等，而大肠杆菌病病例可见到包心、包肝现象，表面的渗出物较薄、较湿润，没有干酪样渗出物。

（2）大肠杆菌病与链球菌病的鉴别 二者均有羽毛松乱、减食或废食、腹泻等临床症状，并均有腹腔有纤维素、肝脏肿大、肠黏膜出血等病理变化。但二者的区别在于：链球菌病病例嗜睡，冠髯发紫或苍白，足底皮肤坏死，濒死前角弓反张、痉挛；剖检可见器官出血较为严重，肝脏肿大，表面密集出血点或出血斑，心冠脂肪、心内膜和心肌出血，肾脏肿大、出血。

（3）大肠杆菌病与结核病的鉴别 二者均有精神委顿、羽毛松乱、

减食或废食、不愿活动、腹泻、产蛋率下降、有关节炎等临床症状，并均有肝脏、脾脏有结节块（肉芽肿）等病理变化。但二者的区别在于：结核病病例表现渐进性消瘦，胸骨凸出，翅下垂。剖检可见肝脏、脾脏、肠道、气囊、肠系膜等均有结核结节（粟粒大、豆大、鸽蛋大），切开干酪样物，涂片后用萋-尼氏染色法染色，镜检显红色结核分枝杆菌。

【预防措施】 ①在阴雨天或其他应激条件下，应在饲料中添加抗生素进行预防，同时添加蛋白质及多种维生素增强抵抗力。②幼雏发生大肠杆菌病一般经卵由母鸭/鹅传播。孵化时，种蛋及孵化用具要严格消毒，平时加强鸭/鹅群卫生消毒。尤其对公鸭和公鹅要逐只检查，将阴茎上有病变的公鸭/鹅淘汰。③对一些治疗效果差、复发率高的鸭/鹅养殖区最好用大肠杆菌灭活油乳苗（每只0.5～1毫升）进行预防接种，注射后会有轻微的反应，但是很快恢复。在发病鸭/鹅群注射灭活苗，1周后即无新的病例出现，能有效控制疫病的流行。种鸭/鹅群的强化免疫能给其后代提供有效的被动保护力。

【治疗方法】 ①按每千克体重使用氟苯尼考100毫克，在饮水中溶解后任其自由饮用，每天2次，连续使用5天；或者按每千克体重胸部皮下注射0.4毫升10%氟苯尼考注射液，每天1次，连续使用3天。②患病鸭/鹅也可胸部肌内注射10万～20万单位链霉素或卡那霉素，每天2次，连续使用3天。同时，大群鸭/鹅饲料中添加0.005%环丙沙星，连续饲喂3～5天。③取大黄30克、车前子15克、白芍20克、黄檗30克、黄芩30克、茵陈60克、蒲公英40克、茯苓25克、黄连10克，加水后进行2次煎煮，取前汁添加在饲料中，取后汁添加在饮水中，每天1剂，连续使用5天。

在使用药物治疗的同时，还要在饮水中添加2%～3%的白糖和适量的电解多维。另外，对于整个鸭/鹅群，按照每8000克饮水添加100克氟苯尼考，任其自由饮用，连续使用3～5天。

还可在饲料中添加土霉素原粉，一般每100千克饲料添加400克用于治疗，预防时药量减半，连续使用3～5天。患病鸭/鹅症状严重时要适时进行淘汰净化，避免整个鸭/鹅群发生感染，并防止污染孵化房。如果患病鸭/鹅在停药之后出现复发，可再继续进行1个疗程的治疗，用于控制本病的发生和蔓延。

提示

① 大肠杆菌灭活疫苗首免后15天才能产生免疫力，故在产生免疫力之前，鸭/鹅应尽量避免接触被污染的水源或每2~3天在饲料中投1次抗菌药物。

② 管理好种蛋，对控制大肠杆菌病的垂直传播起着重要的作用。及时捡蛋，种蛋在垫料上的停留时间不超过30分钟。种蛋一旦被粪便或其他污物所污染，若时间不长，可用被消毒液浸湿的毛巾擦干净，再浸入0.002%高锰酸钾溶液中1分钟，不用擦干，而是自然晾干后再放入贮蛋室；倘若污染严重、时间长，特别是被雨水或其他来源的水喷湿的蛋，不能用于孵化，应及时废弃。蛋库要求温度保持在8~12℃，经常消毒，种蛋存放时间不能超过7天。

③ 放牧的水塘，可结合鱼病防治进行消毒。

④ 种鸭/鹅经药物治疗以后，可喂服高质量、含菌量高的微生态制剂。

⑤ 近年来，在一些地区10~50日龄的番鸭、半番鸭、产蛋鸭、后备鸭和家养野鸭发生大肠杆菌性脑炎（脑炎型大肠杆菌病），鸭群一旦感染发病，在数天之内迅速波及全群，其发病率为80%~95%，死亡率达50%以上，流行面有不断扩大的趋势，并且治疗效果不理想，应引起养鸭者的注意。

五、鹅蛋子瘟

鹅蛋子瘟又称卵黄性腹膜炎，是大肠杆菌病中的一种，是产蛋鹅常见的细菌性传染病，死亡率较高。本病由于卵巢和输卵管感染发炎而发展为卵黄性腹膜炎，多数病鹅突然死亡。

【流行特点】 本病在产蛋初期零星发生，产蛋高峰也是发病高峰，产蛋停止，本病也终止。本病流行后常造成母鹅群成批死亡，病死率可达10%以上。公鹅在本病的传播上可能起着重要作用。

由发病母鹅的卵巢和腹腔渗出物中常可分离到大肠埃希氏菌（大肠杆菌），由发病公鹅外生殖器官的溃疡病灶中也可分离到此菌，前殖吸虫也可引起本病。

【典型临床症状】 病鹅精神沉郁，食欲减退或废绝，不愿行动，常漂浮于水面，发病初期产软壳蛋或异形蛋，随后产蛋停止；肛门周围沾有发臭的排泄物，混有蛋清、凝固的蛋白或卵黄小块；脱水，眼球下陷，喙和蹼干燥、发绀，消瘦衰弱而死。病程为3～6天，少数达10天以上。

【典型病理变化】　剖开腹腔，可见腹腔中充满浅黄色腥臭的液体和破坏的卵黄，腹腔器官表面有浅黄色、凝固的纤维素性渗出物，易刮落。肠系膜发炎，使肠粘连，肠浆膜上有针尖状小出血点。卵子变形，呈灰色、褐色或酱色等不正常色泽，有的卵子皱缩。卵黄积留腹腔时间较长者，即凝固成硬块。破裂的卵黄凝结成大小不等的小块或碎片。

输卵管黏膜发炎，有针尖状出血点和浅黄色纤维素性渗出物沉着，管腔中含有黄白色的纤维素性凝片。

【预防措施】　①对公鹅进行逐只检查，将生殖器官有炎症者（阴茎肿胀发炎，阴茎上有大小不等的黄色干酪样坏死结节和痂块）淘汰。同时，采用人工授精的方法，可以防止本病的传播。②药物预防：在母鹅开产后，反复应用土霉素、诺氟沙星等，连服2～3天，每月1次，3个月以后停药。

【治疗方法】

（1）氟苯尼考　混料，每100千克饲料中拌药5克，连用3～5天；混水，每30毫升饮水中添加氟苯尼考1克，连用3～5天。

（2）阿莫西林　混饮，每100克兑水2000千克，每天2次，连用3～5天，集中饮用效果更佳。拌料量加倍。

六、沙门氏菌病

沙门氏菌病又称副伤寒，是由沙门氏菌属的任何一个或多个成员所引起的鸭/鹅急性或慢性病的总称，是鸭/鹅最严重的细菌性传染病。本病感染幼雏的发病率和病死率均很高，严重时可高达80%以上。种蛋污染后可引起死胚和孵化率严重下降。

在自然界中，家禽是沙门氏菌的最主要的贮菌者。人类的大多数食品常常被沙门氏菌所污染，因此，沙门氏菌病是一个主要的公共卫生性疾病。

【流行特点】　一般情况下，本病一年四季均可发生，幼雏对本病具有高度的敏感性和致病性。一般3周龄以内的幼雏最易发病死亡，死亡率约为20%，严重者可高达80%～90%，成年禽感染后多成为带菌者。

沙门氏菌的传播途径有2种：一种是由种蛋带菌而引起的垂直传播；另一种是通过与病禽接触或通过污染的饲料、饮水器及垫料等引起的水平传播，传播迅速。本病主要经消化道感染。

【典型临床症状】 因传染方式不同而临床上表现为不同的症状。因种蛋带菌或在孵化过程中感染者，可出现胚胎死亡或幼雏体弱，卵黄吸收不全，胎毛松乱。

幼雏发病以急性败血型为主，出壳后即现病情，有时出壳十几天表现出临床症状，表现为精神沉郁，食欲消失，饮水增加，粪稀，刚开始时粪便呈稀粥状，后为水样。幼雏因肛门周围绒毛与粪便干结封住肛门不能排粪而鸣叫，人工剥去干结物粪便即喷射而出。发病鸭/鹅缩颈怕冷、颤抖、呼吸困难、喘息、眼睑浮肿，死前有时出现突然倒地，头向后仰，痉挛，数分钟后死亡，故又称猝倒病。慢性患病鸭/鹅表现为气喘、极度消瘦和排血痢，有时还抽搐、转圈，甚至麻痹，有时关节肿大、跛行。

成年鸭/鹅对本病具有一定的抵抗力，其发病率和死亡率较低。急性发病时可见鸭/鹅精神委顿，食欲减退，采食量减少，饮水增加，腹泻，体重减轻或贫血，病愈后常成为带菌者。

【典型病理变化】 幼雏常呈败血症变化，主要病变是卵黄吸收不全，脐炎；肝脏肿大，呈青铜色，边缘钝圆，表面有针尖大小的白色坏死点（彩图5-13），有的实质呈豆腐渣样病变；常有心包炎，心包膜与心外膜粘连；气囊混浊、增厚；胆囊肿胀，充满胆汁；肠黏膜充血、出血，有时可见灰白色结节；盲肠内有干酪样物质；直肠肿大，并有出血斑点；脾脏瘀血、肿大；肾脏呈灰白色，有尿酸盐沉积。特征病变为盲肠膨大，内有干酪样栓子（彩图5-14）；直肠黏膜发炎、肿胀，有灰白色液体；出现脑膜炎。

成年鸭/鹅常见肝脏、脾脏、肾脏肿胀、充血，输卵管炎和卵巢炎，有的在肝脏和心肌上有灰白色的坏死灶。部分鸭/鹅腿关节肿大。

【鉴别诊断】

（1）沙门氏菌病与大肠杆菌病（急性败血型）**的鉴别** 二者均有体温高、羽毛松乱、呆立、厌食、饮水增加、下痢、肛周粪污等临床症状。但二者的区别在于：大肠杆菌病病例腹泻剧烈，粪便呈黄白色，混有黏液或血液；剖检可见心包炎、腹膜炎及肝脏肿大，有大量纤维素性渗出物包围；通过病原分离和纯培养、染色镜检、生化试验确定大肠杆菌。

（2）沙门氏菌病与曲霉菌病的鉴别 二者均有精神不振、羽毛松乱、厌食、嗜睡呆立、翅膀下垂、下痢、结膜炎等临床症状。但二者的区别在于：曲霉菌病病例对外界反应淡漠，头颈伸直，张口呼吸，耳听有沙沙声，打喷嚏；剖检可见肺部有霉菌结节，周围呈暗红色浸润，切

开干酪样物有层状结构，气囊也有霉菌结节，有时形成霉斑；镜检肺部结节玻璃压片可见曲霉菌的菌丝，气囊结节可见分生孢子柄和孢子。

（3）沙门氏菌病与结核病的鉴别　二者均有精神委顿、食欲不振、下痢、消瘦、关节炎、产蛋率下降等临床症状，并均有肝脏、脾脏肿大等病理变化。但二者的区别在于：结核病的病例表现渐进性消瘦，胸骨凸出，翅下垂；剖检可见肝脏、脾脏、肠道、气囊、肠系膜等均有结核结节（粟粒大、豆大、鸽蛋大），切开干酪样物，涂片后用萋-尼氏染色法染色，镜检显红色结核分枝杆菌（其他分枝杆菌呈蓝色）；将禽结核杆菌素注于肉髯皮内呈阳性反应。

（4）沙门氏菌病与住白细胞原虫病的鉴别　二者均有幼雏精神萎靡、嗜睡呆立、闭眼厌食、下痢水样、消瘦等临床症状，并均有肝脏、脾脏有坏死灶等病理变化。但二者的区别在于：住白细胞原虫病病例口中流涎，粪呈绿色，呼吸困难，可因突发咯血而死，中年鸭/鹅和成年鸭/鹅排水样白色或绿色稀粪；剖检可见全身皮下出血，肌肉（胸肌、腿肌、心肌）有大小不等的出血点，各内脏器官有灰白色或浅黄色粟粒大小的结节，挑出结节内容压片，可见裂殖子散出；采翅血管血涂片，瑞氏或姬氏染色可见虫体。

【预防措施】

1）幼雏必须与成年鸭/鹅分开饲养，防止间接或直接接触。患病母鸭/鹅所产的蛋不能留作种用。

2）防止蛋壳被污染。应在鸭/鹅棚舍干燥清洁的位置设立足够数量的产蛋槽，槽内勤垫干草，以保证蛋的清洁，防止粪便污染。勤捡蛋，保持种蛋的清洁。对那些产在运动场、河岸或河内的蛋严禁入孵，因大多已被细菌污染，在孵化过程中可能发生破裂而污染整个孵化器。搜集的蛋应及时入蛋库或蛋室，并用福尔马林（甲醛）进行熏蒸消毒。蛋库内温度为12～15℃，相对湿度为75%。孵化器的消毒应在出雏后或入孵前（全进全出）进行；采用循环入孵（即每周入一批蛋）者，应于入孵后12小时内进行福尔马林熏蒸消毒，严禁于入孵后24～96小时进行消毒，因为此时该胚胎对甲醛甚为敏感。原在孵化器内的已入孵的蛋可能多次受到福尔马林熏蒸消毒，不过没有害处。每立方米容积用15克高锰酸钾、30毫升福尔马林（含甲醛36%～40%）消毒20分钟后，开门或开通气孔通风换气。

3）防止幼雏感染。接运幼雏用的木箱或接雏盘于使用前或使用后进行消毒，防止污染。接雏后应尽早供给饮水或饲料，并可在饲料内加入适当的抗菌药物，其用量、用法是每千克饲料加入土霉素0.2~0.4克。

4）坚持灭鼠，消灭传染源。鼠类常是本病的带菌者或传播者，它可以污染饲料和鸭/鹅棚舍，成为传染源。

消除、净化本病的有效方法是及时捡出并淘汰患病鸭/鹅，定期严格消毒鸭/鹅棚舍和用具。

【治疗方法】 在治疗之前进行细菌分离和药敏试验，选择最有效的药物用于治疗。

（1）磺胺甲基嘧啶和磺胺二甲基嘧啶 将两者均匀混在饲料中饲喂，用量为0.2%~0.4%，连用3天，再减半用1周。

（2）磺胺甲喹啉 按0.05%~0.1%混水，连用2~3天后停药2天，再减半用2~3天。

（3）土霉素、四环素 混入饲料中，用量为0.02%~0.06%，可连用2周。

（4）链霉素或卡那霉素 肌内注射，每只每天2.5毫升，连用4~5天。

（5）磺胺甲基嘧啶与复方磺胺甲基异噁唑 按0.3%均匀拌料饲喂，连用7天。

提示

①沙门氏菌是人类沙门氏菌感染和食物中毒最主要的来源。食物中毒的潜伏期为7~24小时，或可延至数日。入侵的细菌毒素的毒力越强，则潜伏期越短，症状出现越早。发病者常突然发病，伴有头痛、寒战、恶心、呕吐、腹痛和严重腹泻，经治疗可于3~4天康复。因此，对于带菌禽的肉和蛋应加强卫生检验和无害化处理等措施，防止发生食物中毒。

②由于副伤寒沙门氏菌血清型种类太多，要求多价疫苗的血清型与养殖场的流行菌株一致，这就给实际生产中疫苗的防治效果带来不确定的因素。因此，在严重发病的地区，应急的办法是采取当地常见的沙门氏菌制成灭活菌苗或高免血清，供预防之用。

③接运幼雏的用具及运输工具应在使用前后进行消毒，应特别注意彻底搞好饲槽和饮水器的清洁和消毒，严防雏鸭、雏鹅早期感染沙门氏菌。

七、葡萄球菌病

葡萄球菌病是由金黄色葡萄球菌引起的多种临床表现的急性或慢性疾病，患病鸭/鹅主要表现为关节炎、脐炎、腹膜炎及皮肤疾患，时有造成死亡。

【流行特点】 金黄色葡萄球菌是各种禽类皮肤体表的常在菌，从鸭/鹅棚舍和各种用具上也常可分离到本菌。当体表损伤，病原侵入，常造成皮肤的局部感染。栏舍垫草潮湿，粪便污染，也常可导致蛋壳的污染，因而病菌可侵入蛋内，造成孵化中死亡或成为带菌者。初生鸭患脐炎，或者滞留的未经完全吸收的蛋黄内也可分离到金黄色葡萄球菌。它是造成弱雏或幼雏早期死亡的原因之一。

【典型临床症状及典型病理变化】

(1) 关节炎型 该型常见于中年鸭/鹅或种鸭/鹅，病变多发生于趾关节和跗关节。病变关节及其临近腱鞘肿胀（彩图 5-15），初期局部发热、发软、疼痛，患病鸭/鹅跛行不愿行动，久之肿胀处发硬，切开见有干酪样物蓄积。时常见病灶蔓延至病肢侧腹腔内发生化脓性、局限性病灶。

(2) 内脏型 该型多见于成年种鸭/鹅，临床常见不到明显变化。有的鸭/鹅见有腹部下垂，俗称“水裆”。患病鸭/鹅精神、食欲均不正常。死后剖检变化常见有腹膜炎、腹水和纤维素性渗出物；肝脏肿胀，质地发硬（彩图 5-16），呈黄绿色或有小的坏死灶；脾脏肿胀（彩图 5-17）；心外膜常见有小点出血，泄殖腔黏膜有时见有坏死和溃疡。因败血症而造成死亡。

(3) 脐炎型 该型多见于1 周龄以内，特别是1~3 日龄的幼雏。病雏表现弱小，怕冷，眼半闭，翅开张，腹部膨大，脐部肿胀、坏死，常于数日内因败血症死亡或由于衰弱被挤压致死。病理变化主要为脐炎和蛋黄吸收不全，并且蛋黄常呈稀薄水状。

(4) 皮肤型 该型多发生于3~10 周龄的幼雏和中雏，由于皮肤损伤而发生局部感染，常发生胸部皮下化脓病灶或发生局部坏死。产蛋鸭/鹅因公鸭/鹅交配时趾尖划破背部皮肤也可造成感染。

【鉴别诊断】

(1) 葡萄球菌病与维生素 E 缺乏症的鉴别 二者均有关节肿大、跛行、不喜站立等临床症状。但二者的区别在于：维生素 E 缺乏症的病因

是维生素E缺乏所致，多于2~3周龄发病，幼雏出现渗出性素质腹部皮下水肿，针刺流蓝绿色黏稠液；剖检可见骨骼肌、心肌、胸肌有灰白色条纹，尿中肌酸增多，肌肉内肌酸减少。

(2) 葡萄球菌病与维生素K缺乏症的鉴别 二者均有胸腹皮肤呈紫色、腹泻、蜷缩等临床症状。但二者的区别在于：维生素K缺乏症的病因是维生素K缺乏；患病鸭/鹅翅膀皮下出血、有紫斑，冠髯苍白，凝血时间延长，不如葡萄球菌病病变严重，病料镜检无菌。

(3) 葡萄球菌病与痛风的鉴别 二者均有关节肿胀，不愿走动，跛行等临床症状。但二者的区别在于：痛风是日粮中蛋白质过多或氨基酸比例不当而引起的尿酸血症；患病鸭/鹅排白色黏液状稀粪，含有大量尿酸盐，关节出现豌豆、蚕豆大结节，破溃后流黄色干酪样物；剖检可见内脏表面和胸腹膜有石灰样尿酸盐结晶薄膜，关节有白色结晶。

(4) 葡萄球菌病与肉鸭腹水综合征的鉴别 二者均有羽毛松乱、皮肤发紫、翅膀下垂、不愿走动等临床症状，并均有皮下瘀血，肝脏肿大、微呈紫红，心包积液等病理变化。但二者的区别在于：肉鸭腹水综合征的病因是缺氧、寒冷，饲料能量高所致，而且仅发生于肉鸭，病鸭腹部膨大、皮肤变薄、有波动，穿刺腹腔后流出大量液体。

【预防措施】 ①加强饲养管理，保持舍内清洁卫生，经常更换垫草，清除污物和一切锐利的物品，减少或防止皮肤和蹼的外伤，这对本病的预防显得特别重要。②应保持种蛋的清洁，减少粪便污染，做好育雏保温管理。③发现皮肤损伤及时用5%碘酊或甲紫酒精涂擦，以防止金黄色葡萄球菌感染。④加强消毒饲槽、饮水器，用2%氢氧化钠溶液洗刷，用清水冲洗后再用；使用0.3%过氧乙酸带禽消毒，每天1次，连用7天。⑤消灭蚊蝇和体表寄生虫。

【治疗方法】

(1) 硫酸庆大霉素 肌内注射，每千克体重用3000单位。每天3~4次，连用7天，效果较好。

(2) 氟苯尼考 每千克饮水中添加氟苯尼考100毫克，临用前停水2小时，每天2次，连用3~5天。同时在饮水中加入电解多维和维生素C。

此外，治疗还可以选用红霉素、卡那霉素等。

提示　接种疫苗时，要做好注射用具的消毒灭菌工作，同时对鸭/鹅注射部位做好消毒。

八、链球菌病

链球菌病是由链球菌感染、主要引起幼雏急性败血症的一种细菌性传染病，成年鸭/鹅也可感染。主要临床特征是患病鸭/鹅两肢较软，步履蹒跚。主要病变特征是肝脏肿大，被膜下有局限性密集的小出血点；脾脏肿大，呈黑紫色，有时出现坏死灶；肺脏瘀血、水肿。

【流行特点】 本病无明显的季节性，可见于各种日龄的鸭/鹅，但临床表现不同。一般发病率与死亡率均不太高。本病多发于在鸭/鹅棚舍地面潮湿、空气污浊、卫生条件较差的养殖场，多见于舍饲的鸭/鹅群。传播途径为中雏或成年鸭/鹅经皮肤创伤感染，新生雏经脐带感染，或者经蛋壳污染后感染胚，孵化后成为带菌雏。

【典型临床症状】 不同日龄，临床表现的症状也有所不同。

（1）幼雏　患病幼雏表现体弱，缩颈合眼，精神萎靡，羽毛松乱，呆立一旁不愿走动，腹围膨胀，脐部炎肿，常因严重脱水或败血症死亡。

（2）中雏　本病多发生于10～30日龄的幼雏，常呈急性败血症经过。临床表现为两肢较软，步态蹒跚，驱赶时容易跌倒；食欲废绝，最后因全身痉挛而死。

（3）成年鸭/鹅　成年鸭/鹅常见跗关节或趾关节肿胀（彩图5-18），腹部肿胀下垂，不愿走动，在无其他临床症状的情况下突然死亡。

【典型病理变化】 幼雏卵黄吸收不良，脐发炎肿胀，有时化脓。中雏皮下、浆膜水肿，心包、腹腔浆膜有出血性纤维素渗出物。肝脏肿大，质地较软，呈浅绿色，被膜下有局限性密集的小出血点；脾脏肿胀，表面有出血斑点（彩图5-19）；肺脏瘀血发绀，有时水肿；心包发炎，有浅黄色炎性渗出液；心外膜有小点状出血；胰腺有出血点；肾脏瘀血稍肿；肌胃中混有血迹，角质膜糜烂、出血、易剥离；角质下层有出血斑点。少数病例可见腺胃乳头出血；肠黏膜有卡他性炎症，偶有出血点。有的病例可见胸腺有小出血点。

成年鸭/鹅的病理变化与中雏相似，常有腹膜炎，腹腔内积有炎性分泌物。

【鉴别诊断】

（1）链球菌病与禽巴氏杆菌病的鉴别 二者均有精神委顿、闭目嗜睡、缩颈、羽毛松乱、腹泻等临床症状，并均有肝脏肿大、心外膜有出血点，心包积液、有纤维素样物等病理变化。但二者的区别在于：禽巴氏杆菌病病例口鼻流泡沫黏液，髯热痛；剖检可见鼻腔、皮下组织、肠系膜、浆膜、黏膜均有出血点，肠黏膜充血、出血，十二指肠最为严重，黏膜呈暗红色、弥漫性出血，肠内容物含有血液或纤维素；病料涂片镜检可见两极着色的卵圆形短杆菌。

（2）链球菌病与大肠杆菌病的鉴别 二者均有羽毛松乱，少食或废食，腹泻，粪黄白色，卵囊性腹膜炎、关节炎，跛行等临床症状，并均有心包、腹腔有纤维素性渗出物，肝脏肿大、肝周炎等病理变化。但二者的区别在于：大肠杆菌病病例离群呆立，稀粪混有黏液或血液；剖检可见肝脏表面有纤维素性渗出物，甚至被纤维素包围，除急性败血症外，还有卵囊性腹膜炎（腹腔有大量卵黄，有腥臭味）、输卵管炎（输卵管充血、出血）、生殖器官病变（输卵管有出血斑、有絮状块状干酪样物，公鸭/鹅睾丸充血）；通过病原分离纯培养，进行染色镜检和生化试验即可确定大肠杆菌。

（3）链球菌病与结核病的鉴别 二者均有精神不振、食欲减退、拉稀、患关节炎等临床症状。但二者的区别在于：结核病病例表现渐进性消瘦，胸骨凸出，翅下垂；剖检可见肝脏、脾脏、肠道、气囊、肠系膜等均有结核结节（粟粒大、豆大、鸽蛋大），切开见干酪样物，涂片后用萋-尼氏染色法染色，镜检显红色结核分枝杆菌；禽结核杆菌素注于肉髯皮内呈阳性反应。

（4）链球菌病与李氏杆菌病的鉴别 二者均有精神委顿、羽毛松乱、头颈弯曲、头后仰、腿部痉挛或两腿无力等临床症状，并均有心冠脂肪出血，肝脏肿大、有紫色瘀血斑和坏死灶，肾脏肿大等病理变化。但二者的区别在于：李氏杆菌病的病例皮肤呈暗紫色，翅下垂，倒地侧卧时腿划动或腿部阵发性抽搐；剖检可见肝脏呈土黄色，有的腹腔有大量血样物；病料涂片镜检可见排列成 V 形的阳性小杆菌，以古巴液按 1:1的比例稀释点眼出现脓性结膜炎，不久死亡。

（5）链球菌病与住白细胞原虫病的鉴别 二者均有雏鸭、雏鹅精神委顿、食欲不振、冠苍白、下痢、粪呈绿色、成年鸭/鹅产蛋率下降等临床症状。但二者的区别在于：住白细胞原虫病的病原为住白细胞虫，患

病鸭/鹅口中流涎，排白色或绿色水样粪，发育受阻；剖检可见全身皮下出血，肌肉（胸肌、腿肌、心肌）有大小不等出血点，各内脏器官有灰白色或浅黄色粟粒大小结节，挑出结节内容压片，可见裂殖子散出，采翅血管血涂片瑞氏或姬氏染色可见虫体。

【预防措施】 加强幼龄鸭/鹅的饲养管理，经常更换栏舍垫草，保持舍内卫生，防止皮肤外伤。严格防疫消毒制度，保持种蛋清洁，入孵种蛋要消毒，防止经蛋传播。

【治疗方法】 对患病鸭/鹅群进行及时治疗，青霉素是首选药物，其次是庆大霉素和新霉素，也可酌情选用四环素等。

1）青霉素G盐。用氨基比林液稀释，每千克体重2万~4万单位肌内注射，每天2次，用于不能行走、废食的重症鸭/鹅。由于链球菌可通过伤口感染，注射针头每次都要用酒精棉球消毒。

2）对于尚能行走且饮水的鸭/鹅，可选用氨苄西林或阿莫西林或头孢噻呋钠饮水给药，连用3~5天。

九、绿脓杆菌病

绿脓杆菌病是由假单胞菌属绿脓杆菌引起一种局部和全身性感染疾病。

【流行特点】 本病主要引起10日龄以内幼雏急性败血症和成年鸭/鹅隐性感染。绿脓杆菌在自然界中分布广泛，土壤、水、肠内容物、动物体表等处都有绿脓杆菌的存在。腐败鸭/鹅蛋在孵化器内破裂，可能是幼雏暴发绿脓杆菌病的一个重要来源。

本病一年四季均可发生，但以春季出雏季节多发。育雏室温度过低、通风不良、注射疫苗消毒不彻底、孵化环境污染等可诱发本病。

【典型临床症状】 败血症常见于1~10日龄的幼雏，常见雏鸭、雏鹅精神不振，食欲废绝，腹部膨大且手压柔软，外观腹部呈暗青色。慢性病例常见眼炎、关节炎、局部感染，多见成年鸭/鹅。

【典型病理变化】 死胚表现为颈后部皮下肌肉出血，尿囊液呈灰绿色，腹腔中残留较大的尚未吸收的卵黄囊。雏鸭、雏鹅常见腹腔有浅黄色清亮的腹水，后期腹水呈红色；卵黄吸收不良，呈黄绿色，内容物呈豆腐渣样，严重者卵黄破裂形成卵黄性腹膜炎；肝脏、法氏囊浆膜和腺胃浆膜有大小不一的出血点；气囊混浊、增厚；局部感染常见关节肿大，关节液混浊增多，感染部位有大量黄色胶冻样渗出物。

【鉴别诊断】

（1）绿脓杆菌病与鸭（鹅）缺氧症的区别 二者均有幼雏出壳后精神不振，食欲废绝，腹部膨大，外观腹部呈暗青色，体质瘦弱等临床症状。但二者的区别在于：缺氧多发生于寒冷的冬季，孵化室常因通风不良而缺氧，缺氧可导致幼雏出壳困难或不能出壳；缺氧雏鸭、雏鹅出壳后不吃不喝，1～5 天大批死亡，死亡率可达 100%；病雏脚爪干瘪。

（2）绿脓杆菌病与幼雏脱水的区别 二者均有幼雏出壳后精神不振、食欲废绝、体质瘦弱等临床症状。但二者的区别在于：幼雏在出雏器内时间过长、长途运输及育雏环境高温低湿等原因可引起脱水，脱水幼雏表现为爪干瘪，体轻，羽毛发干，单侧性肾脏肿大，有尿酸盐，个别鸭/鹅内脏痛风，3～5 天可引起 2%～5% 的死亡率。

（3）绿脓杆菌病与雏鸭、雏鹅水中毒的区别 二者均有幼雏出壳后精神不振，食欲废绝，腹部膨大，外观腹部呈暗青色，体质瘦弱等临床症状。但二者的区别在于：因长途运输等原因，雏鸭、雏鹅可能发生脱水，脱水雏会因脱水后暴饮而导致水中毒；剖检可见皮下有胶冻样渗出物，肠道水肿，有腹水，可造成雏鸭、雏鹅 5%～10% 的死亡率。

【预防措施】 ①搞好孵化的消毒卫生工作。孵化用的种蛋在孵化之前可用福尔马林熏蒸（蛋壳消毒）后再入孵。熏蒸消毒时，每立方米空间用高锰酸钾 20 克和福尔马林 130 毫升，密闭熏蒸 20 分钟，可以杀死蛋壳表面的病原体。防止孵化器内出现腐败蛋。②加强饲养管理，减少应激。给雏鸭、雏鹅注射疫苗时，要注意注射针头的消毒。

【治疗方法】 挑选病雏，要严格隔离饲养，对于有症状的病雏，用阿米卡星注射液，按每千克体重用 10 毫克肌内注射，每天 1 次，连用 3～5 天。在饲料中添加适量微生态制剂能提高幼雏的抗病能力。在饮水中加入甲磺酸诺氟沙星可溶性粉剂，按每千克水加药 100 毫克，连用3～5 天。

十、李氏杆菌病

李氏杆菌病是由单核细胞李氏杆菌感染所引起的一种败血性传染病，也是一种人、畜、禽、兽共患的传染病。

【流行特点】 本病的主要传染源是病禽和带菌禽或其他动物。多种家禽均可感染。受感染但临床症状不明显的鸭/鹅，其体内的病原菌常随粪便和鼻腔分泌物排出而污染饲料和饮水，易感鸭/鹅通过消化道、呼吸道、眼结膜及破损皮肤感染。营养不良、天气骤变、体内寄生虫或沙门氏菌感染，均可成为发病诱因。本病多呈散发，发病率不高，但死亡率高。

【典型临床症状】 本病一般无特征性症状，主要为败血症，患病鸭/鹅精神沉郁，食欲废绝，下痢，短时间内死亡。病程较长者表现神经症状，共济失调，仰头或斜颈。成年鸭/鹅两脚麻痹，幼雏发生结膜炎。

【典型病理变化】 剖检可见心外膜有出血点，心肌变性和坏死，大多数呈急性卡他性胃肠炎。

（1）李氏杆菌病与禽流感的鉴别 二者均有精神沉郁、体温升高、喜伏卧、步态不稳等临床症状，并均有肠道充血等病理变化。但二者的区别在于：禽流感的病原为禽流感病毒，患病鸭/鹅呼吸急促，急剧咳嗽，并间有喷嚏，口、鼻流出泡沫样液体，结膜呈蓝紫色；剖检可见主要病变在呼吸道，鼻腔潮红，咽、喉、气管和支气管黏膜充血，并附有大量泡沫，有时混有血液，喉头及气管内有泡沫性黏液，肺部呈紫色病变。

（2）鸭李氏杆菌病与鸭瘟的鉴别 二者均有精神沉郁、体温升高、喜伏卧、步态不稳等临床症状，并均有肠道充血等病理变化。但二者的区别在于：鸭瘟的病原为鸭瘟病毒，多发于成年产蛋鸭，病鸭高温流泪，眼结膜充血、水肿，有的外翻，眼睑周围羽毛湿润呈湿圈，严重者上、下眼睑粘连，部分病鸭头部皮下水肿导致头部肿大，故有大头瘟或肿头瘟之称，多呈急性死亡，病程较短；剖检可见肝脏表面和切面有大小不等的灰黄色或灰白色坏死点，少数坏死点中间有小点出血，或者外围有一条环状出血带，心外膜充血、出血，呈“刷漆样”，冠状沟有出血点，脾脏略肿大，常呈暗褐色，胸腺和胰腺常见小出血点或灰色坏死斑。

（3）鸭李氏杆菌病与鸭传染性脑脊髓炎的鉴别 二者均表现食欲不振、体温升高和精神沉郁、运动失调、痉挛等临床症状。但二者的区别在于：鸭传染性脑脊髓炎的病原为鸭脑脊髓炎病毒，病鸭两腿僵硬，常倒向一侧，肌肉、眼球震颤，受到声响或触摸的刺激时能引起强烈的角弓反张，皮肤知觉反射减少或消失，最后因呼吸麻痹死亡；剖检可见脑膜水肿、脑膜和脑血管充血；病料触片镜检无细菌，用病料制成悬液脑内接种易感鸭，出现特征性症状和中枢神经典型病变。

（4）鸭/鹅李氏杆菌病与鸭/鹅丹毒的鉴别 二者均有精神沉郁、体

温升高、食欲不振、步态不稳、皮肤发绀等临床症状，并均有肠道、肺脏、肾脏出血等病理变化。但二者的区别在于：鸭/鹅丹毒的病原为红斑丹毒丝菌，发病急，常呈现突然死亡，胃底部和小肠有严重的出血性炎症，脾脏肿大，呈樱桃红色，肾脏为出血性肾小球肾炎，淋巴结瘀血、肿大；实质脏器涂片有大量单在或成堆的革兰氏阳性小杆菌。

（5）李氏杆菌病与沙门氏菌病的鉴别 二者均有精神沉郁、体温升高、喜伏卧、步态不稳等临床症状，并均有肠道、心脏、肺膜出血等病理变化。但二者的区别在于：沙门氏菌病的病原为沙门氏菌，多发于3周龄以内的仔鸭和仔鹅，阴雨连绵季节多发，疫情发展较李氏杆菌病缓慢；剖检可见肠系膜明显肿大，肝实质内有黄色或白色小坏死点，脾脏肿大，呈暗紫色。

（6）李氏杆菌病与链球菌病的鉴别 二者均有精神沉郁、体温升高、皮肤发绀等临床症状。但二者的区别在于：链球菌病的病原为链球菌，患病鸭/鹅常发生多发性关节炎，出现运动障碍；剖检可见鼻黏膜充血、出血，喉头、气管充血且有大量泡沫，脾脏肿胀，脑和脑膜充血、出血。

（7）鸭/鹅李氏杆菌病与鸭/鹅弓形虫病的鉴别 二者均有精神沉郁、体温升高、食欲不振、黏膜发绀等临床症状。但二者的区别在于：鸭/鹅弓形虫病的病原为弓形虫，常发生于6~8月，幼龄鸭/鹅最易感，常先零星发病，随后暴发流行；患病鸭/鹅排水样稀粪，呼吸困难，咳嗽，剖检可见肺脏稍肿胀，间质增宽呈半透明状，表面有小出血点，胸腔内有黄色透明液体，淋巴结特别是肺门淋巴结水肿，呈灰白色，切面湿润；取肺脏及肺门淋巴结或胸腔渗出液涂片，姬姆萨染色可见橘瓣状或新月状速殖子或假囊。

【预防措施】 ①加强饲养管理，特别是育雏期管理，饲喂全价饲料，增强鸭/鹅体的抗病能力。②做好鸭/鹅棚舍、场地及用具的消毒，及时更换垫料，保持饲料、饮水和环境清洁卫生。③发病后要立即隔离，淘汰患病鸭/鹅，及时消毒被污染的环境，病死鸭/鹅要集中烧毁。

【治疗方法】 可选用四环素、青霉素和卡那霉素，同时要加强护理，但用药前最好先进行药敏试验。

（1）青霉素 每只鸭/鹅用药2000单位，均匀拌料或混于饮水中饲喂，连用3~5天。

（2）四环素 按每千克体重200~800毫克均匀拌料，连用3~5天。

（3）卡那霉素　每只鸭/鹅每天肌内注射10万单位，连用3～4天；或者按每升饮水300～1200毫克均匀混合饲喂。

十一、鸭/鹅丹毒

鸭/鹅丹毒是由红斑丹毒丝菌感染所引起的一种败血性传染病，其特征性症状是皮肤有紫色斑。本病与猪丹毒病的传染有密切关系，严禁猪与鸭、鹅共栏饲养。

【流行特点】　本病广泛分布于自然界，存在有鸭/鹅红斑丹毒丝菌的土壤、饲料和吸血昆虫与本病的传染有密切关系。病原菌可经消化道、鼻、眼或皮肤损伤感染。若把鸭/鹅饲养于猪丹毒患病猪舍，也可能发病。

【典型临床症状】　患病鸭/鹅拒食饲料，羽毛松乱，下痢，粪便呈黄绿色，关节肿痛。病程为3～4天，最后死亡，病死率一般在25%左右。

【典型病理变化】　皮肤有紫色斑，脾脏、肝脏充血、肿大，心外膜出血（彩图5-20），小肠有急性卡他性炎症。

【鉴别诊断】

（1）鸭丹毒与鸭瘟的鉴别　二者均有精神沉郁、体温升高、喜伏卧、步态不稳等临床症状，并均有肠道充血等病理变化。但二者的区别在于：鸭瘟的病原为鸭瘟病毒，多发于成年产蛋鸭，病鸭流泪，眼结膜充血、水肿，有的外翻，眼睑周围羽毛湿润呈湿圈，严重者上、下眼睑粘连，部分病鸭头部皮下水肿导致头部肿大，故有大头瘟或肿头瘟之称，多呈急性死亡，病程较短；剖检可见肝脏表面和切面有大小不等的灰黄色或灰白色坏死点，少数坏死点中间有小点出血，或者外围有一条环状出血带，心外膜充血、出血，呈刷漆样，冠状沟有出血点，脾脏略肿大，常呈暗褐色，胸腺和胰腺常见小出血点或灰色坏死斑。

（2）鸭/鹅丹毒与鸭/鹅禽流感的鉴别　二者均有精神沉郁、体温升高、步态不稳等临床症状，并均有肠道充血等病理变化。但二者的区别在于：鸭/鹅禽流感的病原为禽流感病毒，患病鸭/鹅呼吸急促，急剧咳嗽，并间有喷嚏，口鼻流出泡沫样液体，结膜呈蓝紫色；剖检可见主要病变在呼吸道，鼻腔潮红，咽、喉、气管和支气管黏膜充血，并附有大量泡沫，有时混有血液，喉头及气管内有泡沫性黏液，肺部出现紫色病变。

(3) 鸭/鹅丹毒与鸭/鹅链球菌病的鉴别 二者均有精神沉郁、体温升高、皮肤发绀等临床症状。但二者的区别在于：鸭/鹅链球菌病的病原为链球菌，患病鸭/鹅常发生多发性关节炎，出现运动障碍；剖检可见鼻黏膜充血、出血，喉头、气管充血且有大量泡沫，脾脏肿胀，脑和脑膜充血、出血。

(4) 鸭/鹅丹毒与鸭/鹅弓形虫病的鉴别 二者均有精神沉郁、体温升高、食欲不振、步态不稳、皮肤表面有出血斑点等临床症状。但二者的区别在于：鸭/鹅弓形虫病的病原为弓形虫，患病鸭/鹅的粪便呈煤焦油样，呼吸浅快，耳郭、耳根、下肢、下腹、股内侧有紫红色斑；剖检可见肺脏呈橙黄色或浅红色，间质增宽、水肿，支气管有泡沫，肾脏呈黄褐色，有针尖大小的坏死灶，坏死灶周围有红色炎症带，胃有出血斑，出现片状或带状溃疡，肠壁肥厚，出现糜烂和溃疡；病料（肺脏、淋巴结、脑、肌肉）涂片或病料悬液注入小白鼠腹腔，发病后取病料涂片，可见到半月形的弓形虫。

【预防措施】 ①本病菌在自然界分布广泛，宿主很多，应加强饲养管理和预防，可以用丹毒病疫苗按每只鸭/鹅0.5毫升肌内注射进行预防。②养殖场与鸭/鹅棚舍之间应保持一定距离，发现患病鸭/鹅立即隔离治疗，消毒场地。

【治疗方法】 治疗时可选用青霉素，成年鸭/鹅每只一次性肌内注射6万单位；大批治疗可将青霉素混入水中，连喂5天。也可以用磺胺类药物对本病进行治疗。

十二、坏死性肠炎

坏死性肠炎又称烂肠瘟，是由产气荚膜梭菌（魏氏梭菌）感染鸭/鹅的肠道后生长繁殖并产生毒素所引起的一种慢性传染病。临诊特征是肠道黏膜坏死，排黑色稀粪。

【流行特点】 本病一年四季均可发生，秋冬两季为高发季节，鸭/鹅群受各种应激因素（如免疫接种、恶劣天气等）刺激后尤为多见。

【典型临床症状】 鸭/鹅群发病突然，患病后，产蛋率迅速下降。患病鸭/鹅精神萎靡，羽毛蓬松，闭目呆立，食欲减退或废绝，胸肌萎缩，离群独居不愿活动，强行驱赶行动明显迟缓。患病鸭/鹅排红色乃至深褐色煤焦油样粪便，有的粪便混有血液和肠黏膜组织。患病鸭/鹅体温下降，最后极度消瘦而死。病死鸭/鹅嗉囊内有积液，倒提可从口腔流出黏性液体。

【典型病理变化】 剖检病变主要体现在肠道，空肠和回肠扩张，是正常的2~3倍，病变肠管浆膜呈深红色或浅黄色、灰色，有出血斑点（彩图5-21），切开变粗的肠段，内有血样液体，十二指肠黏膜出血。发病后期见空肠和回肠黏膜表面等覆盖一层黄白色恶臭的纤维素性渗出物和坏死的肠黏膜，空肠和回肠黏膜上有散在的枣核状溃疡灶，溃疡深达肌层，上覆一层伪膜。有的患病鸭/鹅的输卵管中有干酪样物质堆积。

【鉴别诊断】

（1）坏死性肠炎与组织滴虫病的鉴别 二者均有精神沉郁，食欲减退或废食，羽毛松乱，排血样粪便等临床症状。但二者的区别在于：组织滴虫病的病原为组织滴虫，患病鸭/鹅畏寒，排浅黄或浅绿色稀粪，严重时大量排血，末期头部发紫（称黑头病）；剖检可见盲肠增厚，充满浆液性出血性渗出物形成的干酪样盲肠肠芯，黏膜有溃疡或穿孔，肝脏呈紫褐色，表面有黄绿色圆形凹陷；将盲肠内容物做悬滴镜检，可见组织滴虫。

（2）坏死性肠炎与绦虫病的鉴别 二者均有精神沉郁，食欲减退或废食，羽毛松乱，下痢且粪中带血等临床症状。但二者的区别在于：绦虫病的病原为绦虫，患病鸭/鹅粪检可见虫卵、孕节片、卵带；剖检可见肠内有绦虫。

（3）坏死性肠炎与喹乙醇中毒的鉴别 二者均有精神沉郁，食欲减退或废食，排黑色粪且间或带血等临床症状。但二者的区别在于：喹乙醇中毒的病因是日粮中喹乙醇过量，患病鸭/鹅不愿活动，后期昏迷而死；剖检可见嗉囊充满食物，腺胃增厚。

【预防措施】 ①加强饲养管理，提高鸭/鹅的抵抗力。②采取消毒、隔离措施加强对饲养，运输、屠宰、销售等各个环节的场地、用具、器具的全面消毒，平时做好鸭/鹅棚舍的清洁卫生和消毒工作。可使用百毒杀等消毒药进行消毒。③保证饲料和饮水的新鲜、卫生，粪便要勤清理，垫草要勤换。避免拥挤、过热、过食等不良因素刺激。④有效地控制球虫病的发生，防止并发本病。

【治疗方法】

（1）泰乐菌素原粉 按每克泰乐菌素原粉兑水20千克，全群饮水。

（2）林可霉素 按每千克体重用15毫克，肌内注射，每天1次，连用3~4天可迅速控制病情。

提示

① 新霉素的化学性质非常稳定，内服难以吸收，在肠管内可保持较高浓度，是治疗肠道感染的理想药物。

② 在治疗的同时应给患病鸭/鹅适当补充口服补液盐或电解质平衡剂。药物治疗后应在饲料中添加微生态制剂，连喂10天。

十三、结核病

结核病是由禽结核分枝杆菌引起的一种慢性病，主要发生于种鸭和种鹅。本病的特征为患病鸭/鹅进行性消瘦、贫血，产蛋率下降或停产；剖检特征是肝脏或脾脏有结核结节。

【流行特点】 结核病病程发展慢，因此常于老龄淘汰、屠宰时才发现患病鸭/鹅。不同年龄层次及各品种的鸭、鹅均可感染本病，作为主要的传染源，患病鸭/鹅的呼吸道带有大量结核杆菌，通过分泌物排出大量病菌，而肝脏、胆的结核病灶及肠道的溃疡灶通过粪便排出大量结核杆菌，污染鸭/鹅棚舍、土壤、垫草、环境及饲料、饮水等。健康鸭/鹅可由吸入带菌的尘埃经呼吸道感染，但其主要的感染方式为采食被污染的饲料及饮水，经消化道感染。健康鸭/鹅与患病鸭/鹅同群混养，若个别鸭/鹅一旦感染，没有及时隔离，极易导致健康鸭/鹅感染。鸭/鹅在被污染的水体中嬉戏、栖息时，也可能被传染。鸭/鹅棚舍的环境卫生差、阴暗潮湿、通风不良、管理不善、消毒不严、密度过大等均可促进本病发生。此外，人、车辆、饲养管理用具等也可促进本病传播。

【典型临床症状】 本病的潜伏期需2~12个月。感染初期不表现任何明显症状，随着病情的加剧，患病鸭/鹅精神委顿，缩颈，脚软，不愿活动和下水，弓背，贫血，食欲减退，消瘦，产蛋率下降或停产；同群患病鸭/鹅中可见少数病例拉白色的稀粪；可听到患病鸭/鹅的干咳声，晚上干咳声尤为明显，最后常因极度衰竭而死亡。

【典型病理变化】

（1）成鸭、成鹅 肝脏肿大，表面布满小米粒至绿豆大、灰白色、不凸出于表面的小结节；脾脏也出现这种小结节；心外膜上出现绿豆大至黄豆大的结节；肺脏常出现黄豆大的灰黄色结节，结节内容物呈乳白色干酪样；其他器官也会出现同样的结节病变。

（2）雏鸭、雏鹅 幼雏的病理变化较成年鸭/鹅轻微，主要病变是

支气管、气管充血，有较多的浆液性分泌物；肝脏、肺脏、肾脏出血、充血。偶见肝脏、肺脏表面有粟粒大至绿豆大坏死灶。

【鉴别诊断】

（1）结核病与沙门氏菌病的鉴别　二者均有精神委顿、食欲不振、下痢、消瘦、关节炎、产蛋率下降等临床症状，并均有肝脏、脾脏肿大等病理变化。但二者的区别在于：沙门氏菌病病例剖检可见出血性坏死性肠炎、心包炎、腹膜炎，输卵管坏死性增生性病变，卵巢化脓性坏死性病变，用以克隆抗体和核酸探针为基础的检测沙门氏菌的诊断药盒容易做出诊断。

（2）结核病与大肠杆菌病的鉴别　二者均有精神不振，食欲减退或废绝，羽毛松乱，腹泻，关节炎等临床症状，并均有肝脏、脾脏有结节块（肉芽肿）等病理变化。但二者的区别在于：大肠杆菌病病例排黄白色带血稀粪；剖检可见心包、肝脏、腹膜有纤维性炎症，有大量纤维素样物附着；通过分离培养、染色镜检和生化试验可确诊大肠杆菌病。

（3）结核病与链球菌病的鉴别　二者均有精神委顿，食欲减退或废绝，羽毛松乱，冠髯苍白，腹泻，消瘦，关节炎等临床症状。但二者的区别在于：链球菌病病例嗜睡，肉垂发紫，慢性轻瘫，跗趾关节炎，足底皮肤坏死；剖检可见败血型皮下、浆膜水肿，心包、腹腔浆膜有出血性纤维素性渗出物，其他脏器均有出血点；病料涂片、染色镜检可见单个或短链排列的球菌。

（4）结核病与曲霉菌病的鉴别　二者均有精神不振、呆立、羽毛松乱、逐渐消瘦、贫血等临床症状，并均有肺脏、气囊有结节，切开呈干酪样等病理变化。但二者的区别在于：曲霉菌病病例发病时闭目昏睡，呼吸困难，摇头甩鼻，患病的成年鸭/鹅呼吸困难；剖检可见肺部有霉菌结节（粟粒至绿豆粒大），颜色呈灰白色、黄白色、浅黄色，周围有红色浸润，柔软，干酪样物有层状结构，气囊的霉菌结节呈烟绿色或深褐色，用手拨动有粉状物飞扬；将气囊的霉菌结节置玻片上加生理盐水镜检肺部可见曲霉菌的菌丝，气囊可见分生孢子柄和孢子。

（5）结核病与禽巴氏杆菌病的鉴别　二者均有精神不振、食欲减退、关节炎、腹泻等临床症状。但二者的区别在于：禽巴氏杆菌病病例口、鼻流泡沫性黏液，剧烈腹泻，粪呈灰黄色或灰绿色；剖检可见皮下组织、腹腔脂肪、肠系膜、黏膜、浆膜有出血点，胸腔气囊、肠浆膜有纤维素性或干酪样渗出物；病料涂片镜检可见两极着色的短杆菌。

【预防措施】 ①定期对鸭/鹅棚舍、孵化室、育雏室进行清扫，经常用没有家禽放牧过的地方的泥土来更换鸭/鹅棚舍地面的泥土。②定期对鸭/鹅棚舍进行消毒，并且对每天产的种蛋进行熏蒸消毒，入孵时，再进行1次消毒，逐渐达到净化。③将鸭/鹅舍的门窗装上纱网，以防其他禽类飞入。④每年4~5月和9~10月，对种鸭、种鹅分别进行1次检疫，发现阳性种鸭、种鹅立即扑杀，直至无阳性种鸭、种鹅检出为止。

【治疗方法】 鸭/鹅群发生结核病即已没有药物治疗价值，因此当鸭/鹅群中一旦发现有鸭/鹅发生结核病感染时，为杜绝进一步传播，应立即淘汰全群。淘汰患病鸭/鹅应处死后烧毁或深埋，严禁随便抛弃，以防疾病传播；被患病鸭/鹅分泌物感染的鸭/鹅棚舍及一切用具应彻底清洗消毒。

对结核菌素变态反应呈阳性的鸭群，如果经济价值不大，可考虑提前全群淘汰。

十四、伪结核病

伪结核病是由伪结核耶尔辛杆菌感染所引起的一种家禽和野禽接触性传染病，病初以短暂的急性败血症为特点，随后呈慢性经过，以内脏泛起类似结核病变的干酪样病灶为特点。

【流行特点】 本病可发生于火鸡、鸡、鹅、鸭、珍珠鸭和野生鸟类，多呈散发。病禽的排泄物是主要的传染源。感染途径主要是经消化道和伤口或黏膜进入血中感染。一般雨季发病较多，当饲养管理不当，营养不良，受凉或患寄生虫病时，可诱发本病。特别是幼禽最为敏感，感染率高达80%，死亡率为50%~80%。

【典型临床症状】

（1）最急性型和急性型 最急性型病例临诊没有任何表现而突然死亡。急性型潜伏期一般为3~6天。患病鸭/鹅可存活几天后死亡，以突发腹泻和急性败血症变化为特征。

（2）亚急性型 发病2~3天的鸭/鹅突然下痢，排白色、绿色黏稠粪便，肛门周围羽毛被粪便污染，精神沉郁。大群鸭/鹅采食量逐渐下降。产蛋率下降，个别鸭/鹅群近乎绝产。

（3）慢性型 慢性型病例病程可达半月以上，此时患病鸭/鹅表现

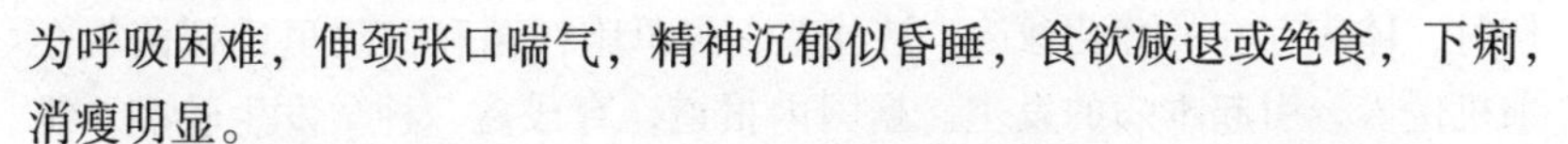

为呼吸困难，伸颈张口喘气，精神沉郁似昏睡，食欲减退或绝食，下痢，消瘦明显。

【典型病理变化】

（1）急性型　急性型病例可见肝脏、脾脏肿大和急性肠炎（卡他性、出血性炎症）。

（2）亚急性型或慢性型　肠道卡他性、出血性炎症；肝脏、脾脏、肾脏肿大，并在肝脏、脾脏、肾脏、肺脏、浆膜及其他器官中散在有粟粒大至黄豆粒大小的灰白色或黄白色小结节，横切面呈干酪样。

【鉴别诊断】

（1）伪结核病与禽巴氏杆菌病的鉴别　二者均有精神不振、食欲减退、腹泻等临床症状。但二者的区别在于：禽巴氏杆菌病病例口、鼻流泡沫性黏液，剧烈腹泻，粪呈灰黄色或灰绿色；剖检可见皮下组织、腹腔脂肪、肠系膜、黏膜、浆膜有出血点，胸腔气囊、肠浆膜有纤维素性或干酪样渗出物；病料涂片镜检可见两极着色的短杆菌。

（2）伪结核病与结核病的鉴别　二者均有精神不振、食欲减退、拉稀等临床症状。但二者的区别在于：结核病病例表现渐进性消瘦，胸骨凸出，翅下垂。剖检可见肝脏、脾脏、肠道、气囊、肠系膜等均有结核结节（粟粒大、豆大、鸽蛋大），切开见干酪样物，涂片后用萋-尼氏染色法染色，镜检显红色杆菌。禽结核杆菌素注于肉髯皮内呈阳性反应。

【预防措施】　建立无本病病原的鸭/鹅群，发现患病鸭/鹅要及时淘汰，淘汰的患病鸭/鹅要焚烧或深埋处理，加强消毒和勤换垫料等饲养管理工作。禁止从发病地区购进雏鸭、雏鹅或青年鸭/鹅。

【治疗方法】　伪结核耶尔辛杆菌对氨基糖苷类和磺胺类药物敏感。治疗时可用0.05%～0.1%阿米卡星拌料，连用5～7天；或者用0.05%～0.1%复方磺胺间甲氧嘧啶拌料，连用5～7天。

十五、关节炎综合征

关节综合征是由多种细菌引起的一种传染病，以病禽关节肿胀、跛行、采食减少、消瘦为特征。

【流行特点】　本病在一般禽类中都有发生，没有明显的季节性，多与粗放的饲养管理有关。感染途径有两个：一是经消化道感染，如卫生条件差，饲料、饮水受到鼠伤寒沙门氏菌污染，很容易经口进入肠道感染，而关节炎则为继发性感染；二是经皮肤感染，当禽体皮肤擦伤或抓伤时，体表存在的葡萄球菌、链球菌、假单胞杆菌和鸭疫里氏杆菌就会乘机侵入，引起本病的发生。据国内报道，育成禽、种禽发生较多，雏禽发生较少。

据报道，本病多发生于屠宰肉鸭和肉鹅，并与品种有一定关系。在同样的饲养管理条件下，北京鸭和番鸭比野鸭的易感性高约20倍。

本病的全身性感染主要是病禽采食了被鼠伤寒沙门氏菌和肠炎沙门氏菌污染的饲料导致的，特别是鱼粉最易受污染。本病也可经蛋垂直感染，产生带菌禽，其容易在应激因素条件下发病，并继发关节炎。

【典型临床症状】 病禽以关节炎性肿胀为主，翅关节和下肢关节均可发生，以跗关节发病率最高，其次是膝关节、跗关节和趾关节，翅关节很少发病。

发病关节肿胀，呈紫红色，触诊有热感，病初局部较软，尔后逐渐变硬，不能伸屈，表现严重跛行或不能走动，采食量减少，体质逐渐消瘦，有时死亡。

【典型病理变化】 在肿胀的关节内积有大量炎性渗出物。渗出液混浊，混有纤维素性物质，有时混有血液且呈红褐色，病程较长的出现渗出性坏死性病变，积蓄物呈灰黄色干酪样。有些病禽的腱鞘发炎肿胀，有炎症渗出液。

【预防措施】 在饲养制度上应制定严格的消毒制度，坚持全进全出，并针对不同细菌特别是鸭疫里氏杆菌的感染采取相应的防治措施。种禽场还要做好种蛋和孵化设备的消毒工作，预防沙门氏菌的垂直传播。平时要注意防止饲料污染，特别是鱼粉和肉粉，要注意细菌学的检验。清除鸭/鹅棚舍褥草内和运动场上的尖锐异物，防止葡萄球菌感染。

【治疗方法】 可选用广谱抗菌药物进行治疗，如卡那霉素、土霉素等。对轻度感染和病状较轻的鸭/鹅群，可把药物混入饲料或饮水中。病情严重时，可全群进行肌内注射。

（1）卡那霉素注射液 每支10毫升含药量1克，可供50~100只成年病禽肌内注射，每天1次，连续治疗2~3天。

（2）土霉素碱 按0.08%~0.1%比例均匀地拌入混合饲料中，连续治疗5~7天。

十六、肉毒梭菌毒素中毒

肉毒梭菌毒素中毒是由于摄食肉毒梭菌产生的外毒素而引起的急性

致死性疾病，以运动神经麻痹、肌肉松软为主要临床特征，故又称软颈病，常引起雏鸭、雏鹅大批死亡。

【流行特点】 肉毒梭菌广泛分布在自然界及健康动物的肠道中，但不引起发病。当其在腐败的动物尸体、植物及粪坑的蝇蛆体内，在厌氧的条件下便会产生毒力很强的外毒素。本病多发于温暖季节，由于气温高，使饲料腐败，或者死鱼烂虾的腐败产生该毒素。当鸭、鹅等水禽吃了这些腐败食物发生中毒，也可发生于吃了身体沾染上该毒素的蝇蛆而致病。

【典型临床症状及典型病理变化】 鸭/鹅肉毒梭菌毒素中毒分急性和慢性两种。急性中毒后，患病鸭/鹅全身痉挛、抽搐，很快死亡。

慢性中毒后，患病鸭/鹅于早期表现精神迟钝，不能飞跃，游水困难，羽毛逆立，腿麻痹、两翅下垂和颈麻痹（彩图 5-22），食欲废绝，之后病情逐渐加重，体质衰弱，头颈因痉挛而下垂，常于 1 ~ 3 天后死亡。有些中毒轻微的鸭/鹅可以康复。

剖检可见腺胃壁增厚、水肿；十二指肠充血、出血，直肠有散在出血斑，整个肠道充血，内有浅红色粪便；心外膜、心冠脂肪处有针尖样出血点。

【鉴别诊断】

（1）肉毒梭菌毒素中毒与李氏杆菌病的鉴别　二者均多为群发，均有突然发病，精神萎靡、羽毛松乱、翅膀下垂、腿软无力、腹泻等临床症状，并均有肠道出血等病理变化。但二者的区别在于：李氏杆菌病病例冠髯发绀，脱水，皮肤呈暗紫色，倒地侧卧、腿划动，或者盲目乱闯、尖叫，头颈弯曲，仰头，阵发性痉挛；剖检可见脑膜血管充血，肝脏肿大，呈土黄色，有紫色瘀血斑和白色坏死点，质脆易碎，脾脏肿大呈黑红色；血液病料涂片、革兰氏染色可见排列成 V 状的阳性小杆菌。

（2）肉毒梭菌毒素中毒与食盐中毒的鉴别　二者均有两肢无力、麻痹、腹泻，最后心衰死亡等临床症状，并均有肠道充血、出血等病理变化。但二者的区别在于：食盐中毒的病因是吃咸鱼粉或日粮中食盐过多，患病鸭/鹅无食欲，饮欲增加，口、鼻流出大量黏液，嗉囊扩张；剖检可见脑膜血管充血、扩张，心包积液，肝脏瘀血、有出血斑，皮下组织水肿；用硝酸银滴定嗉囊内容物可测知食盐含量。

（3）肉毒梭菌毒素中毒与黄曲霉毒素中毒的鉴别　二者均有精神不振、打瞌睡、毛松乱、翅下垂、懒动等临床症状，并均有肠充血、出血

等病理变化。但二者的区别在于：黄曲霉毒素中毒的病因是鸭/鹅吃了被黄曲霉毒素污染的饲料，患病鸭/鹅共济失调，跛行，颈肌痉挛，角弓反张，冠苍白，稀粪含血；剖检可见肝脏肿大，呈橘黄或土黄色，呈弥漫性出血和坏死，胆囊肿大，壁增厚（胆囊上皮增生），脾脏肿大且呈浅黄或灰黄色，腺胃、肌胃出血，心脏变白，肾脏肿大、苍白，卵巢卵泡膜增厚且呈紫红色或黄绿色，内容物呈油脂样或干酪样；将所用饲料用紫外线照射观察荧光，G 族毒素为亮黄绿色荧光，B 族毒素为蓝紫色荧光。

【预防措施】 ①鸭/鹅应在大空间、通风良好的舍内饲养，粪便应及时清理。②不喂腐败的饲料。死亡的动物尸体要焚烧或深埋。

【治疗方法】 ①患病鸭/鹅食道膨大部如仍有腐败的动物性食物，可将鸭/鹅头下垂，用手将食道膨大部内的食物缓缓挤出。挤尽后，以大号的金属注射器套上小而长的橡皮管，向食道膨大部灌注 0.1% 高锰酸钾水溶液，摇荡鸭/鹅体，再将鸭/鹅头倒悬，将高锰酸钾和食物挤出，如此反复2～3 次即可。②食道膨大部内已无饲料时可用轻泻剂，每只鸭/鹅灌服硫酸镁水溶液 3～6 克，8 小时后用磺胺脒、次硝酸铋（碱式硝酸铋）各 0.25 克，灌服，每天 3 次；或者用大蒜 1000 克，加入少量冷开水稀释的食盐溶液（食盐不能超过饲料用量的 0.5%），灌服 100 只鸭/鹅；或者灌服淡糖水、绿豆汤。有条件时，可以腹腔注射同型的抗 C 型肉毒抗毒素，成年鸭/鹅每只 4 毫升，雏鸭、雏鹅每只 2 毫升。轻症者，放在清洁的深水中，任其采食幼嫩草，1～2 天即可痊愈。

十七、曲霉菌病

曲霉菌病又称曲霉菌性肺炎，是由真菌中的曲霉菌引起的急性传染病。本病主要侵害呼吸器官，使呼吸器官发生炎症并形成肉芽肿结节。

【流行特点】 本病以雏鸭和雏鹅多发，20 日龄以内的幼雏多见发病，但以 4～10 日龄的幼雏易感性最高，多呈急性、群发性暴发，发病率很高，死亡率一般为 10%～50%。成年鸭/鹅多呈慢性和散发。

引起鸭/鹅曲霉菌病的主要病原为烟曲霉、黄曲霉、黑曲霉、土曲霉、灰绿曲霉等，特别是黄曲霉所产生黄曲霉毒素对人和多种动物都有较强的毒性，可使鸭/鹅群出现中毒症状。曲霉菌分布广泛，可在饲料、

谷草、垫料、用具、饲槽、墙壁、麻袋、地面、孵化器以至在蛋壳表面生长。霉菌孢子可随空气传播，健康鸭/鹅通过吸入含有霉菌孢子的空气或采食染菌饲料经呼吸道或消化道感染；特别是在春夏之交的阴雨连绵季节，育雏室内阴暗潮湿、通风不良、鸭/鹅群拥挤等，更易暴发本病。此外，孵化器或蛋被霉菌孢子污染后，可引起胚胎死亡或感染新生幼雏。

【典型临床症状】 雏鸭、雏鹅呈急性经过，初期精神沉郁，翅下垂，减食或不食，精神不振，双翅下垂，羽毛松乱，缩颈呆立，两眼半闭，嗜睡，随后出现呼吸困难，喘气，头颈伸直，张口呼吸，不爱活动，毛发焦，有的鸭/鹅拉黄色稀粪，爱喝水，闭目昏睡，急剧消瘦和窒息性死亡。成年鸭/鹅多见生长障碍，发育不良，羽毛松乱。产蛋鸭/鹅则表现为产蛋减少或停产，病程达数周或数月。

【典型病理变化】 病死鸭/鹅僵硬。血液呈乌黑色，不易凝固；气囊混浊，其上散在许多黄色、粟米大小的结节；有的肺脏、心包、肠系膜上有大小不等的肉芽结节，稍小的结节被暗红色浸润带所包围，呈灰黄色或黄色，或者融合形成大片水煮样的肉芽组织。肺组织硬变，弹性消失，纤维化坏死几乎覆盖整个肺脏。结节内容物呈豆腐渣样或黄白色液体。有的患病鸭/鹅腹腔浆膜下有蚕豆大小的结节，切开有蛋黄样浓稠的液体，消化道后段充满水样稀薄液体。

【鉴别诊断】

(1) 鸭/鹅曲霉菌病与雏鸭、雏鹅白痢的鉴别 二者均有精神萎靡，闭目缩颈，翅膀下垂，食欲减退或废食，下痢，气喘，呼吸困难；成年鸭/鹅贫血、产蛋减少等临床症状。但二者的区别在于：雏鸭、雏鹅白痢的病原为沙门氏菌，病雏除呼吸道症状外，还可见到排出石灰样白色粪便，同时肝脏、心脏、消化道也都受侵害，但不形成曲霉菌病特征性同心圆肉芽肿结节，这些均可区别于曲霉菌病；用普通肉汤琼脂平板直接分离，根据菌落形态特征即可鉴定，血清检查有阳性病例。此外，磺胺类、土霉素等药物治疗鸭/鹅沙门氏菌病有效，而对鸭/鹅曲霉菌病无效。

(2) 曲霉菌病与沙门氏菌病的鉴别 二者均有精神不振、羽毛松乱、嗜睡、呆立、翅膀下垂、下痢、结膜炎等临床症状。但二者的区别在于：沙门氏菌病的病原为副伤寒沙门氏菌，患病鸭/鹅饮欲增加，出现水样下痢，近热源拥挤；剖检可见肝脏、脾脏充血，有出血条纹和出血点、坏死点，心包粘连；用克隆抗体和核酸探针为基础的检测沙门氏菌的诊断药盒容易做出诊断。

（3）曲霉菌病与隐孢子虫病的鉴别 二者均有精神不振，打喷嚏，闭目嗜睡，翅膀下垂，减食或废食，伸颈张口呼吸，呼吸困难等临床症状。但二者的区别在于：隐孢子虫病的病原为隐孢子虫。患病鸭/鹅咳嗽；剖检可见喉气管水肿，其内有较多泡沫性液体和干酪样物，肺腹侧严重充血、有灰白色硬斑，切面多渗出液，生前取呼吸道黏液用饱和白糖溶液将卵囊浮集，镜检可见包裹内含 4 个裸露的香蕉形子孢子和 1 个大残体。

（4）曲霉菌病与胃线虫病的鉴别 二者均有精神不振，减欲减退或废食，伸颈张口呼吸，摇头甩鼻，呼吸困难等临床症状。但二者的区别在于：胃线虫病的病原为胃线虫，患病鸭/鹅缩头垂翅、消瘦、贫血、下痢；剖检可见胃黏膜发炎、肥厚，出现瘤状物和溃疡，有的肌胃角质下肌肉有小软瘤。

【预防措施】 加强饲养管理。保持饲料新鲜，不使用过期、发霉的饲料；保持合理的饲养密度，保持圈舍通风、干燥，勤换垫料，保持室内外环境的干燥、清洁，饲槽、饮水器经常清洗。

【治疗方法】 本病目前尚无特效药物治疗，可试用制霉菌素治疗，按 80 只雏鸭或雏鹅一次用 50 万单位，每天 2 次，连用 3 天；或者用 0.5% 硫酸铜溶液掺入水中给患病鸭/鹅饮服，连饮 3 ~ 5 天，也有一定疗效。

① 由于制霉菌素难溶于水，但可以在酸牛奶中长久保持悬浮状态，在治疗时，可将制霉菌素混入少量的酸牛奶中，然后再拌料。

② 当患病鸭/鹅的呼吸道长出大量菌丝、肺部及气囊长出大量结节时，治疗不可能取得满意的疗效，应及早淘汰。

十八、支原体病

支原体病又称鸭/鹅传染性窦炎，是由支原体引起的一种呼吸道传染病。本病主要危害雏鸭和雏鹅，成年鸭/鹅也可感染，多呈隐性感染。本病特征是眶下窦肿胀，充满浆液、黏液或干酪样物。

【流行特点】 本病一年四季均可发生，尤其以冬春寒冷季节多发，发病率可高达 80%。传染源为患病鸭/鹅和带菌鸭/鹅，当空气被污染后，常经呼吸道传染，也可经污染的种蛋垂直传染。雏鸭、雏鹅孵出后带菌，如遇育雏舍温度过低、空气混浊、饲养密度过大及应激等很易导致本病的发生。1～15日龄雏鸭、雏鹅易感性高，30日龄以上的青年鸭/鹅和成年鸭/鹅发病较少。

【典型临床症状】　病雏病初打喷嚏，从鼻孔流出浆液性渗出物，以后变成黏性，在鼻孔周围形成结痂。病久则成干酪样变化。病雏用脚踢抓鼻额部，露出红色的皮。部分病雏呼吸困难，频频摇头，患病后期，病雏的眶下窦积液，一侧或两侧肿胀，按压无痛感，一般保持10～20天不散。严重的病例眼结膜潮红，流泪，并且排出脓性分泌物，有的甚至眼睛失明。

大龄鸭/鹅病初可见一侧或两侧眶下窦肿胀（彩图5-23），形成隆起的鼓包，触之有波动感；随着病程的发展，肿胀部位变硬，鼻腔发炎，从鼻孔内流出浆液或黏液性分泌物，患病鸭/鹅常甩头；有些患病鸭/鹅眼内积蓄浆液或黏液性分泌物，病程较长者，双眼失明，关节肿胀，跛形；患病鸭/鹅死亡较少，常能自愈，但生长发育缓慢，肉品质量下降，产蛋率下降。

【典型病理变化】　本病的病理变化随病情轻重和病程的长短而异。剖检可见鼻孔、鼻窦、气管、肺浆膜黏性分泌物增多，明显的病变是眶下窦积有大量浆液性渗出液或脓性干酪样渗出物。上呼吸道或整个呼吸道黏膜出血，眶下窦内积有大量黏性渗出液或大量干酪样凝块，喉头、气管黏膜充血、水肿，并有浆液性或黏液性分泌物附着；气囊壁混浊、肿胀、增厚，有干酪样分泌物；结膜囊和鼻腔内有黏性分泌物；关节液黏稠如豆油。严重病例气管出血，肺脏水肿、出血。其他脏器一般无肉眼可见病变。

【鉴别诊断】

（1）鸭/鹅支原体病与鸭/鹅传染性鼻炎的鉴别　二者均有精神萎靡、流鼻液、打喷嚏、甩头、结膜炎、产蛋率下降等临床症状，并均有鼻腔、眶下窦有分泌物等病理变化。但二者的区别在于：鸭/鹅传染性鼻炎的病原为嗜血杆菌，患病鸭/鹅一侧或两侧颜面肿胀，仅鼻腔、眶下窦充血、出血和有分泌物，肺脏及气囊无变化，通常无明显的气囊病变及呼吸啰音；在血液琼脂平板上与金黄色葡萄球菌交叉接种，菌落周围有卫星现象。

（2）鸭支原体病与鸭新城疫的鉴别　二者均有呼吸困难、咳嗽、产蛋率下降等临床症状。但二者的区别在于：鸭新城疫的病原为新城疫病

毒，表现全群鸭急性发病，症状明显，虽然呼吸道症状与慢性呼吸道病相似，但消化道严重出血，并且出现神经症状，这些易与鸭支原体病相区别。

（3）支原体病与禽流感的鉴别 二者均有呼吸困难、咳嗽、打喷嚏、流鼻液、流泪等临床症状。但二者的区别在于：禽流感的病原为禽流感病毒，患病鸭/鹅头颈部肿胀，神经症状明显，其头颈部皮下出血或胶冻样浸润，内脏器官、黏膜和法氏囊出血，腺胃乳头、腺胃肌胃交界处及肌胃角质膜下有出血点或瘀斑状出血。

（4）支原体病与曲霉菌病的鉴别 二者均有呼吸困难、打喷嚏、摇头甩鼻、眼睑肿大、结膜炎、产蛋率下降等临床症状。但二者的区别在于：曲霉菌病的病原为曲霉菌，患病鸭/鹅对外界反应淡漠，头颈伸直，张口呼吸；剖检可见肺部有霉菌结节，周围出现红色浸润，切开干酪样物有层状结构，气囊也有霉菌结节，有时形成霉斑；镜检肺部结节压片可见曲霉菌的菌丝，气囊结节可见分生孢子柄和孢子。

【预防措施】

1）加强舍饲期鸭/鹅群的饲养管理，做好舍内外卫生清洁工作，保证鸭/鹅舍干燥。做好防寒保温及通风换气工作，防止地面过度潮湿及饲养密度过大等。

2）肉鸭、肉鹅养殖场实行全进全出，空舍后用5%氢氧化钠或1:100的菌毒灭等严格消毒。日常严格检疫，及时淘汰患病鸭/鹅或隔离育肥。

3）药物预防。①泰乐菌素，按每升水用药500毫克混饮，连用3~5天。②恩诺沙星，按每升水用药25~75毫克混饮，连用3~5天。③复方氟苯尼考可溶性粉剂，按每升水用药100~200毫克混饮，连用3~5天。④盐酸环丙沙星可溶性粉剂，按每升水用药500毫克混饮或每100千克饲料用药100克混饲，连用3~5天。

【治疗方法】

（1）妙奇或服而舒 每瓶供1000只成年鸭/鹅，集中一次饮用（兑水200千克），无须加量，连用3~5天。预防量减半，首日量加倍。

（2）别克150克+开瑞欣150克（或服而舒） 混合供1000只成年鸭/鹅集中一次饮用，连用3~5次。

（3）链霉素 患病鸭/鹅肌内注射链霉素，每只成年鸭/鹅5万~10万单位，每天2次，连用3~5天。

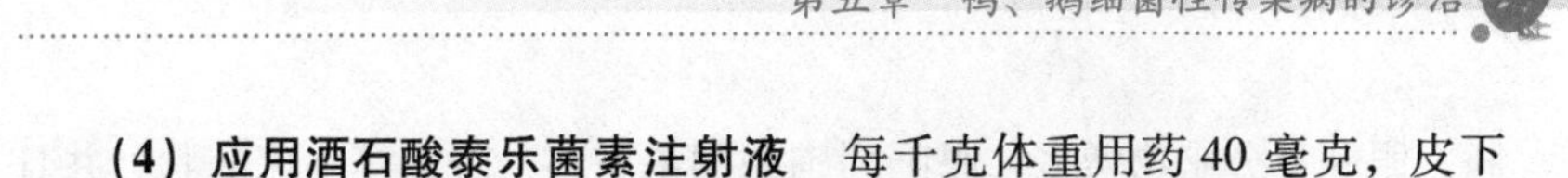

(4) 应用酒石酸泰乐菌素注射液　每千克体重用药40毫克，皮下注射1次后，每升水中加入0.5克酒石酸泰乐菌素，连饮5天。

提示

①鸭/鹅群确实存在着以支原体为主所引起的传染性窦炎，但其他病原（如大肠杆菌、禽流感病毒、Ⅰ型副黏病毒等），也可引起鸭发生传染性窦炎，这些病原之间有些属继发，有些是并发或协同发病。

②泰妙菌素、泰乐菌素不能与莫能菌素、盐霉素、甲基盐霉素、海南霉素等聚醚类药物合用。

十九、衣原体病

衣原体病又称鹦鹉热或鸟疫，是由鹦鹉热衣原体感染所引起的各种畜、禽和人类共患的一种传染病。本病的主要特征是结膜炎、鼻炎及腹泻。

【流行特点】　自然条件下，野鸟特别是鹦鹉对本病最为敏感，故衣原体病又称为鹦鹉热。据报道，鹦鹉热衣原体可感染17种哺乳动物和130多种禽类。在鹦鹉类禽鸟中能引起鹦鹉病；在鸡、鸭、鹅、鸽、火鸡及其他非鹦鹉类禽鸟中能引起鸟疫。该病原传播不依赖节肢动物为媒介，而是随患病动物分泌物、排泄物等排出体外，污染饲料、饮水等，经消化道、呼吸道感染。本病主要发生于未成年鸭/鹅，而幼龄鸭/鹅最易感。

【典型临床症状】　患病鸭/鹅病初眼结膜潮红、流泪，眼周围羽毛潮湿；步态不稳、震颤、食欲废绝、腹泻，排绿色水样稀粪，气味恶臭。随着病程的发展，患病鸭/鹅出现眼睑肿胀，泪由水样转变为黏稠状及脓性分泌物，有的患病鸭/鹅鼻孔有脓性分泌物，眼周围有结痂。患病鸭/鹅消瘦、肌肉萎缩，最后惊厥死亡。

【典型病理变化】　剖检可见患病鸭/鹅的鼻孔和眼流出浆液性或脓性分泌物，气囊增厚，结膜炎、眶下窦炎及眼球炎，胸肌萎缩；胸腔、腹腔和心包腔中有浆液性或纤维素性渗出物，全身性多发性浆膜炎，肝脏、脾脏肿大，有灰色或黄色小坏死灶。

【鉴别诊断】

(1) 鸭衣原体病与鸭疫里氏杆菌病的鉴别　二者均有精神不振，昏睡，眼和鼻分泌物增多，眼眶周围的羽毛粘连，腹泻等临床症状，并且均有心包炎、肝周炎和气囊炎等病理变化。但二者的区别在于：鸭疫里氏杆菌病的病原为鸭疫里氏杆菌；鸭衣原体感染的病鸭粪便呈绿色水样，气味恶臭，而鸭疫里氏杆菌感染的病鸭经常排白色黏稠的粪便；鸭疫里氏杆菌病病例表现头颈震颤、斜颈等神经症状，而鸭衣原体病病例不表现神经症状；用肝脏接种巧克力琼脂，鸭衣原体不能生长，而鸭疫里氏杆菌能生长。

（2）衣原体病与大肠杆菌病（大肠杆菌性败血症）**的鉴别**　二者均有精神不振、萎靡、拉稀粪等临床症状，并均有心包炎、肝周炎和气囊炎等病理变化。但二者的区别在于：大肠杆菌性败血症的病原为大肠杆菌；大肠杆菌性败血症的患病鸭/鹅拉白色泡沫样稀粪，而衣原体病的患病鸭/鹅拉绿色水样稀粪，并且气味恶臭；大肠杆菌性败血症的患病鸭/鹅心脏和肝脏表面附着较厚的渗出物，而衣原体病的患病鸭/鹅肝脏肿大，有一层纤维素性膜，有灰色或黄色小坏死灶；衣原体病的患病鸭/鹅可见眼结膜发生严重的炎性水肿，眼球被浅灰色的分泌物所覆盖，患病鸭/鹅常因失明而无法觅食，而大肠杆菌性败血症的患病鸭/鹅则无此症状；用患病鸭/鹅的肝脏接种麦康凯平板，大肠杆菌能长出亮红色菌落，而衣原体不能。

（3）衣原体病与沙门氏菌病的鉴别　二者均有精神萎靡，水样腹泻，眼部和鼻部有分泌物等临床症状，并均有肝脏、脾脏肿胀等病理变化。但二者的区别在于：沙门氏菌病的病原为沙门氏菌；沙门氏菌病的患病鸭/鹅可见神经症状，而衣原体病的患病鸭/鹅则无神经症状；沙门氏菌病的慢性病例常出现关节肿胀、跛行，而衣原体的患病鸭/鹅则没有这种现象；用肝脏接种麦康凯平板，沙门氏菌能长出白色菌落，而衣原体不能。

【预防措施】　搞好鸭/鹅棚舍和运动场环境卫生，保持清洁干燥。定期进行消毒。①应用菌毒速灭按1:（800～1200）倍水稀释，对鸭/鹅棚舍和运动场每周进行1次喷洒消毒；按1:（2000～4000）倍水稀释用于鸭/鹅饮水消毒。以上方法可降低和消灭病原微生物在养殖场的存活量。②切断传播途径。因鸟类是鹦鹉热衣原体的携带者，因此养殖场内杜绝饲养各种鸟类。

【治疗方法】

（1）四环素　按每千克饲料添加0.2～0.4克，连喂5～7天。

(2) 土霉素　按0.2%拌料，全群喂服，每天2次，连续喂药5~7天。

(3) 氟苯尼考粉剂　5克药兑水20升（饲料10千克）供鸭/鹅自由饮用（采食），连用3~5天。

(4) 恩诺沙星粉剂　按0.005%配制，供鸭/鹅自由饮用，连饮3~5天。

二十、念珠菌病

念珠菌病又名鹅口疮、霉菌性口炎或酸嗉囊，是由白色念珠菌所引起的一种霉菌性传染病。鸭/鹅念珠菌病的临诊特征是患病鸭/鹅上消化道黏膜出现白色的伪膜和溃疡。

【流行特点】　白色念珠菌在自然界广泛存在，在禽的口腔、上消化道和呼吸道等处寄居。不良的卫生条件和使机体致弱的因素均可诱发本病，或者发生继发感染。过多地使用抗菌药物也可诱发本病。

【典型临床症状及典型病理变化】　患病鸭/鹅群精神萎靡，闭目，被毛松乱，食道膨大、柔软（彩图5-24），呼吸困难，不愿活动，食欲减退或废绝，多表现突然死亡。

剖检可见腺胃稍肿，有数个大小不等的白色、圆形隆起的溃疡，易脱落，肠道黏膜出血。

【鉴别诊断】

(1) 鸭念珠菌病与鸭瘟的鉴别　二者均可见到口腔或食道黏膜有坏死性伪膜和溃疡。但二者的区别在于：鸭瘟（鸭病毒性肠炎）是由疱疹病毒引起的一种高死亡率、急性败血性传染病，自然流行时多见于成年鸭，头颈肿大、高热、流泪、下痢，粪便呈灰绿色，两腿麻痹无力，泄殖腔黏膜出血或坏死，肝脏有不规则的大小不等的坏死点和出血点；鸭念珠菌病多发生于雏鸭，伴有气囊的炎性变化。

(2) 鸭/鹅念珠菌病与禽线虫病的鉴别　鸭/鹅念珠菌病与禽线虫病（台湾鸟蛇线虫、四川鸟蛇线虫）均有传染性，雏鸭、雏鹅多病，患病鸭/鹅呼吸困难、叫声嘶哑。但二者的区别在于：禽线虫病的病原为线虫，鸭/鹅直接在水中感染或吃了中间宿主剑水蚤而感染，颌下、腿部皮下有结节或瘤状物，皮肤破裂后幼虫逸出，挑破结节即可见到线虫。

【预防措施】　①注重环境管理，鸭/鹅棚舍要保持干燥、卫生，通风良好，防止潮湿。②加强饲料管理，减少应激影响和提高鸭/鹅体的抵抗力。③避免过多地使用抗菌药物，以免影响消化道中正常的细菌区系。④预防其他疾病的发生，避免产生继发感染。

【治疗方法】 一旦发病，患病鸭/鹅应立即隔离、消毒。患病鸭/鹅群治疗可选用制霉菌素，按每千克饲料均匀添加 50～100 毫克药饲喂，连用 1～3 周。此外，也可用万古霉素、两性霉素 B 等控制霉菌药物治疗本病。

二十一、螺旋体病

螺旋体病又名鸭/鹅包柔氏病，是由包柔氏螺旋体引起的经蜱传播的一种发热性败血性传染病，以患病鸭/鹅精神沉郁、发热、厌食、贫血和腹泻为特征。

【流行特点】 本病主要传染源是病鸭、病鹅和带菌蜱。鹅对螺旋体的易感性极强，鸭也可感染发病；鹅的螺旋体可感染鸭。各日龄的鸭、鹅均可感染，但以幼鹅最为易感。

本病的自然感染是通过蜱的叮咬而传播；另一传染途径是采食被污染的饲料、饮水、感染了的血液，以及排泄物、虫卵等。波斯锐缘蜱是传播本病的主要生物媒介。它也能通过皮肤伤口在禽类间传播。

本病常发于夏秋温暖季节。

【典型临床症状】 本病的潜伏期为 3～12 天。最急性病例常无明显的症状而突然死亡。亚急性病例表现体温升高达 42～43℃，食欲减退或废绝，饮欲增加，精神沉郁、嗜睡、怕动，饲养人员走近病鹅时，病鹅反应常不灵敏，不愿移动；贫血，排水样便，甚至出现神经症状，病鹅常摇动头部，走路摇摆，两脚交换出现跛行，以至逐渐出现腿软病，常翻倒腹部朝天，病鹅需费很大劲才能恢复正常姿势。病鹅临死前体温降至常温以下，病程为 2～3 周。

【典型病理变化】 病死鸭/鹅体躯消瘦，皮肤黄染。最明显的病变在肝脏和脾脏。脾脏肿大超过平常的 1～3 倍，呈暗紫色或棕红色，实质内可见大量黄白色坏死灶，质地脆弱。肝脏肿大，呈暗褐色，表面有小出血点和灰白色坏死灶。肾脏肿大而近苍白色，输尿管内有尿酸盐沉积。心包有浆液性、纤维素性渗出液，肠内含有绿色黏液样物。

【预防措施】 消灭鸭/鹅饲养地区内的蜱、蛹，控制蚊子滋生是防止本病的有效方法。为此，可使用 0.5% 马拉硫磷水溶液或粉剂消灭蚊蝇；3% 粉剂喷撒草地灭蜱，用量为 5～10 克/米^2；杀灭蜱、螨、蚤等，

用0.2%~0.5%乳剂喷洒，用量为1克/米^2。对鹅体喷雾（粉），用0.25%乳剂或4%粉剂，以驱除体外寄生虫。

【治疗方法】 青霉素、卡那霉素、链霉素、泰乐菌素、四环素、氟苯尼考等对本病有较好的疗效。

(1)"九一四"（新胂凡钠明）"九一四"治疗本病有效。大部分患病鸭/鹅注射1~2次即可痊愈。一次剂量为每千克体重30~50毫克，肌内注射。

(2) 青霉素 病初肌内注射大剂量青霉素可迅速治愈本病，并可预防新的传染。成年鸭/鹅每只肌内注射4万~6万单位，每天1次，2天为1个疗程。其他对本病敏感的抗生素还有卡那霉素、泰乐菌素、氟苯尼考等，均有较好的疗效。

二十二、鹅淋球菌病

鹅淋球菌病是由淋球菌感染所引起的主要侵害鹅生殖系统的一种传染病。

【流行特点】 鹅淋球菌主要侵害繁殖的种鹅，尤其是公鹅。

本病主要的传染源是患病公鹅和带菌公鹅，通过交配传染。

【典型临床症状及典型病理变化】 患病公鹅主要表现为下痢，阴茎充血，泄殖腔黏膜充血、糜烂，然后在表层形成纤维素样伪膜，使阴茎与泄殖腔硬化、变形，阴茎伸出困难或失去交配能力；母鹅感染后使鹅蛋受精率下降20%~40%，影响孵化率等。

【预防措施】 做好种鹅检疫，不让患病的鹅配种、繁殖。

【治疗方法】

(1) 青霉素 成年鹅每只用3万~7万单位，肌内注射，每天2~3次，连用3~4天。

(2) 磺胺嘧啶 按每千克体重用0.1~0.2克内服，或者按0.1%~0.2%溶于饮水中。

二十三、鹅顶辐孢霉病

鹅顶辐孢霉病又称霉菌性脑炎，是由禽顶辐孢霉感染所引起的一种以幼鹅脑炎及脑坏死为特征的传染病。病鹅呈现明显的神经症状。一旦发生本病，鹅群的发病率和死亡率都很高。

【流行特点】 本病主要侵害幼鹅，1周龄开始见发病死亡，第二周是发病高峰，以后逐渐减少，传播途径主要是呼吸道，病原经过血液循环进入脑中，引起脑炎和坏死。

【典型临床症状】 患病雏鹅主要表现精神不振，食欲减退，口、鼻流黏液，衰弱无力，排出灰绿色或白色的稀粪。特征性变化是出现神经症状，运动失调，无法站立，头向后方弯曲或出现角弓反张。

【典型病理变化】 多数为大脑两半球的额叶发生坏死，有时脑组织软化，呈浅黄色或浅棕色。少数病例病变出现在小脑部位，有的大小脑均出现坏死灶。肝脏肿大，呈棕黄色，表面有灰白色坏死点，部分病例肺脏有局灶性肺炎，外观呈小结节状。

【预防措施】 禽顶辐孢霉是顶辐孢霉属的一个新种，是一种嗜热性真菌，在自然条件下存在于高温环境中。所以在高温季节饲养雏鹅时，要加强育雏舍的清洁卫生，保证育雏舍通风干燥，同时还要防暑降温，对育雏舍应定期严格消毒。避免使用发霉变质的垫料和饲料，以减少霉菌的污染。

【治疗方法】 目前，本病尚无有效的治疗药物，可采取对症治疗。为了防止细菌性传染病并发，可在饲料或饮水中添抗生素类药物，如多西环素、氧氟沙星、丁胺卡那、氟苯尼考等。同时在饮水中添加电解质、维生素 C、维生素 B、维生素 K_3 等，以提高机体的抗病能力。

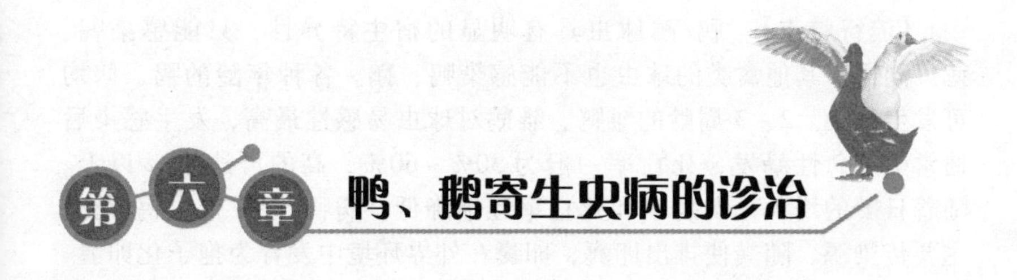

第六章 鸭、鹅寄生虫病的诊治

一、球虫病

球虫病主要是由艾美耳球虫寄生于鸭/鹅小肠上皮细胞内引起的一种原虫病，主要引起出血性肠炎，尤其对雏鸭、雏鹅危害严重，常引起急性死亡。本病病程短、发病快，给养殖户造成的损失比较大。

【虫体特征及生活史】 鸭/鹅球虫的种类较多，分属于艾美耳科的艾美耳属、泰泽属、温扬属和等孢属，多寄生于肠道，少数艾美耳属球虫寄生于肾脏。据报道，鸭球虫病中以毁灭泰泽球虫致病力为最强，暴发性鸭球虫病多由毁灭泰泽球虫和菲莱氏温扬球虫混合感染所致，后者的致病力较弱。

球虫属于原生动物，虫体小，肉眼看不见，只能借助显微镜观察。毁灭泰泽球虫卵囊呈短椭圆形，浅绿色，卵囊外层薄而透明，内层较厚，无微孔。初排出的卵囊内充满含粗颗粒的合子，孢子化后不形成孢子囊，8 个香蕉形的子孢子游离于卵囊内，无极粒。含 1 个由大小不同的颗粒组成的大的卵囊残体。随粪排出的卵囊在 0℃和 40℃时停止发育，孢子化所需适宜温度为 20～28℃，最适宜温度为 26℃，孢子化时间为 19 小时。该球虫寄生于小肠上皮细胞内，严重感染时，盲肠和直肠也见有虫体，有两代裂殖增殖，从感染到随粪排出卵囊的最短时间为 118 小时。

菲莱氏温扬球虫卵囊较大，呈卵圆形，浅蓝绿色。卵囊壁外层薄而透明，中层呈黄褐色，内层呈浅蓝色。新排出的卵囊内充满含粗颗粒的合子，有微孔，孢子化卵囊内含 4 个瓜子形孢子囊，狭端有斯氏体，每个孢子囊内含 4 个子孢子和 1 个圆形孢子囊残体，有 1～3 个极粒，无卵囊残体。随粪排出的卵囊在 9℃和 40℃时停止发育，24～26℃的适宜温度下完成孢子化需 30 小时。该球虫寄生于卵黄蒂前后肠段、回肠、盲肠和直肠绒毛的上皮细胞内及固有层中，有三代裂殖增殖。潜伏期为 95 小时。

【流行特点】 鸭/鹅球虫具有明显的宿主特异性，只能感染鸭、鹅。同样，其他禽类的球虫也不能感染鸭、鹅。各种年龄的鸭、鹅均可发生感染。2～3周龄的雏鸭、雏鹅对球虫易感性最高，发生感染后通常引起急性暴发，死亡率一般为30%～60%，高的可达80%以上。随着日龄的增大，发病率和死亡率逐渐降低。病鸭/鹅或带虫鸭/鹅是主要传染源，随粪便排出卵囊，卵囊在外界环境中发育为孢子化卵囊，鸭、鹅吃了饲料或饮水中的孢子化卵囊而被感染。本病的发生与气温、雨量的关系密切，如北方地区流行季节为4～11月，以7～10月的发病率为最高。

【典型临床症状】 急性感染多发生于2～3周龄的幼雏，尤其是由网上转为地面饲养时，感染率比较高。患病鸭/鹅表现精神萎靡、缩颈垂翅、不食、喜卧、渴欲增加等。病初腹泻，随后排暗红色或深红色血便（彩图6-1），常于发病后2～3天死亡，多数于第4～5天死亡。耐过的患病鸭/鹅逐渐恢复食欲，死亡停止，但生长受阻，增重缓慢。慢性感染一般不显症状，偶见有拉稀，患病鸭/鹅常成为球虫携带者和传染源。

【典型病理变化】 尸体消瘦。整个小肠呈弥漫性出血性肠炎，尤以卵黄蒂前后范围的病变严重；十二指肠到回盲瓣处的肠管扩张，腔内充满血液和脱落的黏膜碎片；肠壁肿胀、出血（彩图6-2）；肠黏膜上有出血斑或密布针尖大小的出血点，有的见有红白相间的小点，黏膜面粗糙不平；有的黏膜上覆盖一层糠麸状或奶酪状黏液，或有浅红色或深红色胶冻状出血性黏液，但不形成肠芯；肝脏、肾脏瘀血；心肌色浅，心房扩张，血液充盈。

【预防措施】

1）保持鸭/鹅棚舍清洁、干燥，粪便应每天清除，防止饲料和饮水被鸭/鹅粪污染。粪便应堆贮发酵，杀灭球虫卵。

2）鸭/鹅棚舍、食槽、饮水器及用具等要经常清洗、消毒。运动场勤垫换新土。

3）不同年龄的鸭/鹅要分开饲养管理。

4）药物预防。①复方磺胺甲基异噁唑（复方新诺明），按0.02%配比混于饲料饲喂，连用4～5天。②氯苯胍，每千克饲料中加入120～150毫克，均匀混料饲喂，或者在每升饮水中加入80～120毫克饮服，连用4～6天。③克球多，每千克饲料中加入100～125毫克，均匀混料饲喂，

连用3～7天。④球痢灵，按每千克饲料中加入125毫克，均匀混料饲喂，连用3～5天。⑤磺胺六甲氧嘧啶，按0.05%～0.1%配比混于饲料中饲喂，连用3～5天。⑥球虫净，每千克饲料中加入125毫克，均匀混料饲喂，连用3～5天。

所有药物在屠宰前7天应停止添加。

【治疗方法】 治疗鸭/鹅球虫病的药物较多，应早诊断早用药。宜两种以上的药物交替使用，否则易产生抗药性。

（1）氯苯胍 每千克饲料中加入100毫克，均匀混料饲喂，连用7～10天，屠宰前7～10天停止投药。

（2）氨丙啉 每千克饲料中加入150～200毫克，均匀混料饲喂，或者在每升饮水中加入80～120毫克饮服，连用7天。用药期间应停止喂维生素B_1。

（3）磺胺二甲氧嘧啶 以0.5%配比混料饲喂或以0.2%配比混于饮水中，连用3天，停用2天后，再连用3天。

（4）球痢灵 按0.025%的比例均匀混料饲喂，连用3～5天。

（5）克球多 每千克饲料中加250毫克，均匀混料饲喂，连用3～5天。

（6）磺胺喹沙啉 按0.0125%的比例均匀混料饲喂，连用3～4天。

（7）磺胺六甲氧嘧啶 按0.05%～0.2%的比例均匀混料饲喂，连用3～5天。

（8）盐霉素 每千克饲料中加60毫克，均匀混料饲喂，连用3～5天。

注意

① 球虫对药物容易产生耐药性，故选用抗球虫药物时应轮换用药，避免长期使用单一药物防治球虫病。

② 由于上述药物在治疗球虫病的同时，容易破坏肠道内的微生物区系的平衡而影响鸭/鹅的消化和吸收，故在喂药之后可饲喂1～2天微生态制剂（益生素）。

③ 使用抗球虫药会影响机体维生素的吸收，故在治疗过程中应在饲料或饮水中补充适量的维生素或电解多维。

④ 使用（甲基）盐霉素等聚醚类抗球虫药物时应注意与治疗支原体病药物（如泰乐菌素、支原净）等的配伍反应。

二、毛滴虫病

毛滴虫病是由有鞭毛的埃氏毛滴虫引起的一种原虫病。特征是多数病例的咽喉积蓄着干酪样物质，一般伴有体重减轻。

【虫体特征及生活史】 埃氏毛滴虫寄生于鸭/鹅盲肠内。虫体呈圆形或梨形，大小为（13～27）微米×（8～18）微米，由膜和细胞质构成。在虫体上可见到5根鞭毛，其中1根围绕虫体形成波动膜，终止于虫体后端，呈游离状态。虫体用鞭毛和波动膜运动。该虫以纵分裂方式繁殖成为2个新虫体。当发生肠炎时，虫体便乘机侵袭。虫体对外界环境的抵抗力较弱，在阳光直射下几个小时就会死亡，在病料和粪便中48小时内死亡。一般消毒药，如氢氧化钠、氯胺等几分钟内就可杀死虫体。但虫体对低温的耐受力较强。

【流行特点】 5～6月龄幼鸭/鹅多发，成年鸭/鹅在通常条件下往往呈带虫状态。患病鸭/鹅和带虫鸭/鹅是本病的主要感染源，它们排到外界环境中的粪便中含有大量虫体，鸭/鹅常因吞食被虫体污染的饲料和饮水而感染。当饲养管理不善或因其他疾病造成消化道前段黏膜受损时(即使是肉眼看不见的损伤)，则极易感染本病。

本病多于春夏季节暴发，不但在接近水源的养殖场发生，在远离水源，特别是在啮齿类动物多的养殖场也常流行本病。

【典型临床症状】 本病的潜伏期为5～15天，幼雏发病多呈急性。急性期，患病鸭/鹅体温升高，精神委顿，食欲不振或废绝，呼吸急促，腹泻，排出浅黄色带气泡的恶臭稀粪；接着呈现跛行，蜷缩伏卧，头向下弯，食道膨大部体积增大。少数病例眼受侵害发生结膜炎，流水样眼泪，严重的眼周围有大量渗出物，最后导致失明。口腔和喉头黏膜充血，常有干酪样物质，初期较小，后渐增大，往往阻塞食道，甚至影响患病鸭/鹅口的开闭、采食困难。

成年鸭/鹅发病多呈慢性，慢性病例体重显著下降，并表现衰弱和倦怠，绒毛脱落，头、颈、腹的绒毛脱落尤为明显。有时慢性感染的成年鸭/鹅外观健康。咽喉黏膜刮取物中可检出虫体。

【典型病理变化】 剖检可见肠黏膜卡他性或伪膜性炎症，盲肠黏膜肿胀、充血，并有凝乳状物，有时由于食道溃疡而引起穿孔。严重的濒死病例可见到坏死性肠炎。肝脏充血、肿大，呈褐色或黄色，髓质松软，3～9日龄幼雏的肝脏表面有小的黄白色坏死灶；胆囊肿大。

患病鸭/鹅经常出现心包炎、腹膜炎、胸膜炎，有时能见到上呼吸道溃疡和肺脏、气囊的损害。患病母鸭/鹅发生输卵管炎、输卵管黏膜坏死。输卵管腔积液呈暗灰色粥状（有时呈脓水样），并可见卵滞留、卵泡全部变形。

【预防措施】 ①雏鸭/鹅应与成年鸭/鹅分开饲养。②注意及时清理鸭/鹅棚舍粪便并堆积发酵，保证饲料、饮水不被毛滴虫污染。③幼雏尽可能采取网上饲养；改善饲养管理，避免消化道前段黏膜受损。④注意消灭啮齿类动物（尤其是大型鼠类），以减少感染的机会。

【治疗方法】

（1）氨硝噻唑　做成胶囊喂给，剂量为每千克体重日服44毫克，连用7天。用可溶性粉剂溶于水中饮用时，预防量为0.015%，治疗量为0.03%。

（2）甲硝唑（灭滴灵）　按每千克体重口服130毫克，可防止患病鸭/鹅死亡。

（3）二甲硝咪唑　用片剂治疗时，体重为0.5～4.5千克的每只用125毫克，超过4.5千克的用250毫克。用可溶性粉剂溶于水中饮用时，预防量为0.01%，治疗量为0.02%～0.04%，连用5～6天。

三、组织滴虫病

组织滴虫病又叫盲肠肝炎或黑头病，是火鸡和鸡的一种常见急性传染病，对其他禽类如野鸡、孔雀、珍珠鸡和鹌鹑等有时也能感染。近年来，我国也发现家鸭/鹅发生组织滴虫病。病原体是动鞭毛纲单鞭毛科的火鸡组织滴虫。本病主要特征是盲肠发炎、溃疡和肝脏表面具有特征性的坏死病灶。

【虫体特征及生活史】 火鸡组织滴虫为多形性虫体，大小不一，近圆形或变形虫形，伪足钝圆。盲肠腔中虫体的直径为5～16微米，常见1根鞭毛；虫体内有1个小盾和1个短的轴柱。在肠和肝组织中的虫体无鞭毛，初侵入虫体长8～17微米，生长后可达12～21微米，陈旧病变中的虫体仅4～11微米，存在于吞噬细胞中。

组织滴虫以二分裂繁殖。寄生于盲肠内的组织滴虫，被盲肠内寄生的异刺线虫吞食，进入其卵巢中，转入其虫卵内；当异刺线虫排卵时，组织滴虫即存在卵中，并受卵壳的保护。异刺线虫卵被鸭/鹅吞入后，孵出幼虫，组织滴虫也随幼虫走出，侵袭禽类。

【流行特点】 本病通过消化道感染，病鸭/鹅是主要的传染源。在本病急性暴发流行时，病鸭/鹅粪中含有大量病原，污染饲料、饮水、用具及土壤，健康鸭/鹅食后便可感染。组织滴虫对外界环境的抵抗力不强，不能长期存活，但当患有本病的禽类同时有异刺线虫寄生时，此种原虫可侵入异刺线虫体内，并转入其卵内随异刺线虫卵被排到外界环境，由于得到虫卵的保护，能生存较长时间，成为本病的感染源。此外，当蚯蚓吞食土壤中的异刺线虫卵时，组织滴虫可随虫卵生存于蚯蚓体内，当鸭/鹅吞食了这种蚯蚓后便被感染。因此，蚯蚓在传播本病方面也起主要作用。

雏鸭/鹅对本病易感性最强，患病后死亡率也最高。成年鸭/鹅感染本病后症状不明显，成为散布病原的带虫者。

【典型临床症状】 患病鸭/鹅精神委顿，食欲不振，以致废绝，羽毛粗乱无光泽，身体蜷缩，怕冷，嗜睡，拉黄白色或黄绿色稀粪，甚至粪中带血。

【典型病理变化】 本病的病变主要局限在盲肠和肝脏。急性病例可见盲肠肿大数倍；肠壁肥厚、坚实，如香肠样；肠壁上有较多的圆形溃疡灶；肠内容物干燥坚实，变成一段干酪样的凝固栓子，堵塞肠腔；把栓子横断切开，可见切面呈同心层状，中心是黑红色的凝固血块，外面包裹着灰白色或浅黄色的渗出物和坏死物质。肝脏肿大并出现特征性的坏死灶。这种病灶在肝脏表面呈圆形或不规则形，中央稍凹陷，边缘微隆起。病灶的颜色为浅黄色或浅绿色。病灶的大小和多少不定，自针尖大、豆大到指头大，散在或密布于整个肝脏表面。

【预防措施】 做好鸭/鹅养殖场卫生管理工作，及时清理粪便并进行发酵消毒，杀灭虫卵。

【治疗方法】 鸭/鹅群中发生本病后，应立即将患病鸭/鹅隔离治疗。鸭/鹅棚舍地面用3%氢氧化钠溶液消毒。治疗可用下列药物：

（1）甲硝唑（灭滴灵） 按每千克饲料用药250毫克饲喂，并结合人工灌服1.25%悬浮液，每只鸭/鹅1毫升，每天3次，3天为1个疗程，连用5个疗程。

（2）二甲硝咪唑（达美素） 每天按每千克体重用药40～50毫克，如为片剂、胶囊可直接投喂；如为粉剂可混料，连喂3～5天，之后剂量改为25～30毫克，连喂2周。

提示

应在治疗的同时配合维生素K_3粉剂，以减少盲肠出血，并用广谱抗菌药物（如复方敌菌净、诺氟沙星等）控制并发或继发感染。

四、隐孢子虫病

隐孢子虫病是由隐孢子虫科的贝氏隐孢子虫寄生于鸭、鹅的呼吸系统、法氏囊腔内所引起的一种原虫病。隐孢子虫病能引起鸭及其他禽类剧烈的呼吸道症状，并发生死亡。

【虫体特征及生活史】 对鸭、鹅等禽类产生危害的是贝氏隐孢子虫。其卵囊呈圆形或椭圆形，直径为4~6微米，成熟卵囊内含4个裸露的子孢子和残留体。子孢子呈月牙形，残留体由颗粒状物和1个空泡组成。

隐孢子虫完成整个生活史只需1个宿主，可分为裂殖生殖、配子生殖和孢子生殖3个阶段。虫体在宿主体内的发育时期称为内生阶段，随宿主粪便排出的成熟卵囊为感染阶段。

人和许多动物都是本虫的易感宿主，当宿主吞食成熟卵囊后，在消化液的作用下，子孢子在小肠脱囊而出，先附着于肠上皮细胞，再侵入其中，在被侵入的胞膜下与胞质之间形成带虫空泡，虫体在空泡内开始无性繁殖，先发育为滋养体，经3次核分裂发育为Ⅰ型裂殖体。成熟的Ⅰ型裂殖体含有8个裂殖子。裂殖子被释出后侵入其他上皮细胞，发育为第二代滋养体。第二代滋养体经2次核分裂发育为Ⅱ型裂殖体。成熟的Ⅱ型裂殖体含4个裂殖子。此裂殖子释出后侵入肠上皮发育为雌、雄配子体，进入有性生殖阶段，雌配子体进一步发育为雌配子，雄配子体产生16个雄配子，雌、雄配子结合形成合子，进入孢子生殖阶段。合子发育为卵囊。卵囊有薄壁和厚壁两种类型，薄壁卵囊约占20%，仅有一层单位膜，其子孢子逸出后直接侵入宿主肠上皮细胞，继续无性繁殖，形成宿主自身体内重复感染；厚壁卵囊约占80%，在宿主细胞内或肠腔内孢子化（形成子孢子）。孢子化的卵囊随宿主粪便排出体外，即具感染性。该虫完成生活史需5~11天。

【流行特点】 贝氏隐孢子虫主要寄生于鸭/鹅和其他禽类的法氏囊、泄殖腔和呼吸道。其流行非常广泛，国内各地均有发生，饲养管理不善、

环境卫生差的养殖场，隐孢子虫的感染率明显增高，一年四季均可发生感染，但以温暖多雨的季节感染率最高。传染源是病鸭/鹅和带虫禽类随粪便排出的卵囊，而这种卵囊对外界环境抵抗力很强，在潮湿的环境下能存活数月，因此鸭、鹅等家禽很容易引起感染，感染途径是呼吸道和消化道。

【典型临床症状】 本病潜伏期为3～5天，发生感染的病鸭/鹅出现咳嗽、打喷嚏、呼吸困难并有呼吸啰音。饮欲、食欲减退或废绝，体重减轻，病重鸭/鹅发生死亡。

【典型病理变化】 剖检可见患病鸭/鹅喉头和气管黏膜水肿，有大量浆液性渗出物，肺脏充血、发炎，气囊混浊；法氏囊和泄殖腔黏膜肿胀，呈灰白色。

【防治措施】 目前尚无有效的药物防治本病，主要加强饲养管理，注意环境卫生，提高机体的免疫力，以控制本病的发生。

五、住白细胞原虫病

住白细胞原虫病又称住白虫病，是由住白细胞原虫所引起的一种急性和高度致死性的原虫病，鸡、鸭、鹅和火鸡均可发生，幼禽易感性高。它侵袭家禽的血液组织使白细胞受到严重破坏，给养禽业造成很大损失。

【虫体特征及生活史】 鸡、鸭、鹅和火鸡的住白细胞原虫病是由不同种的住白细胞原虫感染引起的，其中引起鸭和鹅发病的为西蒙德住白细胞原虫。它是一种孢子虫，成熟的配子体大小为2.0～5.0微米。

西蒙德住白细胞原虫感染家禽需要蚋、库蠓等吸血昆虫作为感染媒介。这些带有侵袭性虫体的吸血昆虫叮咬健康禽，可经唾液将虫体传入禽体内。虫体寄生在内脏器官（心脏、肺脏、肝脏、脾脏等）的细胞和血细胞内（主要是白细胞），并进行裂体生殖，最后侵入循环血液中的白细胞内，形成配子体。被寄生的白细胞严重变形，呈纺锤形。配子体大小为（14～15）微米×（4.5～5.5）微米。蚋、库蠓等叮咬病鸭/鹅吸血时，吸进配子体。配子体在上述昆虫体内配种后，又可发育为侵袭性虫体。

【典型临床症状】 本病的潜伏期为6～10天，突然发病。病鸭/鹅精神委顿，高热，流涎，食欲消失，渴欲增加，呼吸急促，严重贫血，下痢，粪便呈浅黄色，两肢轻瘫，走路不稳，共济失调，表现迟钝，全

身衰弱，常伏卧地上，眼鼻黏膜出现卡他性炎症，流泪，眼睑粘连，流鼻液。病程为1~3天，慢性经过的病程为1~3周。病鸭/鹅愈后长期带虫，生长受阻，产蛋减少。

【典型病理变化】 剖检尸体，可见消瘦贫血，肝脏、脾脏肿大、充血，消化道黏膜充血，有时有肠炎变化；心包积液，肌松弛苍白；食道扩大部、腺胃、肌胃、肺脏、肾脏一般有轻度充血。

【预防措施】 ①消灭中间宿主蚋等吸血昆虫，可用0.2%敌百虫或0.5%~1%有机磷杀虫剂在鸭/鹅舍内喷洒，每隔6~10天喷洒1次，以驱杀蚋等吸血昆虫。②淘汰带虫鸭/鹅，幼鸭/鹅和成年鸭/鹅应根据年龄分群饲养。③药物预防：可用乙胺嘧啶，在流行季节，每千克饲料中均匀加入2.5毫克；或者用磺胺喹噁啉，每千克饲料中均匀加入50毫克，有预防作用。

【治疗方法】

（1）盐酸氯胍（百乐君） 每千克体重用0.15克，每天口服1次，连用3天。

（2）复方磺胺甲基异噁唑 每只每天口服0.125克，以后减半，连用3~5天。

提示

① 为防止药物耐药性的产生，可交替使用多种药物。

② 病愈鸭/鹅体内可以长期带虫，当有蚋出现时，就可能在鸭/鹅群中传播疫病。

六、胃线虫病

胃线虫病是由四棱科、华首科、裂口科、膨结科线虫寄生于鸭/鹅的腺胃和肌胃而引起的寄生虫病。

【虫体特征及生活史】

（1）裂刺四棱线虫 虫体呈椭圆形，大小为（2.5~6.0）毫米×（1.0~3.2）毫米。雌虫虫体中部特别发达，使整个虫体呈卵形或球形外观，内含大量子宫环，子宫内充满虫卵。

裂刺四棱线虫的中间宿主为端足类的水蚤和钩虾，或者昆虫类的蚱蜢、蟑螂等。虫卵被中间宿主吞食后，在其体内孵出幼虫，移行至体腔发育为感染性幼虫。当鸭/鹅吞食这些中间宿主后被感染，幼虫从被消化的中间宿主体内逸出，经 18 天左右发育为成虫。其生活史如图 6-1 所示。

(2) 裂口线虫 虫体呈细长线状，体表微红，具纤细横纹。口囊短而宽，底部有 3 个三角形的尖齿。雄虫体长 14 ~ 17 毫米，雌虫体长 12 ~ 24 毫米。虫体两端逐渐变细，虫卵呈卵圆形，大小为（60 ~ 73）微米 ×（44 ~ 48）微米。

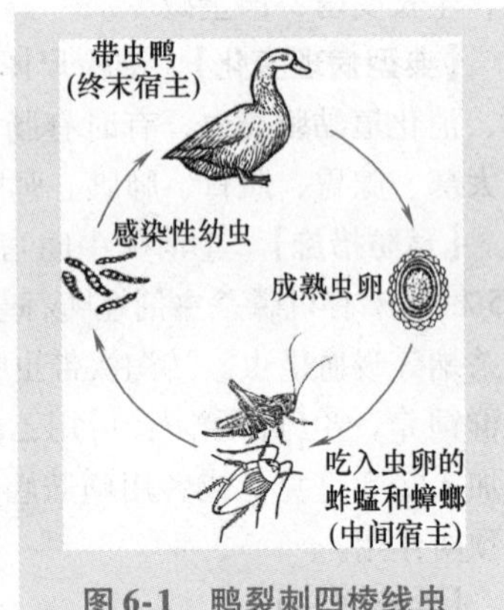

图 6-1 鸭裂刺四棱线虫发育图及图解

虫卵随患病鸭/鹅的粪便排出，在 28 ~ 30℃ 条件下经 2 天在虫卵内形成幼虫，再经过 5 ~ 6 天幼虫从卵内孵出，并经 2 次蜕皮发育为感染性幼虫。感染性幼虫在水中浮游，爬到水草上，鸭/鹅吞食带感染性幼虫的水草、食物及水而被感染。在牧场中，感染性幼虫也可以通过鸭/鹅的皮肤引起感染（感染性幼虫可以在草场存活 3 周）。皮肤感染时，幼虫经肺脏移行。幼虫在鸭/鹅体内经 3 周发育为成虫，成虫的寿命为 3 个月左右。

【典型临床症状】 患病鸭/鹅出现消瘦，沉郁，贫血，食欲减退或消失，缩头垂翅，下痢，严重感染时可引起成批死亡。

【典型病理变化】 患病鸭/鹅胃黏膜发炎、肥厚，出现瘤状物和溃疡，有的肌胃角质下肌肉有小软瘤。

【预防措施】 ①防止鸭/鹅吞食各种类型的中间宿主，用五氯酚钠消灭中间宿主。到安全水域放牧。②对成年鸭/鹅每年进行两次预防性驱虫，第一次在春季放牧前，第二次在秋季放牧后。在驱虫后 24 小时加强粪便管理，及时消扫粪便，以避免病原体散播。对幼龄鸭/鹅驱虫应在放牧前进行，以避免感染性幼虫成熟后排卵污染水源。

【治疗方法】

(1) 丙硫苯咪唑 按每千克体重用 10 ~ 25 毫克，均匀拌料饲喂，一次喂服。

(2) 四氯乙烯 每只鸭/鹅用 1 ~ 2 毫升，用液状石蜡或其他油类稀释液灌服。

(3) 左旋咪唑 按每千克体重用 10 毫克，均匀拌料饲喂，一次

喂服。

七、异刺线虫病

异刺线虫病又称盲肠虫病，是由异刺科异刺属的鸡异刺线虫寄生于鸭/鹅的盲肠内引起的一种线虫病。

【虫体特征及生活史】 鸡异刺线虫虫体小，呈白色，具有侧翼，体表有横纹。雄虫长7～13毫米，雌虫长10～15毫米。虫卵呈椭圆形，浅灰色，卵壳厚，成熟的卵具有褐色颗粒，大小为（63～75）微米×（36～50）微米。它的虫卵还能携带组织滴虫，该虫的发育不需要中间宿主。成虫寄生在鸭/鹅盲肠内。虫卵随粪便排出体外，在环境条件适宜时，经过1～14天即变成感染性卵。此时被鸭/鹅吞食后，幼虫在肠管内破壳而出，进入盲肠并钻进黏膜中，2～5天后重新回到盲肠腔内继续发育，24天就变成成虫。

【典型临床症状】 患病鸭/鹅表现精神沉郁，行走迟缓，食欲不振或废绝，脚软伏地，羽毛逆乱，排黄色稀粪，贫血，雏鸭/鹅发育停滞，消瘦甚至死亡，成年鸭/鹅产蛋量下降或停止产蛋。

【典型病理变化】 剖检可见尸体消瘦，盲肠肿大数倍，盲肠壁散布有大量直径为2～3毫米的圆形溃疡灶，并出血，许多溃疡灶相互连接形成大的溃疡斑，溃疡面附有较厚的黄白色坏死物，肠管内充满稀薄粪便，但在盲肠末端处则充满干燥、棕红色内容物。盲肠内可查见虫体，尤以盲肠尖部虫体最多。

【预防措施】 ①加强环境卫生管理，保持鸭/鹅棚舍清洁卫生，及时清除粪便，尤其在驱虫后，要将粪便堆积发酵，以消灭虫卵。②大、小鸭/鹅应分开饲养，防止交叉感染。定期进行预防性驱虫。

【治疗方法】

（1）硫化二苯胺 对成虫的防治效果较好，对未成熟的虫体无效，中雏按每千克体重用0.3～0.5克，成年鸭/鹅按每千克体重用0.5～1.0克，一次喂服。

（2）四氯化碳 2～3月龄雏鸭/鹅用1毫升，成鸭/鹅用1.5～2毫升，注入泄殖腔或胶囊剂内服。

（3）噻苯达唑 按每千克体重用0.5克，拌料一次喂服。

（4）氟苯咪唑 按每千克体重用50毫克，均匀拌料饲喂，一次喂服。

(5) 丙硫苯咪唑　按每千克体重用25毫克，均匀拌料饲喂，一次喂服。

(6) 左旋咪唑　按每千克体重用35毫克，均匀拌料饲喂，一次喂服。

(7) 青霉素、链霉素　成年鸭/鹅每只分别肌内注射青霉素、链霉素各2万单位，每天2次，连用3天。

八、比翼线虫病

比翼线虫病是由斯氏比翼线虫寄生于鸭/鹅的气管和肺脏所引起的一种寄生虫病，因患病鸭/鹅张口呼吸，又名开口虫病。因该虫的寄生状态总是雌雄虫交合在一起，故名比翼线虫。

【虫体特征及生活史】　斯氏比翼线虫虫体呈鲜红色，雌、雄虫一生成双配对。雄虫长3~5毫米，雌虫长12~22毫米。雄虫经过1次交配后就永远固着雌虫阴门处，两者交合在一起形成长“Y”形。虫卵呈椭圆形，大小为0.078~0.087毫米，两端均具有卵盖。虫卵随痰液或粪便排出体外，遇到适宜的温湿度时，经8~14天发育成感染性虫卵，部分孵出幼虫进入土壤中，鸭/鹅吃了感染性虫卵或幼虫而感染。另一种方式是蚯蚓吞食了感染性虫卵或幼虫后，其在蚯蚓体内长期保存其活力，可达3年之久，鸭/鹅吃到这种体内含有感染性虫卵或幼虫的蚯蚓而发生感染。此外，蜗牛和蜻蜓也能这样传代比翼线虫。幼虫进入肠道后，钻入肠壁血管，随着血液循环钻进肺脏而到达气管和支气管中，并吸食血液，继续生长，经过7~10天后变成成虫。

【典型临床症状】　患病鸭/鹅食欲下降，生长不良，消瘦，严重者废食、腹泻，粪便呈红色黏液状。特征性症状是患病鸭/鹅呼吸困难，常伸颈张口呼吸，并常伴发咳嗽和打喷嚏，时常摇头，欲排出气管内的黏液和虫体，最后因窒息、衰竭而死。

【典型病理变化】　病变可见肺脏瘀血、水肿和大叶性肺炎，气管有卡他性、黏液性炎症，有被带血黏液所包围的虫体。

【预防措施】　①加强环境卫生管理，保持鸭/鹅棚舍的清洁卫生，及时清除粪便，尤其在驱虫后，要将粪便进行生物发酵处理，消灭蚯蚓等贮藏宿主。②大、小鸭/鹅应分开饲养，防止交叉感染。定期进行预防性驱虫。在常发养殖场及地区，应用药物预防。

【治疗方法】

（1）**甲苯达唑**　按0.0125%均匀拌料饲喂，连用3天。

（2）**5%水杨酸钠**　雏鸭、雏鹅每只用0.5～3毫升，气管注射。

（3）**噻苯达唑**　按0.1%均匀拌料饲喂，连用1周。

（4）**阿苯达唑**　按每千克体重用50～100毫克内服。

九、鸟蛇线虫病（鸭/鹅丝虫病）

鸟蛇线虫病又称鸭/鹅丝虫病、鸭/鹅腮丝虫病、鸭/鹅龙线虫病等，是由鸟蛇线虫寄生于鸭/鹅的皮下组织所引起的一种寄生虫病。本病主要侵害雏鸭和雏鹅，在流行地区发病率高，严重感染时常造成死亡，对鸭/鹅养殖业危害极大。

【虫体特征及生活史】　鸭/鹅鸟蛇线虫病的病原体主要有台湾鸟蛇线虫和四川鸟蛇线虫两种，其中台湾鸟蛇线虫较为常见。台湾鸟蛇线虫属于胎生型线虫，虫体细长，呈白色，稍透明，表皮光滑，有细横纹，头端钝圆，口周围有角质环，有2个头感器和14个头乳突。雄虫长6毫米，尾部弯向腹面。雌虫长10～24毫米，尾部逐渐变为尖细，并向腹面弯曲，末端有1个小圆锤状突起。充满幼虫的子宫占据了虫体的大部分空间。幼虫纤细，白色，长0.39～0.42毫米，幼虫脱离雌虫的身体后，迅速变为被囊幼虫，被囊幼虫长0.51毫米。

台湾鸟蛇线虫成虫寄生于鸭/鹅的皮下结缔组织中，缠绕成团，形成大小如小指头大的结节。当虫体穿破患部皮肤，充满其体内的含幼虫的子宫便与表皮一起破溃，大量活跃的幼虫随乳白色液体流出体外，进入水中。进入水中的幼虫，被中间宿主剑水蚤吞食后，在其体腔内进一步发育成感染性幼虫。当含有这种幼虫的剑水蚤被鸭/鹅吞咽后，幼虫即从蚤体内逸出，进入肠腔，最后经移行而抵达鸭/鹅的腮部、咽喉部、眼周围和腿部等处的皮下，逐渐发育为成虫。

四川鸟蛇线虫寄生于家鸭/鹅的皮下结缔组织（腭下及后肢等处）。雌虫呈长形线状，乳白色，大小为（32.6～63.5）厘米×（0.635～0.803）厘米。幼虫为胎生，寄生于中间宿主剑水蚤的体腔中。

本病主要侵害3～8周龄的雏鸭/鹅，成年鸭/鹅末见发病，不侵害其他家禽。本病有明显的季节性，通常在6～10月水温高、剑水蚤大量繁殖的季节发病率高。

【典型临床症状】　在鸭/鹅的眼睑、下颌、颊、颈部、腿、胸、腹、泄殖腔等虫体寄生处，可见大小如指头的圆形结节，并且结节会逐渐长大，压迫器官，引发呼吸困难、行走障碍、失明、营养不良等病症。病雏多在出现症状后10～20天死亡。

【典型病理变化】 剖开病部结节，流出有大量幼虫的白色液体，在结节中的结缔组织中可见缠绕成团的虫体。

【预防措施】 ①加强管理，鸭/鹅棚舍和活动场所要定期清扫消毒，及时清理粪便，堆积发酵。②鸭/鹅的活动水域要定期消毒，可用生石灰杀灭中间宿主剑水蚤。不要到有病原体存在的稻田和沟渠等处放牧。

【治疗方法】 ①对于台湾鸟蛇线虫病，患病鸭/鹅可用0.5%高锰酸钾溶液0.5～2毫升，注入患处。②对于四川鸟蛇线虫病，患病鸭/鹅可用1%四咪唑0.25～0.5毫升，注入患处。对于患肢结节，用大号针在火焰上烧红后，迅速穿入结节中间，停留数秒钟，较大的结节一般需穿刺3～5针。也可用补鞋用的钩针穿入结节，稍做转动，慢慢地将虫体拉出。对于较大结节，可在不同部位穿刺2～3次。

十、蛔虫病

蛔虫病是由于鸡蛔虫寄生在肠道内引起的一种寄生虫病。虽然鸭、鹅发生蛔虫病较少，但根据国内的报告，确实说明鸭、鹅也可以感染鸡蛔虫，但其感染率和感染强度不是很高。鸭、鹅与鸡混养的地方，感染率较高。本病主要表现为生长不良、贫血、消瘦等。

【虫体特征及生活史】 鸭/鹅蛔虫病是由鸡蛔虫所引起的。鸡蛔虫为浅黄白色像豆芽样的线虫，雄虫长26～70毫米，雄虫长65～110毫米，虫卵呈椭圆形。蛔虫成虫主要寄生在小肠内。雌虫产的卵随粪便一起排到外界。刚排出的虫卵，因还未发育成熟，是没有感染力的。如果外界的湿度和温度适宜，虫卵就能继续发育，经10～16天后就变成感染期虫卵（卵内幼虫已形成一条盘曲的幼虫）。感染期幼虫在土壤中一般能生存6个月，鸭/鹅吃到感染期虫卵后就会被感染。幼虫在腺胃内脱壳而出，到小肠内生长发育，约经9天幼虫又钻进肠壁黏膜中进一步发育，此时常引起肠黏膜出血，到17～18天时，幼虫重新回到肠腔发育成熟。幼虫的整个发育期需要35～60天才能完全成熟，这时鸭/鹅粪中就有蛔虫卵排出。蛔虫卵对寒冷的抵抗力很强，而50℃以上的高温、干燥和阳光直射则很易使虫卵死亡。鸭/鹅蛔虫生活史如图6-2所示。

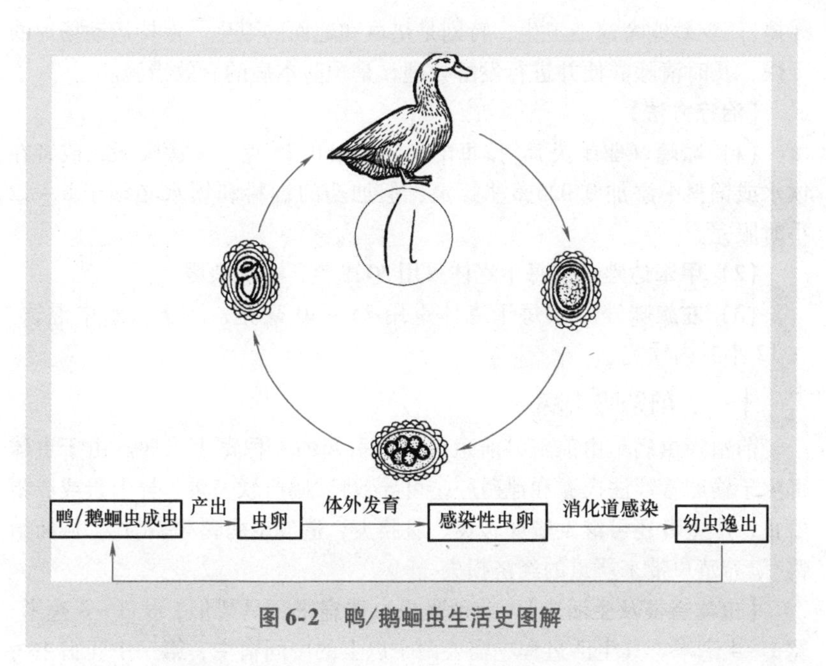

图 6-2　鸭/鹅蛔虫生活史图解

【典型临床症状】 患病鸭/鹅的症状与感染虫体的数量、本身营养状况有关。轻度感染或成年鸭/鹅感染后，一般症状不明显。雏鸭/鹅发生蛔虫病后，常生长不良，精神不佳，行动迟缓，羽毛松乱，贫血，食欲减退或异常，腹泻，逐渐消瘦。

【典型病理变化】 剖检可见患病鸭/鹅小肠肠腔内有大量虫体（图 6-3），肠道黏膜水肿或出血，严重的病例肠管穿孔或破裂。

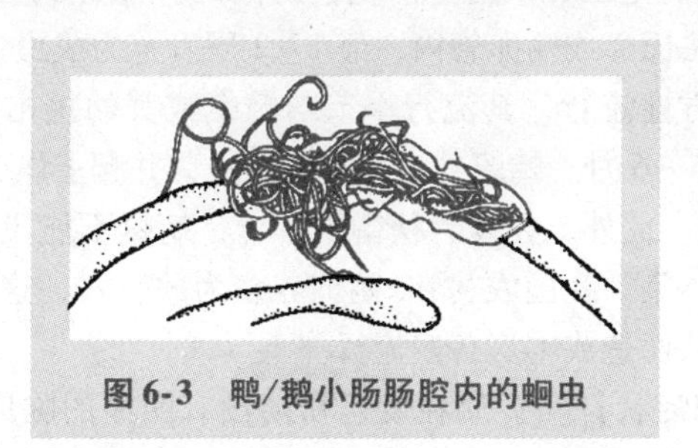

图 6-3　鸭/鹅小肠肠腔内的蛔虫

【预防措施】 ①幼龄鸭/鹅和成年鸭/鹅分开饲养和放养。②定期检查粪便；发现感染蛔虫的鸭/鹅群应进行有计划的驱虫，以防散播病原。

③搞好鸭/鹅棚舍清洁卫生，特别是垫草和地面的卫生。保持运动场地的干燥，及时清除粪便并进行发酵处理，是预防本病的有效措施。

【治疗方法】

（1）哌嗪（驱蛔灵） 按每千克体重用0.25克，一次喂服，或者在饮水或饲料中添加0.025%驱蛔灵，但加药的饲料和饮水必须于8~12小时服完。

（2）甲苯达唑 按每千克体重用30毫克，一次喂服。

（3）左旋咪唑 按每千克体重用25~30毫克，溶于饮水中混饮，在12小时内饮完。

十一、前殖吸虫病

前殖吸虫病是由前殖科前殖属吸虫引起的一种寄生虫病。由于虫体寄生于输卵管、法氏囊和泄殖腔，可导致鸭/鹅产软壳蛋、异形蛋或产蛋停止，严重者还可继发输卵管炎、腹膜炎，造成患病鸭/鹅死亡，从而给鸭/鹅养殖户带来严重的经济损失。

【虫体特征及生活史】 前殖吸虫虫体扁平，呈梨形，长3~8毫米、宽1~4毫米。其生活过程中需要两个以上的中间宿主，第一中间宿主为多种淡水螺蛳，第二中间宿主为蜻蜓的幼虫或稚虫。成虫在鸭/鹅的输卵管和法氏囊内产卵，虫卵随粪便或排泄物排出体外，进入水中被淡水螺蛳吞食，即在其肠内孵出毛蚴，再钻入螺蛳的肝脏内发育成胞蚴和尾蚴（无雷蚴期），成熟的尾蚴离开螺体进入水中，遇到第二中间宿主蜻蜓幼虫或稚虫钻入其腹肌内发育为囊蚴。鸭/鹅啄食蜻蜓或其幼虫即被感染，囊蚴进入鸭/鹅消化道后，囊壁消化，游离的童虫经肠道下行移至泄殖腔，然后进入法氏囊或输卵管内，经1~2周发育为成虫。

本病呈地方性流行，其流行季节与蜻蜓或其幼虫出现的季节一致，主要是每年的5~6月，蜻蜓幼虫聚集到岸边，并爬上岸变为成虫时，极易被鸭/鹅捕食。此外，在夏、秋雷雨季节，蜻蜓不能飞翔，也易被鸭/鹅吞食而受到感染。我国农村鸭/鹅饲养多为放牧式，这也给鸭/鹅增加了感染机会，从而造成本病普遍流行。

【典型临床症状】 鸭/鹅在发病初期没有明显的临床症状，当虫体破坏输卵管的黏膜和分泌蛋白及蛋壳的腺体时，就使形成蛋的正常机能发生障碍，鸭/鹅产出无壳蛋、软壳蛋或无卵黄蛋等，一旦卵子破裂患卵黄性腹膜炎时，患病鸭/鹅则精神委顿、食欲不振、消瘦，并排出蛋壳的碎片，流出大量黏稠的蛋白，泄殖腔充血，严重者泄殖腔脱出，继而发生死亡。

【典型病理变化】 剖检可见泄殖腔炎，卵子变性、变形，卵膜充血、出血，严重者腹腔见大量卵黄碎片和大量黄色混浊的液体，肠环间发生粘连。

【预防措施】 ①防止鸭/鹅吞食蜻蜓或其幼虫，在蜻蜓出现季节，不在清晨或雨后到池塘、水田内放牧。②在每年春末、夏初经常检查鸭/鹅群，发现患病鸭/鹅及时驱虫治疗。

【治疗方法】

（1）阿苯达唑 每千克体重用100毫克，一次口服。

（2）吡喹酮 每千克体重用60毫克，口服，每天1次，连用2天。

（3）六氯乙烷 每只鸭/鹅用0.2~0.5克，混入饲料内喂服，每天1次，连用2天。

十二、次睾吸虫病

次睾吸虫病是次睾吸虫寄生于鸭/鹅肝脏胆管或胆囊内而引起的一种寄生虫病。本病主要危害1月龄以上的鸭/鹅，感染率和感染强度均很高。鸭/鹅常因胆囊、胆管被虫体堵塞而发生死亡。本病是目前对鸭/鹅危害较大的吸虫病。

【虫体特征及生活史】 病原体包括台湾次睾吸虫和东方次睾吸虫。

（1）台湾次睾吸虫 该吸虫寄生于鸭/鹅胆管和胆囊内。虫体细小狭长，大小为（2.3~3.0）毫米×（0.35~0.48）毫米，前端有小刺。口吸盘与腹吸盘近于等大。卵巢呈圆形或椭圆形；受精囊发达。虫卵呈椭圆形，一端有卵盖，另一端有个小突起。

（2）东方次睾吸虫 该吸虫寄生于鸭、鹅、鸡、野鸭胆管和胆囊内。虫体呈叶状，大小为（2.35~4.64）毫米×（0.53~1.2）毫米，体表有小刺。睾丸大而分叶，卵巢呈卵圆形。虫卵大小为（29~32）微米×（15~17）微米。其他与台湾次睾吸虫相似。

次睾吸虫生活发育过程中需要两个中间宿主，第一中间宿主为淡水螺蛳，第二中间宿主为鱼类。虫卵随宿主粪便排出后散布于水中，螺蛳吞食虫卵后在其体内孵出毛蚴，毛蚴进一步发育为胞蚴、雷蚴和尾蚴，尾蚴游于水中，遇到鱼则钻入其体内在肌肉中形成囊蚴，鸭/鹅采食含有成熟囊蚴的鱼而受到感染，幼虫在鸭/鹅体内经15~30天发育成熟。

本病常发生于夏秋季节，临床上以1~4月龄的鸭/鹅较为多见，1月龄以下的鸭/鹅很少发生。虫体除寄生于鸭/鹅外，也寄生于鸡，偶尔见于猫、犬及人体内。

【典型临床症状】 次睾吸虫主要寄生于鸭/鹅的胆囊及肝脏胆管内。虫体分泌的毒素引起鸭/鹅贫血、消瘦和水肿。虫体除直接造成胆囊、胆管病变，引起炎症，使胆汁变质和阻塞胆管外，还引起肝脏发生病变，严重影响肝脏正常的生理功能，导致患病鸭/鹅普遍消瘦，饲料报酬率降低，幼龄鸭/鹅生长发育受阻，成年鸭/鹅产蛋率下降。在流行区若管理不善，引起本病暴发，可导致鸭/鹅大量死亡。患病鸭/鹅表现为精神沉郁、食欲下降、游走无力、不寻食、缩颈闭眼、离群呆立、羽毛蓬乱、消瘦，排白色或灰绿色水样粪。

【典型病理变化】 剖检可见肝脏病变明显，肝脏增大，表面呈橙黄色，有花斑，被膜粗糙，肝实质非常脆弱，甚至腐败，切开时流出红色稀薄血水，切面可见出血性孔道。胆囊肿大，胆管肿大呈索状突出于肝脏表面。胆囊、胆管内壁粗糙，胆管壁增厚，管腔狭窄，胆汁浓稠、变绿。

【预防措施】 ①禁用生鱼及下脚料饲喂鸭/鹅，杜绝感染源。②可采用化学药物杀灭纹沼螺和赤豆螺，阻断或控制次睾吸虫幼虫期发育的第一个环节。

【治疗方法】

（1）阿苯达唑 按每千克体重用10毫克，一次喂服。

（2）吡喹酮 按每千克体重用10毫克，一次喂服。

十三、嗜眼吸虫病

嗜眼吸虫病俗称眼吸虫病，是由多种嗜眼吸虫寄生于鸭、鹅及其他家禽的眼结膜而引起的寄生虫病。临床上常见于成年鸭/鹅，主要特征是眼结膜、瞬膜水肿、发炎、流泪，严重者可引起失明而导致采食困难，逐渐消瘦死亡。

【虫体特征及生活史】 新鲜虫体呈微黄色，外形呈叶形，半透明。虫体长3.0~8.4毫米，宽0.7~2.1毫米，腹吸盘大于口吸盘，生殖孔开口于腹吸盘和口吸盘之间，雄精囊细长，睾丸呈前后排列，卵巢位于睾丸之前，卵黄腺呈管状，位于虫体中央两侧，腹吸盘后至睾丸前充满被盘曲的子宫，子宫内虫卵都含有发育完全的毛蚴。虫卵呈不对称的长椭圆形，长155~173微米，宽70~81微米。卵壳透明，可清楚观察到其内的毛蚴结构。

虫体寄生于禽类眼结膜囊内，虫卵随眼分泌物排出，遇水立即孵化出毛蚴，毛蚴进入适宜的螺蛳体内，经发育后形成尾蚴，从毛蚴发育为尾蚴约需3个月的时间。尾蚴主动从螺蛳体内逸出，可在螺蛳外壳的表面或任何一种固体物的表面形成囊蚴，当含有囊蚴的螺蛳被禽类吞食后，禽类即被感染，囊蚴在口腔和食道内脱囊逸出童虫，在5天内经鼻泪管移行到结膜囊内，约经1个月发育成熟。

嗜眼吸虫可寄生于不同种类的禽类，鸭、鹅、鸡、火鸡、孔雀等是本虫常见的宿主。但临床上主要见于鸭、鹅，以散养的成年鸭、成年鹅多见。

【典型临床症状】　虫体寄生于鸭/鹅的瞬膜和结膜囊内，大多数病鸭/鹅单侧眼有虫体，只有少数病例双侧眼患病，由于虫体的机械性刺激并分泌毒素，使病鸭/鹅于病初流泪，眼结膜充血潮红，泪水在眼中形成许多泡沫，眼结膜和瞬膜水肿，虫体的刺激致使病鸭/鹅用脚蹼不停地搔眼，或者头颈回顾翼下或背部，对患眼进行揩擦搔痒，部分病例出现眼结膜炎状出血，常有黏性或脓性分泌物。病鸭/鹅常双目紧闭，少数病例的角膜呈点状混浊，或者角膜表面形成溃疡，严重时双目失明，不能觅食，行走无力，离群，逐渐消瘦、瘫痪，最后衰竭死亡。

【典型病理变化】　剖检病变与上述的临床症状描述眼部变化相同，另外可在眼角内的瞬膜处发现虫体，而内脏器官未见明显病变。

【预防措施】　散养鸭/鹅尽量不要在流行地段的水域中放养。若将水草（或螺蛳）作为饲料饲喂时，应事先进行灭囊处理。

【治疗方法】　患病鸭/鹅可用75%酒精滴眼，每只患眼滴4~6滴，可获得满意疗效。其次还可用人工的方法摘除虫体，但必须去除干净，否则效果不佳。

十四、细背孔吸虫病

细背孔吸虫病是背孔属的细背孔吸虫寄生于鸭/鹅的盲肠、直肠所引起的一种寄生虫病。

【虫体特征及生活史】　细背孔吸虫两端钝圆，呈正卵圆形，浅红色，大小为（3.0~5.0）毫米×（0.65~1.5）毫米；无腹吸盘；卵较小，呈椭圆形，黄色，有卵盖。成虫在宿主肠腔内产卵，卵随粪便排出体外，在适当温度下经3~4天孵化为毛蚴。毛蚴进入中间宿主扁卷螺或椎实螺体内，在螺的肝脏内经11天发育为胞蚴。每个胞蚴中含有两个雷蚴，接着形成尾蚴。成熟的尾蚴在同一螺体内形成囊蚴，或者离开螺体附着在水生植物上形成囊蚴。鸭/鹅吞食了含有囊蚴的螺或水草而感染发病。囊蚴在鸭/鹅体内经13~21天发育成性成熟的细背孔吸虫。

【典型临床症状】 初期症状不明显，后由于虫体分泌毒素，患病鸭/鹅渐见贫血消瘦，发育停滞，食欲不振，轻度腹泻，羽毛蓬乱无光，严重的引起死亡。

【典型病理变化】 剖检可在盲肠和直肠黏膜上发现虫体。由于虫体的机械刺激，还可见到盲肠黏膜的损伤和炎症。

【预防措施】 ①有计划地对患病鸭/鹅进行驱虫，驱出的虫体、排出的粪便应堆积发酵灭卵。②禁止在被污染的水域放牧，并用1∶5000的硫酸铜溶液或其他化学药品消灭中间宿主。③被大量虫体侵袭的鸭/鹅群应考虑全部淘汰更新。

【治疗方法】

（1）四氯化碳 每只鸭/鹅用2~3毫升，加3~4倍的矿物油或棉籽油，以小胶管插入直肠灌注。此药毒性较大，用时应谨慎，并注意观察。

（2）硫双二氯酚（硫氯酚） 按每千克体重用150~200毫克，一次口服。个体投药以片剂较为简便，大群投药以粉剂拌料喂给。投药前无须绝食，投药后无须服泻剂。一般服药后半小时到1小时开始排虫。

（3）丙硫苯咪唑 按每千克体重用10~25毫克，一次投服。

十五、舟形嗜气管吸虫病

舟形嗜气管吸虫病是由舟形嗜气管吸虫寄生在鸭/鹅的气管、支气管、咽部和气囊内所引起的一种寄生虫病。

【虫体特征及生活史】 虫体扁平，呈长卵圆形，棕红色，大小为（6~12）毫米×3毫米。口在前端，无口吸盘和腹吸盘，有咽及极短的食道，肠管发达，在后面汇合。卵巢和睾丸位于虫体后部，睾丸呈圆形，子宫高度盘曲于虫体的中部。虫卵呈椭圆形，一端有卵盖。成虫在鸭/鹅的气管内产卵，卵内含毛蚴；卵与痰随食物进入消化道，并随粪便排出

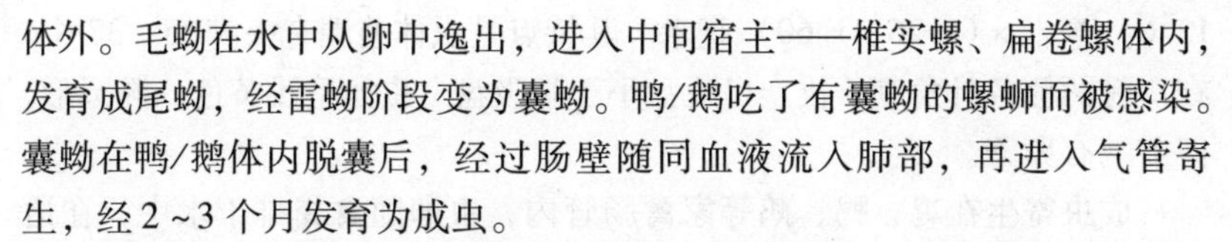

体外。毛蚴在水中从卵中逸出，进入中间宿主——椎实螺、扁卷螺体内，发育成尾蚴，经雷蚴阶段变为囊蚴。鸭/鹅吃了有囊蚴的螺蛳而被感染。囊蚴在鸭/鹅体内脱囊后，经过肠壁随同血液流入肺部，再进入气管寄生，经2~3个月发育为成虫。

【典型临床症状】 轻度感染的鸭/鹅症状不明显，严重的突然发病，呼吸困难，气喘，咳嗽，不断伸颈、张口、摇头。被感染的鸭/鹅群精神沉郁，食欲不振或废绝，普遍消瘦，羽毛松乱无光。成年鸭/鹅产蛋明显减少，个别颈部气肿，由于呼吸道分泌物增多，呼吸时可听到“咯咯”声。当虫体移行到气管上端阻塞呼吸道时，患病鸭/鹅呼吸极度困难，可窒息死亡。

【典型病理变化】 剖检可见呼吸道炎性渗出物增多，咽喉至肺细支气管黏膜充血、出血。在气管可发现虫体，虫体附着的气管黏膜见出血性炎症。发生皮下气肿的患病鸭/鹅，皮肤易剥离，气囊及皮下充满气体。重症可见不同程度的肺炎变化。

【预防措施】 预防流行地区应对放牧水域进行灭螺，并避免在不安全水域放牧鸭/鹅。经常打扫鸭/鹅粪，并堆积发酵灭卵。

【治疗方法】

（1）0.1%~0.2%碘溶液 雏鸭/鹅的用量为每只0.5~1毫升，成年鸭/鹅的用量为每只1.5~2毫升，由声门裂处注入。一般注射1次即可，必要时隔2天再注射1次。

（2）5%水杨酸 剂量和用法同0.1%~0.2%碘溶液。

（3）硫双二氯酚 按每千克体重用150~200毫克，一次口服。个体投药以片剂较为简便，大群投药以粉剂拌料喂给。投药前无须绝食，投药后无须服泻剂。一般服药后半小时开始排虫。

十六、棘口吸虫病

棘口吸虫病是由多种棘口吸虫寄生于鸭/鹅的肠道所引起的一种寄生虫病。虫体寄生于小肠、盲肠、直肠和泄殖腔内，对雏鸭/鹅造成很大危害。本病的临诊特征为消化机能紊乱和出血性肠炎。

【虫体特征及生活史】 寄生于家禽的棘口吸虫有30多种，寄生于我国家禽的棘口吸虫主要有棘口属的卷棘口吸虫、宫川米次棘口吸虫，以卷棘口吸虫多见。

卷棘口吸虫呈细长叶形，红色，体表有小棘，虫体大小为（7.6~

12.6）毫米×(1.26~1.60）毫米。其特点是虫体前端有头棘35~37个，在口棘两侧各具角刺5枚。口吸盘小于腹吸盘。虫卵呈浅黄色，椭圆形，卵前端有卵盖。

成虫寄生在鸡、鸭、鹅等家禽肠管内，虫卵随禽粪排于水中，在适宜的环境条件下经10~20天孵化成毛蚴。毛蚴钻入某些淡水螺（第一中间宿主）体内进行无性繁殖，先后发育为胞蚴、雷蚴和尾蚴。尾蚴成熟后离开螺体，在水中游动，又钻入某些淡水螺、鱼类或蝌蚪（第二中间宿主）的体内变为囊蚴。鸭/鹅或其他终末宿主吞食了这些含有囊蚴的第二中间宿主或从死的淡水螺蛳体内逸出的囊蚴，就会被感染。囊蚴的囊壁在鸭/鹅体内被消化，幼虫脱囊而出，附着于直肠和盲肠壁上，经16~22天发育为成虫。

【典型临床症状】 轻症仅见腹泻，重症食欲不振、下痢、消瘦、贫血。幼鸭/鹅发育停滞，生长受阻，严重的会造成死亡。

【典型病理变化】 剖检可见出血性肠炎等病理变化，直肠、盲肠黏膜损伤、出血，并附有大量虫体。

【预防措施】 ①流行地区应定期用硫双二氯酚等进行预防性驱虫。②经常打扫鸭/鹅粪并堆积发酵，以杀灭虫卵。③对不安全水域可在冬季将水抽干，挖出淤泥作为肥料，或者用化学药物消灭中间宿主。

【治疗方法】

（1）氯硝柳胺 按每千克体重用50~100毫克，混于饲料中一次喂给，疗效很好。

（2）硫双二氯酚 按每千克体重用150~200毫克，一次口服。个体投药以片剂较为简便，大群投药以粉剂拌料喂给。投药前无须绝食，投药后无须服泻剂。一般服药后半小时开始排虫。

（3）四氯化碳 按每千克体重用2~3毫升，加3倍米汤混合后用橡皮管灌服，或者用注射器直接注入食道膨大部。

（4）丙硫苯咪唑 按每千克体重用10~25毫克，一次投服。

（5）吡喹酮 按每千克体重用15毫克，一次投服。

十七、绦虫病

寄生在鸭/鹅肠道中的绦虫有很多种，其中以矛形剑带绦虫最常见，危害最严重。该寄生虫主要危害数周龄至5月龄的幼鸭/鹅，成年鸭/鹅也可感染。

【虫体特征及生活史】 矛形剑带绦虫的成虫寄生在鸭/鹅小肠内，孕卵节片随粪便排出体外崩解，虫卵散出。该虫虫卵如落水中，里面的幼虫逸出并钻入剑水蚤体内，在适宜的温度条件下，约经30天逐渐发育成似囊尾蚴。鸭/鹅在水中吃到体内含有似囊尾幼的剑水蚤后，似囊尾幼在鸭/鹅的消化道中逸出，吸盘附着于小肠黏膜上，约经3周发育为成虫，并开始排出孕卵节片。

【典型临床症状】 本病病程为1～5天，严重病例有明显的全身性症状，往往导致衰竭和死亡。患病鸭/鹅首先出现消化障碍，腹泻，排出恶臭稀粪，其中混有黄白色的绦虫节片，食欲初减退后废绝，消瘦，贫血，生长发育迟缓，离群呆立。有的病例见神经症状，运动失调，腿软无力，步态踉跄。有时伸颈、张口、摇头，后期站立困难，渴欲增加，仰卧做划水动作。患病的成年鸭/鹅症状通常较轻。

【典型病理变化】 剖检肠腔可见大量虫体，甚至阻塞肠道，或者引起肠扭转、肠破裂。头节固着的肠黏膜见卡他性炎症、出血，其他浆膜和黏膜组织也常见有大小不一的出血点，心外膜上更为明显。

【预防措施】 ①带病成年鸭/鹅是本病的主要传染源，因此幼龄鸭/鹅与成年鸭/鹅应分开饲养和放牧。②鸭/鹅养殖场应建在水深而流动的水域附近，因本病的中间宿主（剑水蚤）在这样的水域数量较少，利于放牧。③每年春季鸭/鹅群开始放牧前与秋季停止放牧后各进行1次预防性驱虫。④鸭/鹅粪便，特别是投药后24小时内排的粪便，应及时清扫并堆积发酵，杀灭虫卵后才能利用，以防病原散播。

【治疗方法】 治疗个别患病鸭/鹅投药，可将药物加水稀释，用胶头滴管逐只灌服；治疗大群患病鸭/鹅投药，可将药物与精料拌匀喂给。以下药物可供选用。

（1）吡喹酮 按每千克体重用5～10毫克，一次口服。疗效极佳，并且安全，大部分虫体于投药12小时内排出。

（2）硫双二氯酚 按每千克体重用150毫克，一次口服。

（3）氢溴槟榔碱 幼龄鸭/鹅按每千克体重用0.3毫克，成年鸭/鹅按每千克体重用0.5毫克，溶于水中，用注射器连接胶管经口插入食道膨大部；大群投药以1:2000倍稀释的溶液，每千克体重用1毫升内服。驱虫前使鸭/鹅绝食15小时，给药前15～20分钟喂给10%碘水溶液1～2滴，以防呕吐。

提示

在绦虫病经常流行的地区，患病的成年鸭/鹅是本病的主要传染源，它通过粪便可以大量排出虫卵，其中间宿主——剑水蚤虽然在冬天大部分死亡，但每年春天又繁殖起来。因此，在每年入冬及开春时，及时给成年鸭/鹅驱虫，以杜绝中间宿主接触病原，这可作为控制本病的重要策略。

十八、棘头虫病

棘头虫病是由多形棘头虫（包括大多形棘头虫和小多形棘头虫）寄生于鸭/鹅的肠道而引起的一种寄生虫病。多形棘头虫除感染鸭、鹅外，其他水禽也可感染；夏季1~3月龄幼鸭/鹅在水塘放牧最易感染。本病呈地方性流行，常引起鸭/鹅大批死亡。

【虫体特征及生活史】 大多形棘头虫虫体呈橘红色，雄虫长9.2~11毫米，雌虫长12.4~14.7毫米。前方吻突上有吻钩。虫卵呈纺锤形。

小多形棘头虫虫体呈鲜明的橙黄色。雄虫长3毫米，雌虫长10毫米。虫体前方有刺区，刺区以后的虫体显著缩小。虫卵呈纺锤形，有3层膜，内含黄红色棘头蚴。

大多形棘头虫和小多形棘头虫的中间宿主是钩虾和河虾。成虫在小肠内产卵。卵随粪便排出进入水中。虫卵被中间宿主吞食，卵膜消化，棘头蚴从卵内逸出，14~15天后变为前棘头体，30~35天变为棘头体，54~60天具有感染性。

中间宿主被鸭/鹅吞食后，经27~30天成熟产卵。

【典型临床症状】 患病鸭/鹅精神委顿，食欲减退或废绝，生长迟缓，贫血，下痢，粪便带血，最后极度瘦弱而死。但有时虫体很多却不见严重症状。

【典型病理变化】 剖检小肠可见虫体前端吻突和吻钩深入肠壁肌层引起黏膜严重损伤，有时引起肠穿孔，有时引起局部组织损伤感染，见有化脓灶或结节形成。

【预防措施】 成年鸭/鹅和幼龄鸭/鹅需分群放牧。若无安全水域可放牧，幼鸭应喂至3月龄后再下水放牧。新购的鸭/鹅应及时检查，如发现多形棘头虫，应先驱虫，再于水中放牧。有中间宿主的水域，可用1:5000的硫酸铜溶液或其他化学药品消灭中间宿主。

【治疗方法】

（1）四氯化碳　按每千克体重用0.5～1毫升，与等量液状石蜡混匀，用橡皮导管灌入食道，效果很好。

（2）丙硫苯咪唑　按每千克体重用10～25毫克，一次灌服。

十九、蜱

蜱可侵害鸡、鸭、鹅、火鸡、鸽，珍珠鸡等。寄生于鸭、鹅的蜱是波斯锐缘蜱，主要是吸食鸭、鹅的血液，影响鸭、鹅的生长发育，蜱所产生的毒素也影响鸭、鹅产卵。蜱是一些传染病（如螺旋体病）的传播者。

【虫体特征及生活史】　波斯锐缘蜱的虫体扁平，卵圆形，体缘扁锐，背腹面之间有缝线分隔。体部背面无盾板，表皮革质，表面有一层凹凸不平的颗粒状的角质层，头位于腹面前方，从背面看不见。雌虫大小为（7.2～8.8）毫米×（4.8～5.8）毫米，吸血前为浅灰色，吸饱血后为灰黑色。

波斯锐缘蜱的生活史包括卵、幼虫、若虫和成虫4个阶段，以宿主的血液为营养的虫体只在吸血时才到鸭/鹅身上，附在鸭/鹅的身上可达5～6天，吸完血后就从宿主身上落下来，藏在鸭/鹅棚舍的墙壁、柱子、巢窝等缝隙里，虫体吸血多半在夜间进行。

【典型临床症状】　由于虫体大量吸血，使患病鸭/鹅表现不安，食欲减退，贫血，消瘦，生产力下降。同时，蜱还能传播一种高度致病力的传染病——鸭/鹅螺旋体病，严重时引起死亡。

【防治措施】　由于蜱仅在短时间内在宿主身上，然后隐蔽在周围环境的缝隙中，所以灭蜱必须在鸭/鹅棚舍的垫料、墙壁、地面、顶棚、栏圈、柱子等处同时进行。喷洒0.2%敌百虫溶液，可在48～72小时杀死虫体；或者用0.2%双甲脒乳油，配成0.05%溶液喷洒；或者喷洒0.0025%～0.005%溴氰菊酯溶液，具有良好的效果。在喷洒药物的同时，应保持环境的清洁卫生。

二十、虱

虱是寄生在鸭/鹅体表的一种寄生虫。寄生严重时引起鸭/鹅奇痒，产蛋减少，甚至使鸭/鹅衰弱、消瘦、死亡。

【虫体特征及生活史】　鸭/鹅虱很小，体长仅为1～2毫米，大的为5～6毫米，呈浅黄色或灰色。分头、胸、腹3个部分。有3对足，无翅。

体背腹扁平，有1对短的触角，由3~5节组成，头部一般比胸部宽。

虱是一种永久性寄生虫，它的一生包括卵子期都在宿主身上生活，卵通常成簇地附着在羽毛上，4~7天孵化为稚虫，稚虫蜕皮变为成虫。虱的正常寿命只有几个月，离开宿主只能活几天。它通常以吃羽毛产物和皮肤鳞屑为生，一般不吸血，但刺激神经末梢，扰乱宿主的生活。

【典型临床症状】 由于虱的刺激，鸭/鹅的皮肤有痒感，神经紧张，烦躁不安，不能入睡，食欲不振或消失，下痢，体质衰弱。患病鸭/鹅常在虱寄生处乱啄，造成皮肤损伤，羽毛蓬乱、脱落和色泽变暗，产蛋率下降10%~20%，抗病能力降低。

【典型病理变化】 虱大量寄生时，鸭/鹅的皮肤表面可见到损伤，有时皮下可见到出血块，其他无变化。

【预防措施】 ①在虱流行的养殖场，鸭/鹅棚舍、饲槽、饮水槽等用具应彻底消毒。可用0.03%除虫菊酯和0.3%敌敌畏合剂，或者用0.5%杀螟松和0.2%敌敌畏合剂喷洒。②对新引进的种鸭和种鹅要加强检疫，如发现有虱寄生，应先隔离治疗，愈后才能混群饲养。

【治疗方法】

（1）喷涂法

1）用0.2%敌百虫于夜间喷洒于鸭/鹅体表羽毛，夜间虱出来活动沾上药物后中毒死亡。同时对鸭/鹅棚舍墙壁、地面及一切用具用药物喷洒，使虱无藏身之地。

2）用3%~5%硫黄粉喷涂鸭/鹅的羽毛，效果也比较好。

3）烟草1份、水20份，煎煮1小时，晾温后于暖日涂洗鸭/鹅体表。同时，对鸭/鹅棚舍各处也要做1次彻底的杀虫工作，方可根治。

（2）药浴法

1）取2.5%敌杀死20毫升加水10升，配成药液，将此药液喷洒在鸭/鹅体表羽毛上，或者将鸭/鹅浸入药液即可杀灭虱，但鸭/鹅头要露出水面，浸1~2秒钟即出。

2）取氟化钠1份、清水99份，配成1%氟化钠溶液，将鸭/鹅浸入药液几秒钟即提出，以羽毛浸湿为宜。

3）取精致敌百虫0.5份、温水99.5份，将鸭/鹅浸入药液内几秒钟，取出沥干多余药液。

以上几种药浴法杀虱效果好，但对虱卵无效，需10天后再重复1次，以杀死孵出的幼虱。

二十一、螨

螨是一种体外寄生虫，常见的有刺皮螨和新勋恙螨。它们主要寄生在鸡体上，也可寄生于鸭、鹅、火鸡及许多野禽体上。螨寄生在鸭/鹅体上，能引起患病鸭/鹅奇痒、贫血，产蛋减少，对鸭/鹅群危害性较大。

【虫体特征及生活史】

（1）刺皮螨 刺皮螨又称红螨或栖架螨，虫体呈长椭圆形，后部略宽，呈浅红色或棕灰色，视吸血的多少而异。雌虫体长0.7～0.75毫米，宽0.4毫米（吸饱血后可达1.5毫米）；雄虫体长0.6毫米，宽0.32毫米。假头长，螯肢1对，呈细长的针状，以此刺破皮肤吸取血液；足很长，有吸盘。雌虫的肛板较小，雄虫的肛板较大。刺皮螨属不完全变态的节肢动物，其生活史包括卵期、幼虫期、2个若虫期和成虫期。雌虫吸饱血后，回到鸭/鹅舍的墙缝内或碎屑中产卵，每次产十多个。在20～25℃环境中，卵经2～3天孵化成幼虫。经几次蜕皮后，由若虫变成成虫。刺皮螨通常在夜间爬到鸭/鹅体上吸血，白天隐匿在鸭/鹅的巢中。

（2）新勋恙螨 新勋恙螨又称奇棒恙螨，成虫呈乳白色，体长约1毫米。其幼虫很小，用肉眼不易看见，饱食后呈橘黄色，大小为0.421毫米×0.321毫米，分头胸部和腹部，有3对足；背板上有5根刚毛。成虫生活在潮湿的草地上，只有幼虫营寄生生活。雌虫受精产卵于泥土上，约经两周时间孵出幼虫。幼虫遇鸭/鹅（主要寄生在鸡体）便爬至鸭/鹅体上，刺吸体液和血液。饱食时间快者1天，慢者30余天，在鸭/鹅体上寄生5周以上，幼虫饱食后落地，经数日发育，由若虫变成成虫。

【典型临床症状】 当虫体大量寄生时，受刺皮螨严重侵袭的鸭/鹅日渐衰弱，贫血，产蛋率下降；幼龄鸭/鹅因失血过多，可导致死亡。该虫还可传播禽巴氏杆菌病等。受新勋恙螨侵袭的鸭/鹅，其发病部位奇痒，出现痘疹状病灶，周围隆起，中间凹陷呈痘脐形，中央可见1个小红点，即螨虫幼虫。鸭/鹅的腹部和翼下布满此种痘疹状病灶。患病鸭/鹅贫血、消瘦、垂头、不食，严重者可死亡。

【预防措施】 平时搞好环境卫生；鸭/鹅棚舍内部及一切饲养用具必须定期彻底清洗消毒。

【治疗方法】

1）依佛菌素按每千克体重0.2毫克，一次皮下注射。

2）用0.1%乐杀螨溶液，70%酒精，2%～5%碘酊或5%硫黄软膏涂擦患部，1周后重复1次。

3）用10%克辽林溶液药浴。

4）用0.25%敌敌畏乳剂、0.5%敌百虫溶液或0.3%杀灭菊酯等药物喷洒或涂刷栖架、墙壁等一切可能藏有虫体的地方。

5）污染的垫草可烧掉，其他一切饲养用具用沸水烫，再在阳光下曝晒，彻底杀死虫体。

第七章 鸭、鹅营养代谢病的诊治

一、维生素A缺乏症

维生素A缺乏症主要是由于饲料中缺乏维生素A所引起的一种营养代谢疾病。本病的主要特征为患病鸭/鹅生长发育不良，黏膜受损，上皮角化不全，视觉障碍，种鸭/鹅的产蛋率、孵化率下降，胚胎畸形等。不同品种和日龄的鸭/鹅均可发生本病，但临床上以1周龄左右的雏鸭/鹅多见，主要发生在冬季和早春季节。

【病因分析】 维生素A是一种脂溶性维生素，其功用非常广泛，可维护视觉和黏膜，特别是呼吸道和消化道上皮层的完整性，并能促进机体骨骼生长，调节脂肪、蛋白质、碳水化合物代谢功能，使鸭/鹅的抗病能力增强。

维生素A只存在于动物体内。植物性饲料中不含维生素A，但含有胡萝卜素，黄玉米中含有玉米黄素，它们在动物体内均可以转化为维生素A。胡萝卜素在青绿饲料中比较丰富，在谷物、油饼、糠麸中含量很少。

10日龄以上的鸭/鹅对维生素A的日需要量为每千克饲料4000国际单位，产蛋期为每千克饲料8000国际单位。对于放牧的鸭/鹅，由于其采食的青绿饲料中含有大量的胡萝卜素（又称维生素A原），它们进入鸭/鹅体内后可以转化为维生素A，故一般不易发生本病。但对舍饲的鸭/鹅来说，由于普通的动物性饲料中维生素A的含量都较少，主饲料玉米、豆饼中胡萝卜素的含量也不足，如果不补充维生素A且青绿饲料又不足，则极易发生维生素A缺乏症。鸭/鹅维生素A缺乏症的发病原因主要有以下几方面：

1）饲料单一，长期使用谷物、油饼、糠麸、糟渣、马铃薯等胡萝卜素含量低的饲料。

2）饲料中维生素A添加剂的添加量不足或其质量低劣。

3）饲料中维生素A和胡萝卜素被破坏。饲料长期存放、发热、霉败、酸败、日光曝晒，以及饲料中缺乏抗氧化剂（如维生素E）等，均能引起维生素A和胡萝卜素被破坏、分解。

4）长期患病，如慢性消化道疾病、消化道有寄生虫寄生及肝脏的疾病，可引起维生素A吸收不足。胃肠道的疾病可阻碍维生素A的吸收。

5）饲料中蛋白质水平过低，维生素A在鸭/鹅体内不能正常移送，即使供给充足的维生素A也不能很好发挥作用。

6）饲料中存在维生素A的拮抗物，如氯化萘等，影响维生素A的吸收和利用。

7）种鸭、种鹅缺乏维生素A，其所产的种蛋及勉强孵出的雏鸭、雏鹅也都缺乏维生素A。这是雏鸭、雏鹅易患维生素A缺乏症的主要原因。当饲喂产蛋鸭/鹅维生素A含量低的日粮，而其后代又用缺乏维生素A的日粮饲喂时，雏鸭、雏鹅可于1周左右出现症状。

【典型临床症状】 病雏生长发育严重受阻，增重缓慢甚至停止；精神倦怠，衰弱，消瘦，羽毛蓬乱，鼻孔流出黏稠的鼻液，常因干酪样物堵塞鼻腔而张口呼吸（彩图7-1）；运动无力，行走蹒跚，出现两腿不能配合的步态，继而发生轻瘫甚至完全瘫痪；喙部和小腿部的黄色素褪色变浅。典型症状是眼睛流出牛乳状的渗出物，眼睑羽毛粘连或干燥（彩图7-2），眼结膜混浊不透明。病情严重时，患病鸭/鹅眼内蓄积大块白色的干酪样物质，眼角膜甚至发生软化和穿孔，最后造成患病鸭/鹅失明。一般情况下，患病鸭/鹅生长停滞，精神委顿，身体瘦弱，走路不稳，羽毛松乱，喙和小腿部皮肤黄色消失，运动无力，如果不及时进行治疗，死亡率较高。种鸭、种鹅维生素A缺乏时，除出现上述眼睛的病变外，产蛋率显著下降，蛋黄颜色变浅，出雏率下降，死胚率增加，脚蹼、喙部的黄色变浅，甚至完全消失而呈苍白色。此外，种公鸭、种公鹅机能衰退。

【典型病理变化】 剖检可见鼻道、口腔、咽、食管以至嗉囊的黏膜表面有一种白色的小疱状结节，肉眼不易发现，数量很多，结节不易剥落，随着病情的发展，结节病灶增大，并合成一层灰黄白色的伪膜覆盖在黏膜表面，剥落后不出血。病雏常见伪膜呈索状且与食道黏膜纵皱褶平行，轻轻刮去伪膜，见黏膜变薄、光滑，呈苍白色。在食道黏膜小溃疡病灶周围及表面有炎症渗出物。肾脏呈灰白色，并有纤细的白绒样网

状物覆盖，肾小管充满白色尿酸盐。输尿管极度扩张，管内蓄积白色尿酸盐沉淀物。心包、肝脏、脾脏表面均有尿酸盐沉积。

【鉴别诊断】

(1) 鸭/鹅维生素 A 缺乏症与鸭/鹅痘（白喉型）**的鉴别** 二者均有精神萎靡、消瘦，口腔有灰白色结节且覆有白色伪膜，揭去伪膜有溃疡等临床症状。但二者的区别在于：鸭/鹅痘有传染性，其病原为痘病毒，患病鸭/鹅吞咽、呼吸均困难，并发出嘎嘎声，病料接种于9~12 日龄鸡胚、绒毛尿囊膜上，4~5 天后可见有痘斑病灶。

(2) 维生素 A 缺乏症与痛风的鉴别 二者均有消瘦，冠苍白，步态不稳，产蛋率下降等临床症状，并均有肝脏、脾脏、心包表面有尿酸盐等病理变化。但二者的区别在于：痛风的病因是日粮中蛋白质太多而造成尿酸血症，患病鸭/鹅不由自主地排白色半黏液状稀粪，血中尿酸水平增高达 10~15 毫克/千克（正常为 1.5~3.0 毫克/千克）；关节肿胀，蹲坐或独肢站立，行动迟缓，跛行；剖检可见脑膜、腹膜、肺脏、心包、肝脏、脾脏、肾脏、肠系膜有一层半透明薄膜或白色结晶，关节也有结晶。

(3) 鸭/鹅维生素 A 缺乏症与鸭/鹅传染性脑脊髓炎的鉴别 二者均有精神委顿、羽毛松乱、生长缓慢、运动失调、走路不稳等临床症状。但二者的区别在于：鸭/鹅脑脊髓炎的病原为禽脑脊髓炎病毒，患病鸭/鹅部分晶体混浊，眼球增大，驱赶时以跗关节走路并拍打翅膀；剖检可见脑膜充血、出血，肌胃、肌层有散在灰白区，在荧光抗体技术阳性鸭/鹅的组织中可见黄绿色荧光。

【预防措施】 ①平时应加强饲养管理，保证供给充足的维生素 A，消除可能导致其缺乏的各种原因。②维生素制品不宜贮存过久，以免失效。炎热季节添加维生素 A 的饲料不能存放时间过久，并避免阳光曝晒。

【治疗方法】 发生维生素 A 缺乏时，可在每千克饲料中补充 1000~1500 国际单位的维生素 A，也可在饲料中加入鱼肝油，每千克饲料中加 2~4 毫升，连喂 10~15 天即可奏效。个别病例治疗时，雏鸭/鹅可以肌内注射 0.5 毫升鱼肝油。成年鸭/鹅每天喂鱼肝油 1~1.5 毫升，分 3 次喂。另外，鸭/鹅眼病用 3% 硼酸溶液冲洗，并涂以抗生素软膏。面部肿胀涂擦碘甘油。

提示

① 由于维生素A不易迅速排出，故预防时不可长期大剂量使用，以防中毒。

② 当种鸭、种鹅发生维生素A缺乏时，只要能及时在日粮中加入维生素A，在1个月左右可以恢复生殖能力。

二、维生素D缺乏症

维生素D缺乏症是由于维生素D缺乏所引起的一种营养代谢病。本病的主要特征为患病鸭/鹅生长发育迟缓，骨骼柔软、弯曲、变形，运动障碍，产蛋鸭/鹅产出薄壳蛋、软壳蛋。

【病因分析】 维生素D是一种脂溶性维生素，它在鸭/鹅的肠道内可造成一种酸性环境，促使钙、磷盐类易于溶解而被肠壁吸收，并能促使钙、磷在骨骼中沉积和减少磷从尿中排出。如果维生素D缺乏，即使日粮中钙、磷充足且比例合适，但其吸收和利用受到影响，鸭/鹅也会出现一系列缺钙、缺磷症状。

维生素D主要有维生素D_3和维生素D_2两种，维生素D_3是由动物皮肤内的7-脱氢胆固醇经阳光中的紫外线照射而生成的，主要贮存于肝脏、脂肪和蛋白质中。维生素D_2是由植物中的麦角固醇经阳光中的紫外线照射而生成的，主要存在于青绿饲料和晒制的青干草中。对于鸭/鹅来说，维生素D_3的作用要比维生素D_2强30~40倍，但鱼粉、肉粉、血粉等常用动物性饲料含维生素D_3较少，谷物、饼粕及糠麸中维生素D_2的含量也微不足道，鸭/鹅从这些饲料中得到的维生素D远远不能满足需要。

鸭/鹅所需要的维生素D主要有两个来源：第一是自身合成，雏鸭/鹅合成量较少，青年鸭/鹅每天在阳光下活动50分钟以上，产蛋鸭/鹅经常到运动场上晒太阳，合成量可以满足需要。透过玻璃的阳光因为紫外线已被滤去，起不到此种作用。第二是由维生素添加剂提供，这对于舍内饲养鸭/鹅尤为重要。在正常情况下，育成鸭/鹅要求每千克饲料添加维生素D 600国际单位；20周龄之后进入产蛋期，要增至1000国际单位以上。当饲料中钙、磷不足或比例不当时，添加量要适当增加。鸭/鹅的维生素D缺乏症主要见于舍内饲养的鸭/鹅，致病因素主要有以下几个方面：

1）舍内饲养的鸭/鹅得不到日光浴，鸭/鹅体内不能自身合成维生

素 D_3。

2）饲料中维生素 D 添加剂的添加量不足或其质量低劣。

3）饲料中添加过多的硫酸锰，影响维生素 D 的利用。

4）某些药物（磺胺类）、霉菌毒素或化学药物、重金属对肝脏、肾脏造成损伤时，可以使维生素 D_3 的合成发生障碍，或者对体内的维生素 D_3 有破坏作用。

5）长期患病，如慢性消化道疾病、消化道有寄生虫寄生及肝脏的疾病，可引起维生素 D 吸收不足。胃肠道的疾病可阻碍维生素 D 的吸收。

6）种鸭/鹅缺乏维生素 D，其所产的种蛋及勉强孵出的幼雏也都缺乏维生素 D。这是雏鸭/鹅易患维生素 D 缺乏症的主要原因。

【典型临床症状】 幼雏缺乏维生素 D 时，常在出壳后 10 ~ 11 天出现症状，若饲养管理条件不能及时改善，则病情逐渐增重，一般在 1 月龄时死亡严重。

病雏最早的症状是生长停滞，两腿无力，行走极其困难，步态不稳，左摇右摆，严重者不能站立。鸭/鹅的喙变软或弯曲变形，导致啄食不便。由于钙化不良和软骨过度生长，造成关节肿大，尤以跗关节和肋骨关节更为显著。严重病例触摸龙骨，可见龙骨呈“S”状弯曲。产蛋鸭/鹅通常要在缺乏维生素 D 2 ~ 3 个月才出现症状。最初发现产薄壳蛋或软壳蛋的数量增加，随之产蛋率下降，孵化率也降低，最后产蛋完全停止。产蛋鸭/鹅的喙及胸骨变软，两腿软弱无力，常呈蹲伏姿势。

【典型病理变化】 本病最具特征的变化是肋骨与脊椎接合部、肋骨与肋软骨接合部及肋骨的内侧表面有局限性肿大，形成白色凸起的珠球状结节。有些病例在肋骨的同一水平位置上都有成串的珠球状结节，故俗称肋骨串珠。在这种珠球状结节处，常发生自然性骨折，肋骨向后或向下弯曲。长骨（胫骨和股骨）的骨质钙化不良，变脆，严重病例的胫骨变软，易弯曲，但不易折断。

成年鸭/鹅的喙、胸骨变软，肋骨与椎骨接合处内陷，所有肋骨沿胸廓呈向内弧形的特征。

【鉴别诊断】

（1）维生素 D 缺乏症与锰缺乏症的鉴别 二者均有生长迟缓，行走吃力，常以跗关节伏下等临床症状。但二者的区别在于：锰缺乏症的病因是日粮中锰缺乏，患病鸭/鹅骨粗短，腓肠肌腱脱出骨槽，胚胎体躯短小，腿粗短，头呈圆球样，喙短。

（2）维生素D缺乏症与钙、磷缺乏症的鉴别 二者均有幼雏喙、爪较软，行走吃力，成年鸭/鹅的产蛋率、孵化率下降，产软壳蛋、薄壳蛋等临床症状，并均有骨易折断，肋骨呈串珠状，胸骨弯曲等病理变化。但二者的区别在于：钙、磷缺乏症的病因是日粮中钙、磷缺乏和比例失调，幼雏跗关节肿大，关节面软骨肿胀和缺损或有纤维素样物附着。

【预防措施】 ①平时要根据不同的饲养方式，注意合理配合饲料，并注意饲料中钙、磷的供给和比例搭配，尤以舍饲鸭/鹅更为重要。②注意提供鸭/鹅的日照时间，阴雨季节补充富含维生素D的饲料。③为了防止雏鸭/鹅维生素D缺乏症的发生，可在鸭/鹅的日粮中补充富含维生素D的饲料，较长时间的阴天所产的蛋不宜用来孵化。

【治疗方法】 对幼雏佝偻病的治疗，可一次饲喂15000国际单位维生素D_3，其效果要比在饲料中添加大量维生素D更快；也可喂维生素AD液或浓鱼肝油2~3滴，每天1~2次，2天为1个疗程。对种用鸭/鹅进行治疗时，应注意饲料中的钙、磷含量及钙、磷的搭配比例。对患病鸭/鹅应分群隔离饲养，防止挤压造成死亡。

在治疗期间，患病鸭/鹅应隔离饲养，以防挤压踩踏，造成伤亡。对出现痉挛的患病鸭/鹅，可每天静脉注射10%葡萄糖酸钙1次，每次10~20毫升，同时注意日粮中钙、磷的比例，及时加以调整。

三、维生素E缺乏症

维生素E缺乏症是由于维生素E缺乏所引起的一种营养代谢病。本病临床上的表现特征为渗出性素质、脑软化、白肌病等。不同品种和日龄的鸭、鹅均可发生，但临床多见1~6周龄的幼龄鸭/鹅发病。

【病因分析】 维生素E又称生育酚，是一种脂溶性维生素。维生素E在家禽营养中的作用是多方面的，它不仅是正常生殖机能所必需的，而且是一种最有效的天然抗氧化剂，对于饲料中的脂肪酸及其他高级不饱和脂肪酸、维生素A、维生素D_3、胡萝卜素及叶黄素等成分具有保护作用，能够预防脑软化症。机体在代谢过程中会产生过氧化物，破坏细

胞的脂质膜，导致细胞发生变性和坏死，而维生素 E 能够抑制不饱和脂肪酸的过氧化过程，对细胞的脂质膜起保护作用。

维生素 E 和硒之间具有互相补偿和协同作用，谷胱甘肽过氧化物酶对分解体内的过氧化物起着重要作用，微量元素硒则是其重要的组成部分，可防止过氧化物对细胞的损害。缺乏维生素 E 和硒均能引起脑软化（坏死）和肌肉组织营养不良（维生素 E 和硒缺乏综合征）。

鸭/鹅对维生素 E 的需要量与日粮组成、饲料品质、不饱和脂肪酸或天然抗氧化物含量有关。在正常情况下，育成鸭/鹅的每千克饲料添加维生素 E10 国际单位，种鸭/鹅的每千克饲料添加 15 国际单位。引起鸭/鹅维生素 E 缺乏症的因素大致有以下几个方面：

1）饲料中缺乏充足的维生素 E，或者配合饲料中未添加维生素 E 制剂。维生素 E 主要存在于植物油中。谷物胚芽和青绿饲料中，以及米糠、大麦、小麦中也含有一定量的维生素 E，豆饼、鱼粉中维生素 E 的含量次之。

2）饲料保存或加工不当，发生了酸败变质，使维生素 E 被大量破坏时，容易发生维生素 E 缺乏症。籽实类饲料保存 6 个月，维生素 E 可损失 30%～50%。混合料中其他成分也会对维生素 E 产生破坏，如某些矿物质、不饱和脂肪酸和饲料酵母等。

3）球虫病及其他慢性胃肠道疾病，可使维生素 E 的吸收利用率降低而导致维生素 E 缺乏。

4）环境中镉、汞、铜、钼等金属元素与硒之间有拮抗作用，可干扰硒的吸收利用。饲料中缺乏微量元素硒时，维生素 E 的需要量增加，若补偿不足，则会引起维生素 E 缺乏症。

5）种用鸭/鹅缺乏维生素 E，其所产的种蛋及勉强孵出的幼雏也都缺乏维生素 E。

【典型临床症状及典型病理变化】 成年鸭/鹅缺乏维生素 E 时一般不表现明显的症状，产蛋鸭/鹅仍然继续产蛋，产蛋率也基本正常；公鸭/鹅往往睾丸缩小，表现为性欲不强，精液中精子数目减少，甚至无精子；种蛋的受精率和孵化率都降低，孵化的胚胎死亡较多。雏鸭/鹅维生素 E 缺乏时，主要表现为脑软化症、渗出性素质病和白肌病。

（1）脑软化症 本病最常见于 15～30 日龄的幼龄鸭/鹅。特征性症状为患病鸭/鹅运动共济失调，头向后方或下方弯曲，有时是向一侧弯曲，两腿呈现有节律性的痉挛。有时翅膀或腿发生不全麻痹，最后衰竭

死亡。

雏鸭/鹅出现脑软化症状后立即宰杀，可见到小脑表面轻度出血和水肿，脑回展平，小脑柔软而肿胀，脑组织中的坏死区呈黄绿色混浊样。在纹状体中，坏死组织常呈苍白色，并且肿胀而湿润，在早期即与其余的正常组织有明显的界线。脑膜、小脑与大脑的血管明显充血，脑水肿(彩图 7-3)。

(2) 渗出性素质病 本病多发生于 20～30 日龄的雏鸭和雏鹅，特征性症状为患病鸭/鹅颈、胸和皮下组织发生水肿（这是由于毛细血管壁的通透性增高的结果，所以称作渗出性素质病）。严重病例的胸部会发生浮肿，呈紫红色或灰绿色，因为腹部皮下蓄积了大量液体，所以患病鸭/鹅站时两腿叉开。皮下可见有大量浅蓝绿色的黏性液体，这是水肿液里含有血液成分所致。剖开体腔，有心包积液、心脏扩张等病变。

(3) 白肌病（肌营养不良） 本病多发于 4 周龄左右的雏鸭和雏鹅。缺乏维生素 E，同时伴有含硫氨基酸缺乏时，可发生肌营养不良。特征性症状为患病鸭/鹅的胸肌出现灰白色的条纹。雏鸭、雏鹅的维生素 E 缺乏，可见全身的骨骼肌（特别是胸部和腿部肌肉）发生肌营养不良；肌肉的色泽苍白，贫血，胸肌和腿肌出现灰白色条纹，表现为全身衰弱，运动失调，无法站立。本病可造成大批雏鸭、雏鹅死亡。

【鉴别诊断】

(1) 鸭/鹅维生素 E 缺乏症与鸭/鹅传染性脑脊髓炎的鉴别 二者均有精神沉郁，共济失调，行走不便，不能站立，成年鸭/鹅产蛋率、孵化率下降等临床症状，并均有脑膜充血、出血等病理变化。但二者的区别在于：鸭/鹅传染性脑脊髓炎的病原为禽脑脊髓炎病毒，具有传染性，暴发时，雏鸭、雏鹅出壳后即陆续发病，3 天后出现麻痹，头颈部震颤，部分存活鸭/鹅一侧或两侧晶体混浊或呈浅蓝色，失明；剖检可见肌胃、肌层有散在灰白区，中枢神经元变性，胶质细胞增生和血管套现象；在荧光抗体技术阳性鸭/鹅的组织中可见黄绿色荧光。

(2) 维生素 E 缺乏症与葡萄球菌病的鉴别 二者均有关节肿大、跛行，仍有食欲，不喜站立等临床症状。但二者的区别在于：葡萄球菌病的病原为葡萄球菌，患病鸭/鹅的跖趾关节多呈紫红色或紫黑色，有破溃结痂；剖检可见患关节炎处有纤维素性渗出物，后变为干酪样坏死；用关节液、渗出物涂片镜检可见葡萄球菌。

（3）维生素E缺乏症与腹水综合征的鉴别　二者均有精神沉郁，生长停滞，喜躺卧，起立困难，腹部肿大，运步艰难等临床症状，并均有皮下瘀血、心扩张、心包积液等病理变化。但二者的区别在于：肉用鸭/鹅腹水综合征的病因是缺氧、寒冷，以及饲喂高脂高能高蛋白质的饲料；患病鸭/鹅的典型症状是腹部膨大，腹部皮肤变薄、变亮，针刺腹壁流出黄色或浅红色液体；剖检可见腹腔有大量液体，并有纤维素或絮状物，肝脏肿大且呈紫红色，表面有灰白色或浅黄胶冻样物。

【预防措施】　①平时应加强饲养管理，提高鸭/鹅的抗病力，并在饲料中适当添加维生素E和微量元素添加剂，每只每天添加0.05～0.1毫克维生素E添加剂并均匀混于饲料中，连用15天，具有良好的预防效果。同时要注意饲料的保管、贮存。②植物油中含有维生素E，在饲料中混入0.5%的植物油，具有预防和治疗作用。同时注意饲料配合，多喂些新鲜的青绿饲料和谷类，可预防本病的发生。

【治疗方法】　①雏鸭、雏鹅发生脑软化症，每只可喂服维生素E 300国际单位，或者皮下注射维生素E 0.1毫升，每天1次，连用15天，治愈率高。②对于发生渗出性素质和白肌病的鸭/鹅，可在饲料中添加维生素E和硒，每千克饲料添加维生素E 20国际单位（或植物油5克）、亚硒酸钠0.2～0.3毫克、甲硫氨酸2～3克，连用2～4周。对于成年鸭/鹅发生维生素E缺乏时，可在每千克饲料中均匀添加维生素E 10～20国际单位，或者植物油5克，或者大麦芽30～50克，连用2～4周，并酌情饲喂青绿饲料。

四、维生素K缺乏症

维生素K缺乏症是由于维生素K缺乏所引起的一种营养代谢病。临床上的表现特征为患病鸭/鹅凝血时间明显延长甚至不能凝固，胸、腿、翅部皮下和肌肉出血等。本病多见于幼龄鸭/鹅发病。

【病因分析】　维生素K是一种脂溶性维生素，其主要作用是促进肝脏合成凝血酶原和凝血质，维持正常的凝血机能。当血管破损时，在凝血酶的作用下，流出的血液迅速凝固，封住伤口，阻止出血。

鸭/鹅所需要的维生素K的来源包括：肠道内的微生物能少量合成；鸭/鹅粪与垫料中的微生物能合成一些维生素K，当鸭/鹅扒翻垫料啄食粪便时可获取；从饲料中获取。

青绿饲料中含有丰富的维生素 K，鱼粉等动物性饲料中也有一定的含量，其他饲料中比较贫乏。在正常情况下，鸭/鹅的每千克饲料中需要含维生素 K 1.5 毫克。

维生素 K 缺乏症很少见于成年鸭/鹅，有时见于幼雏和低龄青年鸭/鹅，往往是由多方面因素造成的。其主要因素有：

1）饲料中维生素 K 的供给量不足。

2）舍内饲养鸭/鹅和网上育雏，鸭/鹅啄食不到粪便。

3）长期使用抗菌药物，杀死了肠道内正常栖居的微生物，使体内维生素 K 的合成量大大减少。

4）鸭/鹅患肝脏及胃肠道疾病，影响维生素 K 的吸收。

5）饲料中存在双羟香豆素、丙酮苄羟香豆素等物质，干扰维生素 K 的代谢。

【典型临床症状及典型病理变化】 雏鸭/鹅缺乏维生素 K 经 2～3 周出现症状。患病鸭/鹅表现为生长发育不良，蜷缩发抖，胸、腿、翅部皮下和肌肉出血，腹腔内也常有血液，血液不易凝固，由于出血和骨髓造血机能障碍的双重原因，造成严重贫血，部分患病鸭/鹅很快死亡，个别患病鸭/鹅死前奔跑，死时四肢朝天。剖检见肌肉苍白，胸肌、腿肌和两翅下有大小不等的出血点，绝大部分尸体腹腔内积满血液，将腹腔内的血液放出后，可见肝脏呈土黄色或深浅不等的条纹状，部分病例肝破裂，心冠脂肪、心肌出现弥漫性出血，腿骨骨髓苍白。

种用鸭/鹅缺乏维生素 K 可导致种蛋孵化后期鸭/鹅胚出血和死亡。

【防治措施】 ①饲料中适当添加维生素 K，特别是对生长发育旺盛的引进的种用鸭/鹅更应如此。②对患病鸭/鹅可用维生素 K_3 治疗，每千克饲料添加 20～30 毫克，同时多喂一些青绿饲料和动物性饲料，用药后 12～24 小时可使血液凝固恢复正常。

五、维生素 B_1 缺乏症

维生素 B_1 缺乏症是由于维生素 B_1 缺乏所引起的一种营养代谢病。临床上的表现特征为患病鸭/鹅呈多发性神经炎，两脚朝天或侧卧，并同时做游泳状摆动，呈观星状。

【病因分析】 维生素 B_1 又称硫胺素，是组成消化酶的重要成分，参与体内碳水化合物的代谢，维持神经系统的正常机能。

维生素 B_1 在自然界中分布广泛，多数饲料中都含有维生素 B_1，在糠麸、酵母中含量丰富，在豆类饲料、青绿饲料中的含量也比较多，但在根茎类饲料中含量很少。

鸭/鹅对维生素 B_1 的需要量与日粮组成有关，日粮中主要能量来源是碳水化合物时，维生素 B_1 的需要量增加，在一般情况下，鸭/鹅每千克饲料中应含维生素 B_1 的量为：幼龄鸭/鹅和青年鸭/鹅为 4 ~ 5 毫克；产蛋鸭/鹅为 2 ~ 3 毫克。引起鸭/鹅维生素 B_1 缺乏症的因素大致有以下几个方面：

1）饲料的贮存不当，贮存时间过长，尤其饲料发生霉变时，维生素 B_1 损失较大。

2）混合饲料中存在拮抗物质，或者添加了某些碱性物质、防腐剂等对维生素 B_1 均有破坏作用。当 pH 为 7 时，在 100℃环境下加热 7 小时后，90% 的维生素 B_1 可被破坏。当 pH 为 9 时，在 100℃环境下加热 15 分钟后，维生素 B_1 全部失去活性。

3）禽类发生消化道疾病时，影响了饲料采食量及消化、吸收作用，也是造成维生素 B_1 缺乏的原因。

4）豆类中存在的抗硫胺素物质也可以引起鸭/鹅维生素 B_1 缺乏症。

【典型临床症状】 患病鸭/鹅病初精神沉郁，羽毛松乱，食欲不振。随着病的发展，表现出脚软、乏力，不愿走动。强迫患病鸭/鹅行走时，其身体失去平衡，常跌撞几步后即蹲下，或者跌倒于地上，两脚朝天或侧卧，并同时做游泳状摆动、挣扎，但无力翻身站立（彩图 7-4）。有些病雏头偏向一侧或向后扭转或抬头呈观星状（彩图 7-5），或者突然跳起，团团打转，奔跑乱跳，这种神经症状常为阵发性发作，但一次比一次严重，最后抽搐倒地死亡。

有些病雏在游泳时，常因颈肌突然麻痹，头颈向背后弯曲，不断在水中打转或突然翻转而死。每次发作一般历时几分钟，一天发作几次，病情一天比一天严重，最后衰竭死亡。

成年鸭/鹅缺乏维生素 B_1 时，没有明显的症状。但可见产蛋率下降，死胚增加，孵化率也明显降低。

【典型病理变化】 剖检可见皮下脂肪呈胶冻样浸润；胃、肠道黏膜有炎症，十二指肠溃疡，胃、肠壁萎缩；心脏轻度萎缩，右心室扩张；肾上腺肥大，母鸭、母鹅比公鸭、公鹅明显，肾上腺皮质部的肥大比髓质部明显；生殖器官萎缩，睾丸比卵巢的萎缩更明显。

【鉴别诊断】

(1) 维生素 B_1 缺乏症与李氏杆菌病的鉴别 二者均有羽毛松乱，食欲不振，两肢无力，行动不稳，仰头，两翅下垂，有的病例乱闯等临床症状。但二者的区别在于：李氏杆菌病的病原为李氏杆菌，具有传染性，患病鸭/鹅离群呆立，下痢，冠髯发绀，皮肤呈暗紫色，腿部阵发抽搐；剖检可见脑膜明显充血，心肌有坏死，心包积液，肝脏肿大且呈土黄色，有紫血斑和白色坏死，脾脏肿大，呈紫黑色，腺胃、肌胃黏膜脱落；血检可见排列成 V 形的革兰氏阳性小杆菌。

(2) 鸭/鹅维生素 B_1 缺乏症与鸭/鹅传染性脑脊髓炎的鉴别 二者均有羽毛松乱，共济失调，步态不稳，翅、腿麻痹等临床症状。但二者的区别在于：鸭/鹅传染性脑脊髓炎的病原为脑脊髓炎病毒，具有传染性，患病鸭/鹅表现迟钝，走几步即蹲下，常以跗关节着地，驱赶走路时用跗关节着地和拍打翅膀，部分病例晶体混浊或眼球增大并失明；剖检可见脑膜充血、出血，肌胃、肌层有散在灰白区；用荧光抗体阳性鸭/鹅检查可见黄绿色荧光。

(3) 维生素 B_1 缺乏症与维生素 B_2 缺乏症的鉴别 二者均有行走困难，翅、腿麻痹不能行走，生长不良，消瘦等临床症状。但二者的区别在于：维生素 B_2 缺乏症的病因是日粮中维生素 B_2 缺乏，雏鸭、雏鹅 1~2 周龄腹泻，食欲良好，足趾向内弯曲，以跗关节着地，张开翅膀以保持平衡，随后两腿瘫痪，皮肤干而粗糙；成年鸭/鹅瘫痪，孵化率下降，胎胚结节状绒毛，颈部弯曲，躯体短小，关节水肿，贫血。

(4) 维生素 B_1 缺乏症与呋喃类药物中毒的鉴别 二者均有运动失调、抽搐、强直痉挛、角弓反张等临床症状。但二者的区别在于：呋喃类药物中毒的病因是服用呋喃类药物过量而发病，病雏兴奋鸣叫，头颈反转做转圈运动，成年鸭/鹅点头颤动，鸣叫做转圈运动；剖检可见口腔充满泡沫，嗉囊扩张，有轻度出血性胃肠炎，肠内充满黄色内容物。

(5) 维生素 B_1 缺乏症与黄曲霉毒素中毒的鉴别 二者均有精神沉郁、减食、羽毛松乱、消瘦、贫血、运动失调、两脚麻痹、角弓反张等临床症状。但二者的区别在于：黄曲霉毒素中毒的病因是鸭/鹅吃了黄曲霉污染的饲料而发病，患病鸭/鹅排血便，冠髯苍白，成年鸭/鹅产蛋率和孵化率均下降；剖检可见肝脏肿大，呈橘黄色或土黄色，弥漫性出血和坏死，时间长可出现肝细胞瘤或胆管癌；用紫外线照射可见到亮黄绿

色荧光（G族毒素）或蓝紫色荧光（B族毒素）。

【预防措施】①注意在成年鸭/鹅的日粮中搭配含维生素 B_1 丰富的饲料，如新鲜的青绿饲料、酵母粉及糠麸等，对防止本病的发生有明显的作用。②由于在碱性条件下，维生素 B_1 遇热极不稳定。因此，在饲料中不应含有大量的碱性盐类，以防止产生碱性反应而破坏维生素 B_1。③在幼雏出壳干身后，逐只滴喂复合维生素B溶液1~2毫升。④谷物饲料应妥善保存，防止因水浸、霉变等因素破坏维生素 B_1。

【治疗方法】

1）出现维生素 B_1 缺乏症的鸭/鹅群，可在每千克饲料中加入10~20毫克维生素 B_1 粉剂，连用7~10天，可以获得满意的效果。

2）在饮水中加复合维生素B溶液，或者每1000只幼雏在一天的饲料中添加复合维生素B溶液300毫升，每天2次，连用2~3天。

3）个别患病鸭/鹅可采用：①肌内注射维生素 B_1，每只0.5毫升，见效很快。②灌服复合维生素B溶液，每只0.5~1.0毫升，每天2次，1~3天后症状可消失。

六、维生素 B_2 缺乏症

维生素 B_2 缺乏症是由于维生素 B_2 缺乏所引起的一种营养代谢病。临床上的表现特征为患病鸭/鹅羽毛粗乱，有的腹泻，脚趾向内弯曲，两腿不能站立，以跗关节着地。

【病因分析】　维生素 B_2 又称核黄素，是一种水溶性维生素。它是黄素酶的组成部分，参与体内的生物氧化反应，直接影响机体的新陈代谢。

维生素 B_2 在青绿饲料、苜蓿粉、酵母粉、蚕蛹粉中含量丰富，在鱼粉、油饼类饲料及糠麸中次之，籽实饲料如玉米、高粱、小米等含量较少。在一般情况下，鸭/鹅每千克饲料应含维生素 B_2 的量为：幼龄鸭/鹅和青年鸭/鹅为5~6毫克；产蛋鸭/鹅为8~9毫克。引起鸭/鹅维生素 B_2 缺乏症的因素大致有以下几个方面：

1）鸭/鹅由于体内不能贮存大量的维生素 B_2，所需要的维生素 B_2 主要靠饲料来补给。鸭/鹅对维生素 B_2 的需要量大于维生素 B_1，而谷类籽实和糠麸中的维生素 B_2 的含量又低于维生素 B_1，故必须靠添加剂补充。如果由于某种原因，鸭/鹅得不到足够的维生素 B_2 时，就容易产生缺乏症。

2）有时虽然在饲料中添加了足量的维生素 B_2，但由于饲料中含有某些碱性的药物或饲料发霉变质，维生素 B_2 就易受到破坏；或者饲料贮存时间较长，维生素 B_2 的损失就更严重，从而造成缺乏症的发生。

3）鸭/鹅体患有胃肠道疾病或寄生虫病时，会影响鸭/鹅的采食、消化、吸收，也可能引起维生素 B_2 的缺乏。

【典型临床症状及典型病理变化】 雏鸭、雏鹅维生素 B_2 缺乏症一般发生在2周龄至1月龄之间。患病鸭/鹅生长缓慢，衰弱、消瘦，羽毛粗乱，有的腹泻。具有特征性的症状是脚趾向内弯曲，两腿不能站立，以跗关节着地（彩图7-6），当勉强以跗关节移动时，常展翅以维持身体平衡；食欲正常，但因行走困难而吃不到食物，最后衰弱死亡或被其他鸭/鹅踩死。成年鸭/鹅缺乏维生素 B_2 时，产蛋率下降，种蛋孵化率低，胚胎出现“侏儒”、水肿等异常现象，死胎数增加。

剖检病死雏或重病雏可见坐骨神经和臂神经肿大、变软；胃肠壁很薄，肠内有大量泡沫状内容物；肝脏较大而柔软，含脂肪较多。

【防治措施】 饲料配合量要充足。酵母、鱼粉、糠麸等贮存环境要避开热和碱性环境。鸭/鹅发病后注射或口服维生素 B_2 制剂，雏鸭/鹅每只5~6毫克，成年鸭/鹅每只8~9毫克，每天1次，连用3天。

七、维生素 B_3 缺乏症

维生素 B_3 缺乏症是由于维生素 B_3 缺乏所引起的一种营养代谢病。临床特征为患病鸭/鹅表现出羽毛蓬乱无光泽、下痢、皮炎、飞节肿大、屈腿、软脚等。

【病因分析】 维生素 B_3 又称烟酸、尼克酸或维生素PP，是机体辅酶Ⅰ和辅酶Ⅱ的组成成分，参与糖、蛋白质和脂肪的氧化分解代谢。长期饲喂玉米、块根类饲料，因它们所含烟酸较低，可引起机体缺乏症；另外，色氨酸是烟酸的前体物，可被动物用来合成烟酸，因此，低蛋白质饲料尤其是低色氨酸饲料也可引发本病。

【典型临床症状及典型病理变化】 患病鸭/鹅可表现为食欲减退、生长迟缓、羽毛蓬乱无光泽、下痢、皮炎、正常红细胞性贫血、飞节肿大、屈腿、软脚等临床症状。产蛋率和孵化率也下降。剖检可见口、舌及胃肠道黏膜发炎，长骨短粗，脱腱。

【防治措施】 合理搭配日粮，多喂含烟酸丰富的青绿饲料、米糠、

麸皮、花生饼、酵母及优质鱼粉等饲料，注意蛋白质及氨基酸（尤其是色氨酸）和其他维生素的添加。一般对鸭/鹅每千克饲料添加30～60毫克的烟酸即可很好地防治本病。

八、维生素B_5缺乏症

维生素B_5缺乏症缺乏症是由于维生素B_5缺乏所引起的一种营养代谢病。临床特征为患病鸭/鹅表现出皮炎、羽毛发育不全和脱落。

【病因分析】 维生素B_5又称泛酸，是一种水溶性维生素。它是辅酶A的组成成分，参与体内碳水化合物、蛋白质、脂肪三大有机物的代谢过程。

维生素B_5在各种饲料中均有一定含量，在苜蓿粉、糠麸、酵母及动物性饲料中含量丰富。引起鸭/鹅对泛酸缺乏症的因素大致有以下几个方面：

1）一般的全价料不易缺乏维生素B_5，但饲料在加工、贮存过程中，由于各种理化因素的影响，会损失一部分。鸭/鹅若长期饲喂玉米，则可引起维生素B_5缺乏症。

2）种鸭、种鹅饲料中维生素B_{12}不足时，机体对维生素B_5的需要量增加。倘若维生素B_5供应不足，也可引起本病的发生。

3）某些长期影响鸭/鹅采食、消化、吸收的因素也会造成维生素B_5缺乏。

【典型临床症状及典型病理变化】 患病鸭/鹅精神沉郁，食欲减少，生长缓慢，饲料利用率降低，羽毛生长迟滞，全身羽毛松乱、粗糙、卷曲、脱落，而且容易折断，有时头部羽毛完全脱落。头部、趾间和脚底皮肤发炎，表层皮肤脱落，或者出现裂隙。有时可见脚底皮肤增生角化，有的形成疣状赘生物，从而影响行走。眼睑常被黏性渗出物黏着。眼睑周围皮肤呈颗粒状，出现视力障碍。常见到口角有局限性的痂皮。口腔有脓样物质。母鸭、母鹅无明显的临诊症状，虽然产蛋率和受精率影响不太大，但种蛋的孵化率却明显降低。在孵化期的最后2～3天会出现较多的死胚，死亡胚体皮下出血和水肿。

剖检可见口腔内常有脓样坏死性物质，有些病例可见肝脏肿大，呈污黄色或暗红色，脾脏稍萎缩。脊髓变性。

【预防措施】 注意饲料中的合理搭配，在100克的酵母中含维生素B_5高达20毫克，倘若饲料中玉米的比例大或有些养殖户习惯饲喂单一

玉米时，就应添加维生素 B_5，每吨饲料添加维生素 B_5 10～13毫克，或泛酸钙10～20毫克。

【治疗方法】 鸭/鹅发生本病后，可口服或肌内注射维生素 B_5，每只鸭/鹅每天每次20～30毫克，每天1～2次，连续2～3天；或用泛酸钙按每千克饲料15～20毫克混饲，或者按每千克体重一次喂给7～10毫克，每天1次，连喂5～7天。

九、维生素 B_{12} 缺乏症

维生素 B_{12} 缺乏症是由于维生素 B_{12} 缺乏所引起的一种营养代谢病。本病以胚胎发育阻滞，雏鸭、雏鹅生长发育不良、贫血、肌胃角质层炎等为特征。

【病因分析】 维生素 B_{12} 也叫钴胺素或氰钴胺，其生物学功能较多，如可作为辅酶参与机体蛋白质和核酸的合成、红细胞的发育与成熟等过程。

自然界中的维生素 B_{12} 来源于微生物，在动物性饲料中常含较丰富的维生素 B_{12}，而植物性饲料常缺乏。正常情况下，鸭/鹅的肠道微生物可合成一定量的维生素 B_{12}，其中大部分随粪便排出体外。由于鸭/鹅对维生素 B_{12} 的需求量极低，每天仅为几微克，通过接触粪便即可获取需要量的维生素 B_{12}，不致出现临床缺乏症。但在以下情况下，鸭/鹅可发生维生素 B_{12} 的缺乏症：

1）长期饲喂缺乏动物性饲料的日粮，又不在饲料中添加维生素 B_{12} 时，容易发生本病。

2）钴是合成维生素 B_{12} 的原料，当饲料中缺乏足够的微量元素钴时，可引起维生素 B_{12} 的缺乏。

3）长期使用抗微生物药物，抑制肠道微生物的生长，以致不能合成维生素 B_{12}。

4）消化功能紊乱，影响到维生素 B_{12} 的肠道合成与吸收。

5）舍内网养条件下，鸭/鹅不接触粪便与垫料（也有合成维生素 B_{12} 的细菌），影响维生素 B_{12} 的摄取。

6）幼龄鸭/鹅生长迅速，需求量大，加上自身合成能力较差，又得不到补充，易导致维生素 B_{12} 缺乏。

【典型临床症状及典型病理变化】 雏鸭、雏鹅缺乏维生素 B_{12}，可表现为食欲不振、发育迟缓、消瘦、羽毛生长不良、有食粪癖、贫血，

第七章

以及死亡率增高。剖检可见肌肉颜色变浅，血液稀薄，肌胃角质层炎，心脏、肝脏、肾脏肥大，肝脂肪变性或坏死。

成年鸭/鹅则表现为产蛋率下降，产的蛋小而轻，蛋壳无光泽。种蛋孵化率下降，后期胚胎死亡率较高，畸形胚较多。

【预防措施】 应注意合理配合日粮，适当补给肉骨粉、鱼粉、肝粉、酵母等富含维生素 B_{12} 的饲料，注意饲料中钴的补充。如果使用无鱼粉日粮，应在每吨饲料中添加 5 ~8 毫克的维生素 B_{12}。一般来说，保证每吨饲料中有 3 ~9 毫克的维生素 B_{12} 或饲料中含 2.5 克的钴即不致引起维生素 B_{12} 缺乏症。

【治疗方法】 治疗可使用维生素 B_{12} 针剂肌内注射，每只鸭/鹅用 2 ~4 微克，注射 1 次可维持 2 ~4 周。同时饲喂氯化钴，每吨饲料中添加 5 克以促肠内合成维生素 B_{12}。

十、胆碱缺乏症

胆碱缺乏症是由于胆碱的缺乏而引起脂肪代谢障碍，使大量的脂肪在鸭/鹅的肝脏内沉积引起脂肪肝，或称脂肪肝综合征。

【病因分析】 体内甲硫氨酸、肌酸和 N- 甲基烟酰胺等含甲基的化合物的合成过程中，胆碱起着甲基供体的作用，参与体内的甲基化反应。当胆碱缺乏时，乙酰胆碱的合成受到影响，从而也就出现了鸭/鹅胃肠蠕动弛缓、消化腺分泌减少及食欲不振等一系列症状。

胆碱在鸭/鹅体内是卵磷脂及乙酰胆碱的组成成分。而卵磷脂是合成脂蛋白所必需的物质。鸭/鹅肝细胞内合成的脂肪只有以脂蛋白的形式才能被转运到肝脏外，减少肝脂，有抗脂肪肝的作用。当胆碱缺乏时，卵磷脂、脂蛋白合成均发生障碍，此时在肝脏中合成的脂肪由于缺乏肝脂蛋白，使肝脏内的脂肪不能转运出肝脏外，而积聚于肝细胞内，导致肝细胞受到破坏。

鸭/鹅每千克饲料应含胆碱的量为：雏鸭/鹅为 1600 毫克；育成鸭/鹅为 1200 毫克；种用鸭/鹅为 1200 毫克。引起鸭/鹅胆碱缺乏症的因素大致有以下几个方面：

1）鸭/鹅对胆碱的需要量比其他维生素大，尤以雏鸭/鹅对胆碱的不足更为敏感。如果日粮中胆碱添加不足，就易发生本病。

2）当维生素 B_{12}、维生素 C、叶酸和甲硫氨酸缺乏时，就会影响胆碱的合成，在这种情况下，机体对饲料中的胆碱的需求量增加，一旦添

加不足，更易发生本病。

3）当日粮中维生素 B_1 和胱氨酸比例增多时，由于它们能促进糖转变为脂肪，可促使脂肪代谢发生障碍。因此，更能促使胆碱缺乏症的发生。

4）由于日粮中长期添加磺胺类药物或抗生素，肝脏受损害，能抑制胆碱在体内的合成。慢性胃肠道疾病等也会影响胆碱的吸收，从而导致本病的发生。

【典型临床症状及典型病理变化】 患病鸭/鹅生长减缓，食欲减退，出现骨短粗症，腿关节肿大，小腿骨弯曲或呈弓形。患病鸭/鹅常蹲伏地面，不能站立。死亡率增高。

种鸭/鹅产蛋减少，种蛋孵化率降低。

剖检可见肝脏肿大，色泽变黄，表面可能有出血点，质脆。有的病例肝被膜破裂，甚至因肝破裂而发生急性内出血突然死亡；肝脏表面和体腔有凝血块；肝脏、肾脏及其他器官有明显的脂肪浸润和变性，或者出现脂肪肝；胫骨和跗骨变形。关节轻度肿大，呈现滑腱症。

【预防措施】 ①在日粮中应特别注意胆碱、甲硫氨酸、胱氨酸、叶酸、维生素 B_1、维生素 B_{12} 的合理搭配。日粮中含高能和高脂肪时，鸭/鹅对胆碱的需要量增加；日粮中有足够的胆碱时，可节约甲硫氨酸；当日粮中甲硫氨酸不足时，应提高胆碱的添加量；当日粮中叶酸和维生素 B_{12} 不足时，需增加胆碱的含量。②当需要较长时间使用抗生素和磺胺类药物，或者饲料中的能量水平较高，或者发现有损害肝功能的疾病存在时，应及时提高饲料中的胆碱含量。

【治疗方法】 ①每只鸭/鹅每次喂服胆碱 0.1～0.2 克，每天 1 次，连用 5～10 天。大群混喂胆碱，按每千克日粮添加胆碱 0.6 克、维生素 E 10 国际单位、肌醇 1 克，连续饲喂 10 天。②按每吨饲料加入胆碱 400 克，连用 1 周后改用维持量（200 克）。

十一、钙、磷缺乏症

钙、磷缺乏症是由于钙、磷元素缺乏或比例不当所引起的一种营养代谢病。本病以幼鸭/鹅骨骼发育异常，成年母鸭/鹅产软壳蛋和薄壳蛋等为特征。

【病因分析】 鸭/鹅所需的钙质大约 99% 用于构成骨骼和蛋壳，其余分布于细胞和体液中，对维持神经、肌肉、心脏的正常功能及体内酸

平衡，促进伤口血液迅速凝固等具有重要作用。鸭/鹅所需的磷约有80%左右同钙一起参与构成骨骼成分，其余分布在全身组织中，可参与磷脂、核酸和某些酶的组成，具有广泛的生理作用，蛋壳也需要少量的磷参与构成。引起鸭/鹅钙、磷缺乏症的因素大致有以下几个方面：

1）鸭/鹅所需的钙质主要来源于贝壳粉、骨粉、石粉、鱼粉等。如果长期单纯饲喂一些谷物饲料，或配合饲料中骨粉、鱼粉缺乏，再加上维生素D缺乏，往往会引起钙、磷缺乏症。

2）饲粮中含磷过多或钙、磷比倒不当或失调，也是影响钙、磷吸收的常见因素。当钙过量时，影响磷的吸收，会在肠道中形成不溶于水的磷酸钙而造成磷缺乏，磷过多也影响钙的吸收。两者中只要有一种吸收不足，就会影响骨盐的形成而引起骨骼发育异常，多吸收的部分不能被机体利用而排出体外。

3）饲粮中缺乏维生素D，可直接影响钙和磷的吸收。维生素D及其活性代谢产物是调节小肠对钙、磷吸收的主要激素。当维生素D缺乏时，即使给鸭/鹅含钙、磷很高的饲粮，钙、磷的吸收仍然甚微，因此，在这种情况下，如果饲粮中钙、磷含量不足或两者比倒不当，很易引起骨骼代谢疾病。

4）胃肠道疾病或长期消化功能紊乱，使鸭/鹅出现吸收机能障碍，使钙、磷的吸收减少，导致钙、磷缺乏。

5）饲料中含有过多的脂肪酸和草酸，可与钙结合成不溶性钙盐，影响钙的吸收。

【典型临床症状】 幼龄鸭/鹅缺乏钙、磷表现为精神沉郁，食欲下降，生长发育迟缓，颤抖，两腿发软，站立不稳，跛行，拱背，两脚向内并拢，嗜卧，严重者站立困难或卧地不起，无法站立；骨骼发育不良，骨脆易折断，或者变软易弯曲，尤其是腿骨，严重时两腿变形外展。雏鸭/鹅缺磷时发病突然且时间早，1周龄即显症状，2周龄全群发病，病初便出现站立困难和跛行，病程进展快，死亡率高达65%。患病鸭/鹅主要表现精神沉郁，食欲废绝，生长发育严重受阻，两腿变软，内外弯曲呈“()”形，站立不稳，明显跛行，严重者站立困难（彩图7-7），强行站立时两腿强直叉开呈“八”字形，或无法行走，驱赶时蹼关节着地呈游泳状向前移行。嘴壳柔软，翅、腿部长骨质地变软而弯曲，胫骨多呈半圆形。关节肿大，站立不稳，胸廓也变形，与维生素D缺乏症相似。后期患病鸭/鹅卧地不起，精神极度沉郁，逐渐消瘦，最后衰竭死亡。产蛋鸭/鹅缺钙主要表现为产蛋减少，蛋壳变薄，蛋易破，严重时产软壳蛋、无壳蛋，骨质变脆易骨折。缺磷时的表现与缺钙时的相似。

【预防措施】 ①加强饲养管理，调整饲料中营养成分的比例，注意添加鱼粉、骨粉、贝壳粉或石粉，以保证钙、磷的含量。应给以全价配合饲粮，钙含量为0.6%~0.8%。有效磷含量为0.3%~0.35%，钙磷比例约为2:1，并补充足够的维生素D和青绿饲料，这样不仅能满足鸭/鹅的生长发育，并且能有效地预防因钙、磷缺乏或比例失调引起的佝偻病。②可在饲料中适当添加多维素，必要时酌情加入适量的鱼肝油；若有条件，可让鸭/鹅多晒太阳，或者用紫外线照射。

【治疗方法】 首先要明确鸭/鹅发生钙、磷缺乏症的原因，分清是钙缺乏、磷缺乏还是两者比例失调，及时更换饲粮或补充钙、磷及调整钙、磷的比例。治疗时可口服鱼肝油，每天1~2次，每次2~3滴，连用2~3天，或者用鱼肝油按0.5%~1%的剂量拌料口服。另外，幼龄鸭/鹅单纯性缺钙时可口服维丁胶性钙治疗，每只0.33毫升。

十二、钠、氯缺乏症

钠、氯缺乏症是由于饲料中钠、氯元素缺乏所引起的一种营养代谢病。

【病因分析】 食盐中的主要成分是氯化钠。钠在鸭/鹅体内主要分布于血液和体液中。它在肠道里能使消化液保持碱性，有助于消化酶的活动，另外还具有调节体液酸碱度，维持心脏的正常活动等功能。氯与钠的作用相似，主要有维持体内渗透压与酸碱平衡等功能，在胃内可形成胃酸。鸭/鹅对钠、氯的需要主要以食盐（氯化钠）的形式供给。鱼粉中含有一定量的食盐，添加食盐时应予考虑。

在正常情况下，鸭/鹅每千克饲料中应含钠1.85毫克，含氯2.4毫克，即要求鸭/鹅日粮中食盐含量为0.3%~0.5%。如果鸭/鹅饲料中食盐含量不足，易导致钠、氯缺乏症。

【典型临床症状】 缺钠时，鸭/鹅生长发育滞缓，消化不良，食欲减退，外表憔悴，骨质变软，角膜角质化，体重下降，心脏输出血量减少；出现异嗜癖，有啄爪、啄肛和啄羽等恶癖。成年鸭/鹅产蛋减少，蛋重减轻。

鸭/鹅缺乏氯时生长发育滞缓，死亡率高，脱水，血液浓缩，并出现

神经症状。当患病鸭/鹅受到惊吓时，两腿向后伸直，体躯向前倒，突然倒地不能站起，但瞬间可消除，恢复较快。检血时，血清中钾、钠、氯的含量均降低。

【防治措施】 加强饲养管理，合理配合饲料，在饲料中添加适量的食盐。治疗鸭/鹅钠、氯缺乏症时，可在日粮中补充适量食盐，症状将很快消失。但补充食盐时应注意不要过量，以免发生鸭/鹅食盐中毒。

十三、铁缺乏症

铁缺乏症是由于铁元素缺乏而引起的一种营养代谢病。本病主要的特征是贫血、生长缓慢。

【病因分析】 铁是构成载氧的血红蛋白的必需成分，是细胞色素类、过氧化氢酶、黄嘌呤氧化酶、脂过氧化酶的组成部分，在物质代谢中起重要作用，并参与生物氧化过程中电子的传递。因此，铁对于鸭/鹅的物质代谢、能量的产生、羽毛色素的形成及生长发育是不可缺少的元素。鸭/鹅每千克饲料中铁的含量为：幼龄鸭/鹅为25毫克；成年鸭/鹅为30毫克。引起鸭/鹅铁缺乏症的因素大致有以下几个方面：

1）在一定时期内，饲料中的铁含量不足，或者铁的缺失超过摄入，引起鸭/鹅体内铁的贮存量明显降低，而可利用的铁不能正常合成血红蛋白。

2）饲料中含有较多的无机磷酸盐、植酸盐或一些无机元素，这些都会影响鸭/鹅对铁的吸收，导致本病的发生。

3）在雏鸭/鹅的生长发育期或成年鸭/鹅的产蛋阶段，或者由于寄生虫病，肠管黏膜发生炎症，造成吸收功能障碍等因素均可导致铁的摄取减少，不能满足鸭/鹅的正常生理需要，从而引发鸭/鹅的缺铁症。

【典型临诊症状及典型病理变化】 患病鸭/鹅精神沉郁，离群呆立，喜欢卧地，活动少，食欲减退，消瘦，生长缓慢，体重减轻。肉瘤苍白，羽毛的色泽（除白羽外）变浅或失去正常的颜色，羽枯乏泽。喙、爪及可视黏膜色浅，有些病例甚至呈微黄色。成年鸭/鹅的产蛋率下降。红细胞减少，血红蛋白降低，血清铁及铁蛋白浓度低于正常，从而使抗感染能力也随之下降。骨骼肌、心肌及膈肌中的肌红蛋白含量下降。心脏、肌肉、肝脏和肠黏膜中的细胞色素C浓度降低，胃底腺的壁细胞分泌盐酸减少，胃出现炎症或萎缩。

【预防措施】 ①鸭/鹅群多放牧于野外，多采食富含铁质的植物及多接触含铁量丰富的红色泥土。喂给植物叶、蔗糖浆、豆科植物的籽实。②饲料中应含足够量的铁。可用右旋糖酐铁流汁加入水中饮服或拌料。③把硫酸亚铁、硫酸铜、氯化钴等混合加入饮水中，让鸭/鹅自由饮用。④注意日粮中各成分的合理搭配，增加料中吡哆醇的含量，这样可以预防鸭/鹅的铁缺乏症。

【治疗方法】 将硫酸铜12克、硫酸亚铁100克、糖浆500毫升混合，每只鸭/鹅灌服3滴，或者加入水中任鸭/鹅自由饮用；或者用0.3克/片的硫酸亚铁，每只鸭/鹅每次100毫克，每天1次，连服7天，效果良好。

十四、锰缺乏症

锰缺乏症是由于锰元素的缺乏而引起的一种营养代谢病。本病以骨短粗症为主要特征。

【病因分析】 锰是磷酸酶、磷酸葡萄糖变位酶、肠肽酶、胆碱酯酶、异柠檬酸脱氢酶、丙酮酸羧化酶、三磷酶腺苷酶的激活剂，并且通过这些酶参与糖、脂肪、蛋白质的代谢。锰是合成骨骼有机物质硫酸软骨素必不可少的物质，是合成骨髓的必需元素。

性激素的合成原料是胆固醇，而锰离子是合成胆固醇的关键步骤，是甲羟戊酸激酶的激活剂。因此，锰缺乏时，就会影响性激素的合成。

在植物性饲料中，米糠、麦粉、苜蓿等均含有比较丰富的锰。硫酸锰、氯化锰、碳酸锰、高锰酸钾、二氧化锰等均可以作为锰的添加剂，最常用的是硫酸锰。

鸭/鹅每千克饲料应含锰：幼龄鸭/鹅为60毫克；成年鸭/鹅为50~60毫克。引起鸭/鹅锰缺乏症的因素大致有以下几个方面：

1）鸭/鹅对锰的需要量较大，本病的发生主要是因日粮中缺乏锰而引起的。

2）饲料中的玉米含锰量较低，有些地区的饲养户在产蛋鸭/鹅停产阶段习惯单饲玉米，这样必然会引起锰的缺乏。

3）日粮中磷、钙、铁、植酸盐含量过高，或者比例不恰当，可影响机体对锰的吸收。

4）鸭/鹅对存在于饲料中的锰利用率较低。而锰的吸收及代谢与胆

汁有很大的关系，因此，当肝功能出现异常时，鸭/鹅对锰的利用率降低。

【典型临床症状】 患病雏鸭/鹅生长停滞，腿关节肿大，患骨短粗症。跗关节增大，胫骨下端和跖骨上端弯曲扭转，使腓肠肌腱从跗关节的骨槽中滑出而呈脱腱症状。患病鸭/鹅腿部变弯曲而无法站立，无法采食而饿死。

成年鸭/鹅的产蛋率下降，种蛋孵化率明显降低，当鸭/鹅胚孵化到28～30天时，死亡率增高，能孵出的雏鸭/鹅表现为神经机能障碍，运动失调，肢体短小，骨骼发育不良，翅短，腿短而粗。

【典型病理变化】 患病鸭/鹅的肌肉组织和脂肪组织萎缩。跖趾关节肿大，多见跖骨与趾骨向内侧弯曲，管状骨明显变形，骨骺肥厚，骨板变薄，剖面可见骨质疏松，在骨骺端尤其显著。

【预防措施】 ①由于鸭/鹅对锰的需求量很大，如以玉米、大麦为主食时，要特别搭配麸皮、米糠等富含锰的饲料，或者添加锰制剂，使每千克饲料中锰的总量不低于40毫克，并及时调整钙、磷、铁的比例。②在产蛋季节，尤其要提高饲料中的锰含量。

【治疗方法】 ①当发现鸭/鹅缺锰时，每千克饲料中应添加硫酸锰0.1～0.2克，或者用1∶10000的高锰酸钾溶液作为饮用水（即配即用），连饮3天，停2天，再饮2天。②在100千克饲料中添加12～24克硫酸锰。同时，添加青绿饲料和维生素B_1，有利于锰在体内的贮存；在每千克饲料中添加氯化胆碱0.6克、维生素E 10国际单位。

十五、锌缺乏症

锌缺乏症是由于锌元素的缺乏而引起的一种营养代谢病。本病的主要特征为患病鸭/鹅生长发育不良，羽毛粗乱，伴有脱羽。

【病因分析】 锌在机体内是重要的微量元素之一，它具有广泛的生理功能，在体内参与构成和激活多种酶，同时也是胰岛素的组成成分，与蛋白质、核酸和糖代谢密切相关，对生长发育、免疫功能、生殖能力、创伤愈合等方面有着重要影响。

鸭/鹅每千克饲料应含锌60～70毫克。引起鸭/鹅锌缺乏症的原因主要包括以下两个方面：

1）一般植物性饲料中的含锌量较低，动物性饲料中的含锌量相对较高，如果长期单纯饲喂以大豆、籽饼等为主的植物性饲料，没有添加微量元素添加剂，则有可能导致锌缺乏症。

2）影响锌吸收利用的因素，也是造成鸭/鹅锌缺乏症的一个主要原因。饲料中的钙、磷过多，会降低锌的吸收及生物学功能；饲粮中铜含量过高可抑制锌的吸收。此外，铁、铅等许多元素和脂肪酸会与锌争夺代谢渠道，互为拮抗，往往会抑制锌的吸收和利用。

【典型临床症状】 雏鸭/鹅缺锌时表现为精神沉郁，食欲不振，生长发育不良，体重增长显著低于正常鸭/鹅，羽毛粗乱，稀疏，伴有不同程度的脱羽，严重者背羽脱光；鼻孔内充满干燥碎屑及鼻旁窦内充满黄色干酪样脓液；口流涎，嘴壳有时变形；腿骨粗短，关节肿大，两腿无力，不愿行走或站立不稳，皮肤鳞屑增多，特别是脚部皮肤。成年鸭/鹅严重缺锌时，羽毛也会缺损，产出的蛋蛋壳较薄，入孵后胚胎骨骼不能正常发育，成为畸形胚，孵化率较低，幼雏体质较弱。

【预防措施】 平时应注意饲料搭配，喂以适量的肉骨粉、鱼粉或糠麸等饲料，适量添加质量可靠的微量元素添加剂，保证每千克饲料中含锌 50～70 毫克即可满足鸭/鹅的生长发育和预防锌缺乏。此外，矿物质及其他微量元素按营养标准适当添加，防止盲目性，否则饲粮中这些元素添加过量也会不同程度地影响或降低锌的生物有效利用率，诱发锌缺乏症。

【治疗方法】 鸭/鹅发生缺锌症后，在观察和准确诊断的基础上，立即更换饲粮或每千克饲料中加硫酸锌 0.1～0.2 毫克。过量的锌对铁、铜的利用有抑制作用，不能无限制添加。加强饲养管理，可达到治疗目的。

十六、硒缺乏症

硒缺乏症是由于硒元素的缺乏而引起的一种营养代谢病。临床上的表现特征为渗出性素质、白肌病等。

【病因分析】 硒的主要生理功能是与维生素 E 协同阻止体内某些代谢产物对细胞膜的氧化作用，保护细胞不受损害，维持细胞的正常代谢。此外，硒还具有提高种蛋的孵化率、刺激免疫球蛋白形成、增强机体抗病力的作用。硒和维生素 E 在含量上有相互补偿的作用，在功能上有相互协调的关系，但两者不能相互代替。

鸭/鹅每千克饲料应含硒：雏鸭/鹅为 0.15 毫克；育成鸭/鹅、产蛋鸭/鹅为 0.10 毫克。引起鸭/鹅硒缺乏症的原因主要包括以下两个方面：

1）植物性饲料中的硒含量与土壤中的硒含量密切相关。我国多数地区饲料中的硒含量都较低，动物性饲料也因产地不同而导致硒含量差别较大。如果饲料中本身硒含量不足，而添加剂中又不含或含量达不到标准，或者质量低劣，往往导致硒缺乏；如果维生素 E 再缺乏，则更易发病。

2）饲粮中含有过量硒的拮抗微量元素（锌、铜、钴等元素），这将增加雏鸭/鹅对硒和维生素 E 的需要量。大量地采食上述 1 种或几种元素能诱发雏鸭/鹅硒缺乏症。

【典型临床症状】 本病主要发生于雏鸭/鹅，主要特征是发病快、病程短，伴有骨骼肌、心肌及平滑肌的肌病（白肌病），出现严重的运动障碍；下痢，并且脱水和衰竭。

病雏初期表现精神委顿，缩颈，对刺激反应迟钝；食欲减退或废绝，排绿色或白色稀粪，生长发育受阻或迟缓，羽毛蓬松，贫血，迅速消瘦，脱水，肌肉松弛呈衰竭状态；驱赶时，步态不稳，左右肢交叉行走，常易跌倒。后期病雏关节肿大，瘫痪，伏地不起，往往倒向一侧，两肢做划水动作。

【预防措施】 只要平时注意在每千克饲粮中添加 0.1 毫克硒，即可满足鸭/鹅的生长发育和有效地预防硒缺乏症的发生，如果同时在每千克饲料中添加维生素 E 100 国际单位，效果更好。

【治疗方法】 鸭/鹅发病后应立即更换饲粮，或者根据病情的严重程度在缺硒饲料中按每千克饲料添加 0.1～0.2 毫克亚硒酸钠，并适当添加维生素 E，每只鸭/鹅每天添加 2.5 毫克或口服植物油，连用 3 天。

十七、蛋白质与氨基酸缺乏症

蛋白质与氨基酸缺乏症是由于饲料中的蛋白质或某种氨基酸缺乏而引起的一种营养代谢病。

【病因分析】 蛋白质是构成鸭/鹅体的主要成分，又是鸭/鹅生长、发育、产蛋所必需的养分。此外，蛋白质还参与形成鸭/鹅体内活性物质，如激素、抗体等，是维持生命不可缺少的物质。如果日粮中缺乏蛋白质，便会引发鸭/鹅蛋白质缺乏症。

引起鸭/鹅蛋白质和氨基酸缺乏症的原因是多方面的，首先是由于饲料中的蛋白质不足，或者是各类氨基酸不平衡，比例不合适，尤其是赖氨酸、甲硫氨酸、色氨酸这 3 种限制性氨基酸缺乏时，就会影响

或限制饲料所含有的蛋白质中其他多种氨基酸的利用率，降低营养价值，从而不能保障正常的生理功能运作。其次，由于影响鸭/鹅采食的多种因素而造成鸭/鹅采食量不足，长期处于半饥饿状态，或者饲料中虽含有充足的蛋白质和氨基酸，鸭/鹅的采食量也基本正常，但由于消化道发生炎症或其他消化功能的异常也可以影响鸭/鹅体对蛋白质的消化与吸收。

【典型临床症状及典型病理变化】 蛋白质和氨基酸缺乏时，雏鸭/鹅主要表现为生长发育缓慢，羽毛生长受阻，并且容易脱落，食欲下降，体重达不到预期指标，并常出现大批雏鸭/鹅因衰弱或感染其他疾病而死亡。

肉用鸭/鹅及后备鸭/鹅缺乏蛋白质和氨基酸会造成生长迟缓，消瘦，贫血，饲料报酬率低；粪便中几乎见不到白色尿酸盐；抗病力显著降低，体质虚弱。部分患病鸭/鹅因软脚而站立困难，常伴随多种其他疾病，甚至造成死亡。

成年鸭/鹅蛋白质、氨基酸缺乏，表现为开产期延迟，产蛋率下降，甚至完全停产。蛋的重量减轻，品质变差，孵化率降低。鸭/鹅体重减轻，出现渐进性消瘦，产生的卵子和精子活力差，受精率偏低。

剖检可见皮下脂肪、体腔及各种脏器附近的脂肪出现不同程度的消失或完全消失；皮下常有冻胶样水肿；心冠沟、肠系膜原有的脂肪消失，肌肉萎缩、苍白；血液较稀薄，颜色变浅，凝血时间延长或不凝固。

当某种氨基酸缺乏时，可以出现某些相应的症状：

1）赖氨酸缺乏时，脑神经细胞、生殖细胞及血红蛋白的形成受阻，患病鸭/鹅生长停滞、贫血，红细胞及白细胞数量减少，生殖功能也受影响。

2）甲硫氨酸缺乏时，患病鸭/鹅贫血、消瘦，出现羽毛生长及胆汁形成障碍，肌肉营养不良。

3）色氨酸缺乏时，患病鸭/鹅生长停滞，脂肪沉积减少，羽毛脱落，容易出现皮肤炎。

4）精氨酸缺乏时，患病鸭/鹅生长停止、消瘦、虚弱无力，精子形成受阻，受精率下降，翅膀的羽毛卷缩、松乱。

5）甘氨酸缺乏时，患病鸭/鹅肌肉中的肌酸含量下降，机体虚弱无力，生长迟滞，羽毛生长受阻。

6）组氨酸缺乏时，患病鸭/鹅红细胞的数量及血红蛋白的含量下

降，出现一系列与贫血有关的症状。

7）亮氨酸与异亮氨酸缺乏时，患病鸭/鹅的体重迅速下降。

【防治措施】 根据鸭/鹅群不同日龄和各生长、生产阶段的特点，合理确定其蛋白质和氨基酸的需要量，保证供给必需的氨基酸、维生素、矿物质和微量元素。必须考虑各种氨基酸的平衡和拮抗作用。例如，3 种限制性氨基酸（赖氨酸、甲硫氨酸、色氨酸）的不足或其中一种缺乏时，会影响其他氨基酸的利用。因此，在日粮中要注意补充含有这些氨基酸的饲料和添加剂。又如，精氨酸和赖氨酸之间具有拮抗作用，在配合日粮时，增加某一组的一种或两种氨基酸的量，也应提高同组其他氨基酸的含量，这样才能防止发生蛋白质和氨基酸缺乏症。

若由其他疾病引起鸭/鹅食欲不振，则应及时做出确诊，治疗原发病，消除病因、病原，提高机体的抗病能力和修复能力，补充多种维生素，同时补充一定量的蛋白质饲料和氨基酸添加剂。

十八、营养性衰竭症

营养性衰竭症又称瘦弱病，主要是由于鸭/鹅体内的营养供给与消耗之间呈现负平衡而引起的营养不良综合征。其主要特征是患病鸭/鹅表现为进行性消瘦、贫血，逐渐衰竭。

【病因分析】 本病多发于雏鸭/鹅和育成鸭/鹅，主要是由于生长期喂料不足或饲料品种单一，饲料营养不能满足鸭/鹅体的需要，使体内营养处于负平衡状态。此外，本病也常继发于各种慢性消耗性疾病，如沙门氏菌病、球虫病及慢性胃肠炎等。

【典型临床症状及典型病理变化】 患病鸭/鹅精神沉郁，站立无力，羽毛松乱，冠、髯苍白，出现进行性消瘦，胸骨弯曲。重病鸭/鹅脚趾蜷曲，站立不稳，常以尾部着地支撑；后期不会走路，两腿向两侧叉开，最后因全身衰竭而死亡。患病鸭/鹅采食正常，直到濒死前 1～2 天仍能卧地采食，但食量明显减少。有些鸭/鹅出现啄肛、啄羽等异嗜癖现象，整个鸭/鹅群生长发育缓慢。

病死鸭/鹅剖检可见皮下、肌间、腹膜下和肠系膜等处的脂肪全部消耗。全身肌肉严重萎缩、变薄，缺乏弹性，色泽变浅，个别胸部肌肉有血斑。心肌菲薄，色浅，极脆弱，个别心肌出血。肝脏体积缩小，韧性增强，边缘锐薄。肾脏肿大，呈土黄色。多数肠管明显增厚，肠黏膜也有不同程度的瘀血，盲肠扁桃体肿大、出血。

【防治措施】 加强饲养管理，合理配合饲粮，避免鸭/鹅群长期处于饥饿状态。鸭/鹅群发病后，逐渐增加能量、蛋白质饲料及多种维生素和微量元素添加剂，1 周后过渡到符合饲养标准的饲粮。同时在饮水中加入 0.02% 土霉素进行肠道消炎，预防感染。

第八章 鸭、鹅中毒性疾病的诊治

第八章

一、食盐中毒

食盐中毒是由于食入食盐搭配过多的饲料，加上饮水不足而引起的中毒症。鸭、鹅比其他禽类较易产生食盐中毒，幼雏比成年鸭、鹅更易产生食盐中毒。在临诊上，食盐中毒主要的症状是出现神经系统和消化系统紊乱。本病的病理变化以消化管炎症、脑组织呈现水肿和变性为特征。

【病因分析】 食盐的主要成分是氯化钠，是鸭/鹅日粮中不可缺少的物质。适量的食盐可以促进鸭/鹅的食欲，增强消化机能，保证机体盐代谢的平衡。因此，在鸭/鹅的日粮中应含有一定量的食盐，一般为0.3%左右。如果饲料搭配不当，食盐过多，或者误食含食盐过多的饲料，就会引起中毒并造成死亡。引起鸭/鹅发生食盐中毒的常见原因还有下列几种：

1）鸭/鹅日粮中食盐的正常含量占饲料的0.2%~0.4%。当饲料中食盐量达到3%或每千克体重食入3.5~4.5克食盐时，即可引起中毒，重者发生死亡。当幼龄鸭/鹅的饮水中含有0.9%的食盐时，连饮5天左右，死亡率可达95%以上。

2）当饲料缺乏维生素E、含硫氨基酸、钙和镁时，可以增强鸭/鹅对食盐的敏感性。

3）放牧的成年鸭/鹅由于可以自由饮水，因此较少发生食盐中毒。幼龄鸭/鹅在育雏期间日粮中食盐超标，供水不足，也是发生食盐中毒的主要原因之一。

食盐可以改变血液的渗透压。由于摄入超量的食盐，血液内的氯化钠增多，导致颅内压和眼内压降低，使脑和眼球萎缩。同时，钠离子还可以直接影响神经中枢，出现运动中枢障碍等神经症状。大量的食盐刺激消化道黏膜，可引起胃肠黏膜发炎，同时由于胃肠内容物渗透压增高，

使大量体液向胃肠内渗透，引起下痢，使机体处于脱水状态，从而引起血液浓缩，导致循环障碍，造成组织缺氧，代谢停滞。

【典型临床症状】 鸭/鹅发生食盐中毒所表现的症状取决于食入食盐的量和中毒时间的长短。鸭/鹅一旦食入了过量的食盐，由于对消化道黏膜的刺激，患病鸭/鹅食欲不振或废绝，而饮水量则大大超过正常鸭/鹅的数倍，使患病鸭/鹅的食管膨大部扩张膨大，患病鸭/鹅稍低头，可见口、鼻流出浅黄色分泌物。患病鸭/鹅渴感强烈，直到临死前还在饮水。

患病鸭/鹅腹泻，排出水样稀粪。有些病例出现显著的皮下水肿。患病鸭/鹅精神沉郁，运动失调，两脚无力或完全麻痹瘫痪，脚蹼向后弯曲，行走困难，驱赶时可见两羽扑打地面移行，蹲伏片刻之后又见其能行走几步，但很快又卧地不起。发病后期出现呼吸困难，嘴不停地张合，有时出现肌肉抽搐，头颈弯曲，胸腹朝天挣扎，最后昏迷，以虚脱而告终。

雏鸭/鹅中毒后，不断鸣叫，神经兴奋性增强，无目的地冲撞，或头后仰，以脚蹬地，突然身体向后翻转，胸腹朝天，两脚前后做游泳状摆动，头颈不断旋转，很快死亡。

慢性中毒时，血清中的钠含量显著增高；血液中嗜酸性粒细胞显著减少；肝脏和脑中的钠含量超过150毫克/100克。

【典型病理变化】 病变主要表现在消化道。食管膨大部充满黏液，黏膜脱落。腺胃黏膜充血，呈浅红色，表面有时形成伪膜；肌胃呈轻度充血、出血；小肠发生急性卡他性或出血性肠炎，黏膜充血，并有出血点；皮下结缔组织水肿，切开后流出黄色透明液体，皮下脂肪呈胶样浸润，如胶冻样；腹腔充满无臭、黄色、透明的腹水；肝脏肿大、瘀血，表面覆盖浅黄色的纤维素性渗出物；心包腔积液，心脏有出血点；肺水肿；全身血液浓稠；脑膜充血，有时见有小出血点。

慢性食盐中毒，胃肠病变不明显，主要病变在脑，表现大脑皮层软化、坏死。

【预防措施】 ①调制饲料时，应严格控制饲料中食盐的含量，特别是饲喂雏鸭/鹅时，不能超过0.5%，以0.3%为宜。②现在农村饲喂鸭/鹅已习惯喂混合料，可以不必加盐。

【治疗方法】 一旦发现食盐中毒，立即停喂原有的饲料或饮水。中毒鸭/鹅可采取下列措施：

1）供给中毒鸭/鹅5%葡萄糖水饮用，以利尿解毒。

2）0.5%醋酸钾溶液用作饮水，或者灌服。

3）5%氯化钾溶液按每千克体重皮下注射4毫升。

4）为防止过量的食盐进一步损伤消化道黏膜，可喂给淀粉、牛奶或豆浆，灌服植物油缓泻剂，以减轻中毒症状。

提示

供给患病鸭/鹅清洁饮水时，应采取多次、少量、间断的方式饮水，切忌暴饮，以免一次性饮水过量而导致严重的脑水肿。

二、菜籽饼中毒

菜籽饼内富含蛋白质，可作为鸭/鹅的蛋白质饲料。在鸭/鹅的饲料中搭配一定量的菜籽饼，既可以降低饲料成本，也有利于营养成分的平衡。但是，菜籽饼中含有多种毒素，如硫氰酸酯、异硫氰酸脂、噁唑烷硫酮等，这些毒素对鸭/鹅体有毒害作用。如果鸭/鹅摄入大量未经处理的菜籽饼，就可引起中毒。

【病因分析】 菜籽饼中毒素的含量与油菜品种有很大关系，与榨油工艺也有一定关系。普通的菜籽饼在产蛋鸭/鹅饲料中占8%以上，即可引起毒性反应。当菜籽饼发热变质或饲料中缺碘时，会加重毒性反应。不同年龄的鸭/鹅对菜籽饼的耐受能力有一定差异，雏鸭/鹅的耐受能力较差。

【典型临床症状】 鸭/鹅的菜籽饼中毒是一个慢性过程，当饲料中含菜籽饼过多时，鸭/鹅的最初反应是厌食，采食缓慢，耗料量减少，粪便出现干硬、稀薄、带血等异常变化，之后逐渐出现生长受阻，产蛋减少，蛋重减轻，软壳蛋增多。

发病鸭/鹅群中，部分鸭/鹅呼吸困难，呈张口呼吸。部分鸭/鹅精神萎靡，食欲停止，口流清涎，粪稀并有少许血液，最后抽搐而死。个别患病鸭/鹅有明显的神经症状，兴奋惊恐。症状轻、病程长的鸭/鹅双眼似有泪珠，视力不敏锐。患病鸭/鹅的嗉囊空虚且萎缩，死前多出现角弓反张姿势。

【典型病理变化】 肝脏肿大，颜色暗紫并有明显瘀血斑，切面渗出黄色胶体状物质，肝脏表面有少许线状浅黄色斑纹；胆囊肿大，内充满黄绿色胆汁。慢性死亡的鸭/鹅，腺胃与肌胃有不同程度的出血，严重者呈出血斑状，十二指肠及盲肠呈弥漫性出血，肾实质有出血性炎症。

【防治措施】 ①对菜籽饼要采取限量、去毒的方法，合理利用。②对患病鸭/鹅要停喂含有菜籽饼的饲料，可逐渐康复。本病无特效治疗药物，治疗时采用解毒、排毒、吸附收敛、补能消炎等方法。

三、棉籽饼中毒

棉籽饼内富含蛋白质，可作为鸭/鹅的蛋白质饲料，在鸭/鹅的饲料中搭配一定量的棉籽饼，既可以降低饲料成本，也有利于营养成分的平衡。但是，在棉籽饼中含有一种叫棉籽酚的有害物质，对组织细胞、血管、神经有毒害作用。如果加工调制不当或鸭/鹅摄入量过多，就会引起中毒。

【病因分析】 引起鸭/鹅棉籽饼中毒的因素主要有以下几个方面：

1）用带壳的土榨棉籽饼配料。这种棉籽饼不仅含有大量的木质素和粗纤维，而且游离棉籽酚（游离态棉籽酚毒性强，结合态棉籽酚毒性弱）含量很高，因此不能用于饲喂鸭/鹅。目前，随着榨油工业向现代化发展，这种棉籽饼已越来越少。

2）在配合饲料中棉籽饼比例过大。棉籽饼中的游离棉籽酚与棉花品种、土壤，特别是榨油工艺有很大关系，常用的棉籽饼含游离棉籽酚0.08%左右，如果在鸭/鹅的饲料中配入10%以上的棉籽饼，就容易引起中毒。

3）如果棉籽饼发霉变质，其游离棉籽酚的含量就会增高，则增加中毒的危险。

4）如果配合饲料中维生素A、钙、铁及蛋白质不足，会促使中毒的发生。

【典型临床症状及典型病理变化】 中毒鸭/鹅食欲减退或废绝，排黑褐色稀粪，并常混有黏液、血液和脱落的肠黏膜；羽毛松乱，翅膀下垂，行动不稳，身体急剧消瘦。有些患病鸭/鹅出现抽搐等神经症状，呼吸困难，最后因衰竭而死亡。母鸭/鹅产蛋减少或停产；公鸭/鹅精液中精子减少，活力减弱；种蛋的受精率和孵化率降低。

剖检可见胃肠道黏膜充血、出血，黏膜易脱落；肝脏充血、肿大、质脆，呈土黄色，其中有许多空泡和泡沫状间隙；肾脏呈紫红色，质软而脆；胰腺增大；肺脏充血、水肿；心外膜出血；卵巢萎缩；皮下水肿。

【预防措施】

(1) 去毒处理　饲料中每配入100千克棉籽饼，同时拌入1千克硫酸亚铁，这样在鸭/鹅的消化道内，棉籽酚与铁结合失去毒性。棉仁饼的其他去毒方法还有蒸煮2小时、用2%~2.5%硫酸亚铁溶液浸24小时等。

(2) 限量饲喂　棉籽饼在育成鸭/鹅饲料中所占比例以5%~6%为宜，最多不超过10%。

(3) 间歇使用　由于棉籽酚在体内积蓄作用较强，鸭/鹅饲料中最好不要长期配入棉籽饼，每隔1~2个月停用10~15天。

(4) 区别对待　1月龄以下的雏鸭/鹅不喂棉籽饼，青年鸭/鹅适当多喂，产蛋期少喂，种鸭/鹅在提供种蛋期间不喂。

(5) 增喂青绿饲料　青绿饲料可显著增强动物机体对棉籽酚的解毒能力，在饲料中配入棉籽饼时，应尽可能供给充足的青绿饲料，做不到的应增加多种维生素添加剂的用量，但效果不及青绿饲料。

【治疗方法】

1）对患病鸭/鹅应停喂含有棉籽饼的饲料，多喂些青绿饲料，经1~3天可逐渐恢复。

2）对症治疗。①硫酸镁1~2克，一次内服。②0.5%硫酸阿托品注射液0.2~0.4毫升，一次分点皮下注射。③25%维生素C注射液0.2~0.5毫升，一次肌内注射。

四、黄曲霉毒素中毒

黄曲霉毒素中毒是指因采食了含黄曲霉毒素的饲料后所发生的一种急性或亚急性中毒性疾病。本病以神经症状，全身浆膜出血，肝脏坏死、硬化为特征，可引起鸭、鹅特别是雏鸭、雏鹅大批死亡。

【病因分析】　鸭/鹅的各种饲料，特别是花生饼、玉米、豆饼、棉仁饼、小麦、大麦等，由于受潮、受热而发霉变质，含有多种霉菌，其中主要的是黄曲霉菌。黄曲霉毒素是黄曲霉菌的代谢产物，对畜禽具有毒害作用。如果鸭/鹅摄入大量黄曲霉毒素，可造成中毒。

不同日龄的鸭/鹅对黄曲霉毒素的敏感性并不相同，雏鸭/鹅比成年鸭/鹅更为敏感。

【典型临床症状】　本病多发于雏鸭/鹅，临床症状取决于鸭/鹅的年龄和食入毒素量的多少。幼龄鸭/鹅多呈急性型，无明显症状，有时很快

死亡；病程稍长的则表现出精神委顿，食欲减退或废绝，衰弱无力，拱背，尾下垂（彩图 8-1），脱毛，鸣叫，步态不稳，严重跛行，呈企鹅状行走，腿和脚部皮下血色呈紫红色，并出现明显黄疸变化，死前常有共济失调、角弓反张等症状。成年鸭/鹅的耐受性较幼龄鸭/鹅高。急性中毒鸭/鹅的症状与雏鸭/鹅基本相近，表现为口渴增加，腹泻，排白色或绿色稀粪。慢性中毒鸭/鹅的症状不明显，表现为食欲减退、消瘦、贫血、衰弱；病程长者，可能发展为肝癌，最后死亡。

【典型病理变化】 剖检可见病变主要在肝脏。急性中毒的雏鸭/鹅肝脏肿大，颜色变浅呈黄白色，有出血斑点（彩图 8-2），胆囊扩张；肾脏苍白，稍肿大；胸部皮下和肌肉有时出血。成年鸭/鹅慢性中毒时，肝脏变黄，逐渐硬化，常分布有白色点状或结节状病灶。

【预防措施】

1）加强饲料保管，贮存饲料，原料的水分不能超标。要防止饲料发霉，特别是温暖多雨季节更应注意防霉。要保持饲料贮存仓库干燥、通风、低温，在饲料中可加入防霉剂，每 1000 千克饲料加入 75% 丙酸钙 1 千克。若为高温、高湿的饲料或含有糖蜜、油脂类的饲料，每 1000 千克饲料加入 75% 丙酸钙 1.5 ~2 千克。已被霉菌污染的饲料，可用 5% 过氧乙酸喷雾消毒，消灭霉菌孢子。若饲料已被黄曲霉毒素污染，禁止使用。

2）坚持不喂发霉饲料，尤其不喂发霉的玉米、麦麸、花生饼、豆粕等。不用被霉菌污染的原料配制和加工饲料。

3）鸭/鹅棚舍和饲料仓库等要定期用福尔马林或过氧乙酸喷雾，彻底消毒。被污染的用具可用过氧乙酸或次氯酸钠消毒，再用清水清洗后方可使用，以消灭霉菌及其孢子。

【治疗方法】 一旦发现中毒，要立即更换饲料，加强对患病鸭/鹅的护理，供给充足的青绿饲料和维生素 A。应用制霉菌素治疗，每只口服 3 万 ~5 万单位，每天 2 次，连用 2 ~3 天，对重症鸭/鹅可服用少许盐类泻剂，并采取对症疗法。

因黄曲酶毒素不易被破坏，加热煮沸也不能使毒素分解，所以病死鸭/鹅、排泄物要销毁或深埋，坚决不能食用。粪便要清扫干净，集中处理，防止二次污染饲料和饮水。

五、亚硝酸盐中毒

亚硝酸盐中毒是由于鸭/鹅摄食了含大量亚硝酸盐的青绿饲料后而引起的中毒症。其临诊症状主要是机体严重缺氧，可视黏膜发绀。主要病理变化以血液凝固不良，呈酱油色为特征。

【病因分析】 亚硝酸盐中毒又称高铁血红蛋白血症，主要是由于富含硝酸盐的饲料（如甜菜、萝卜、马铃薯等块茎类，白菜、油菜、菠菜，各种牧草、野菜等）在硝酸盐还原菌（具有硝化酶和供氢酶的反硝化菌类）的还原作用下，生成亚硝酸盐，亚硝酸盐一旦被吸收入血后引起的鸭/鹅血液输氧功能障碍。因此，亚硝酸盐的产生取决于饲料中硝酸盐的含量和硝酸盐还原菌的活力。在一般情况下，习惯用青绿饲料饲喂鸭/鹅的地区，鸭/鹅群发生亚硝酸盐中毒的机会就会多一些。当青绿饲料在食用之前保存不当，如堆放过久、雨淋日晒而腐败变质，或加工、调制处理不当，如蒸煮青绿饲料时，不加搅拌或搅拌不够，蒸煮不透、不熟，或煮后放在锅里，加盖焖着，可使饲料中的硝酸盐变成亚硝酸盐。鸭/鹅采食了这样的饲料就会发生中毒。当鸭/鹅体本身消化不良，胃内酸度下降，可使胃肠（尤其是雏鸭/鹅食管膨大部）内的消化细菌大量生长繁殖，胃肠的内容物发酵，而将硝酸盐还原为亚硝酸盐，导致鸭/鹅中毒。

饮用硝酸盐含量过高的水，也是引起鸭/鹅亚硝酸盐中毒的原因之一。施过氮肥的农田，在田水、深井水中，或者垃圾堆附近的水源，也常含有较高浓度的硝酸盐。

亚硝酸盐属于一种强氧化剂毒物，被鸭/鹅体一旦吸收入血液后，就能使血红蛋白中的二价铁（Fe^{2+}）脱去电子后成为三价铁（Fe^{3+}），这样就会使体内正常的低铁血红蛋白变为变性的高铁血红蛋白。三价铁同羟基结合较牢固，流经肺泡时不能氧合，流经组织时不能氧离，致使血红蛋白丧失正常携氧功能，而引起全身性缺氧。这样就会造成全身各组织，特别是脑组织受到急性损害，同时还会引起鸭/鹅呼吸困难，甚至呼吸麻痹，神经系统紊乱而死亡。

【典型临床症状】 鸭/鹅亚硝酸盐中毒多呈急性发作，在采食了含亚硝酸盐的饲料之后，表现精神不安，不停跑动，但步态不稳，多因呼吸困难而窒息死亡。

病程稍长的病例，常表现出张口，口渴，食欲减退，呼吸困难，口腔黏膜、眼结膜和胸、腹皮肤发绀。大多数病例体温下降，心跳减慢，肌肉无力而软弱，双翅下垂，两脚发软，最后发生麻痹，昏睡而死。

病情较轻的病例，仅表现轻度的消化机能紊乱和肌肉无力等症状，一般可以自愈。

【典型病理变化】 体表皮肤、耳、肢端和可视黏膜呈蓝紫色（即发绀），体内各浆膜颜色发暗；血液呈巧克力色泽或酱油状，凝固不良；肝脏、脾脏、肾脏等脏器均呈黑紫色，切面明显瘀血，并流出黑色不凝固血液；气管与支气管充满白色或浅红色泡沫样液体；肺脏膨胀，肺气肿明显，伴发肺脏瘀血、水肿；胃、小肠黏膜出血，肠系膜血管充血；心外膜出血，心肌变性坏死。

【预防措施】 ①防止鸭/鹅亚硝酸盐中毒的关键措施是不喂腐败、变质、发霉的饲料和堆放时间太长的青绿饲料。②青绿饲料如需蒸煮时，应边煮边搅拌，煮透、煮熟后立即取出，并充分搅拌，让其快速冷却后喂饲。③菜类饲料应置阴凉通风的地方，摊开敞放，经常翻动。特别要注意的是切勿将菜类饲料切碎堆放后才饲喂鸭/鹅。

【治疗方法】 ①更换新鲜饲料和清洁饮水。②亚甲蓝是对本病最有效的解毒药物。一旦发现鸭/鹅群中毒，可静脉注射1%亚甲蓝注射液，每千克体重用0.1毫升；或者腹腔注射，每千克体重用0.4毫升。同时，配合注射50%葡萄糖及维生素C注射液。或者每只患病鸭/鹅口服维生素C 1片（100毫克），每天1次，连用2~3天。

可疑饲料、饮水在使用前可用芳香胺法测定其中亚硝酸盐的含量。

六、高氟饲料中毒

高氟饲料中毒是指因鸭/鹅采食了氟含量高的饲料后所发生的一种中毒性疾病。本病以患病鸭/鹅粪便稀薄，腿软无力，两腿呈“八”字形为特征，可引起鸭/鹅特别是幼雏大批死亡。

【病因分析】 鸭/鹅体对氟的耐受量很低，一旦饲料、饮水中含氟过量，将会引起鸭/鹅氟中毒。鸭/鹅日龄越小，中毒症状越严重。

饲料原料磷酸氢钙、磷酸钙中的含氟量最多不能超过0.2%，成品料中的含氟量不能超过0.02%，超过限量就可引起高氟饲料中毒。饮水

中含氟量每升超过 5 毫克也可使畜禽中毒。

氟过量对畜禽（包括人在内）的最大危害是干扰钙的吸收和钙、磷代谢，从而导致骨骼和牙齿的严重病变，因而也称为氟骨病。氟还能干扰甲状腺、肾上腺、性腺、胰岛等内分泌腺的功能，使肾上腺、性腺、胰腺分泌减少或紊乱，从而导致低血压、低血糖及性功能障碍。

【典型临床症状】 患病鸭/鹅表现出精神不振，生长缓慢，喙软，粪便稀薄，腿软无力，以跗关节着地并趴伏于地，或者两腿呈“八”字形外翻倒地，食欲废绝，最后昏迷死亡。雏鸭/鹅摄入高氟饲料后可造成成年鸭/鹅大量瘫痪和死亡。

【典型病理变化】 剖检可见骨骼软而柔韧，骨髓颜色变浅，严重者呈土黄色，有的患病鸭/鹅的肋骨与肋软骨、肋骨与椎骨接合部呈珠状凸起，有些病例见心包、胸腔和腹腔积液，心脏、肝脏、肾脏的脂肪变性，脑膜轻度充血，其他脏器无特异性病变。

【防治措施】 要严格控制饲料、饮水中氟的含量，发现中毒时应立即停止饲喂造成中毒的饲料，换用低氟饲料。同时在饲料中添加骨粉、鱼肝油、多种维生素；在饮水中添加补液盐、维生素 C，连喂 3～4 天，鸭/鹅群可基本稳定并逐渐好转。

七、马铃薯中毒

马铃薯中毒是因饲喂了含粉碎的发芽的马铃薯的饲料后而引起的一种中毒性疾病。

【病因分析】 马铃薯中含有一种有毒的生物碱——马铃薯素，又名龙葵素，完好且成熟的马铃薯中，龙葵素的含量甚微，不致引起中毒，但当贮存时间过长或保存不当引起马铃薯发芽、变青、变质或腐烂时，使龙葵素的含量剧增（芽内含量可达 4.76%，块茎内达 0.58%～1.84%），鸭/鹅采食后便能引起中毒。此外，用从开花至结有绿果时期的茎叶饲喂鸭/鹅，也易引起中毒。

【典型临床症状】 患病鸭/鹅在初期兴奋不安，继而精神不振，羽毛逆立，眼半闭，步态不稳，不愿行走，强行驱赶则行动困难，运步蹒跚，腹泻。重症者，可视黏膜发紫，昏迷，抽搐，全身痉挛，最后窒息死亡。

【典型病理变化】 病死鸭/鹅血液呈暗紫色，肝脏和脾脏肿大、瘀血，胃肠出现卡他性炎症，腺胃黏膜脱落或有出血点，心包积液，心内外膜出血。

【预防措施】 ①马铃薯应放置在干燥、凉爽、无阳光照射的地方，以防生芽变绿。如果已生芽变绿，喂前则应去除嫩芽及发绿的部分，并挖去芽眼周围部分，再经过蒸煮，使其毒性降低。腐烂变质的马铃薯不能用来饲喂鸭/鹅，做好废弃处理工作，以防被鸭/鹅误食。②用马铃薯的茎叶饲喂鸭/鹅时，应与其他青绿饲料混合、青贮后，再行饲喂；或者用猛火煮，待其毒素含量降低后再用以饲喂。③将马铃薯作为鸭/鹅的饲料时，应采取由少至多，逐渐增加的方式。

【治疗方法】 发现鸭/鹅马铃薯中毒时，应立即停喂马铃薯，采取饥饿、泻肠、补液等措施。内服0.02%高锰酸钾溶液或0.5%鞣酸溶液10毫升，并内服10%葡萄糖溶液10毫升，肌内注射20%安钠咖注射液1毫升。

八、雏鸭/鹅水中毒

【病因分析】 水是机体的重要组成成分，也是机体一切生命活动的物质基础，适时适量给水，能保持机体代谢和维持机体微量元素平衡，促进雏鸭/鹅的正常生长发育。在生产中，有时由于不适当限制雏鸭/鹅饮水或工作疏忽而长时间忘记给水，使机体调节机能降低。一旦大量给水，造成雏鸭/鹅暴饮，使体液失去平衡，体组织中大量蓄水。因细胞外液水分过多，血浆中钠、氯浓度下降，致使细胞内液渗透压相对增高（与细胞外液渗透压相比较），水进入细胞内，引起细胞水肿，尤其脑细胞水肿更为明显，从而使雏鸭/鹅脑内压升高，出现一系列中毒症状，甚至引起死亡。

【典型临床症状及典型病理变化】 病雏表现出精神沉郁，食欲废绝，离群，羽毛松乱，黏膜发绀，口流液体，嗉囊膨大，积水而透明，并排出少量稀粪，若抢救不及时，就会造成死亡。

尸体剖检可见嗉囊蓄积大量水而无饲料，消化道轻度出血，肠黏膜用刀背轻刮易脱落。

【防治措施】 加强日常饲养管理，雏鸭/鹅出壳后要及早饮水。保证供给充足的饮用水，以防脱水。如果已发生脱水，应在饮用水中加少量食盐，使其含量在0.9%左右，同时控制饮水量，不让其暴饮。

九、雏鸭/鹅铜中毒

雏鸭/鹅铜中毒是因采食过量的铜所引起的一种中毒性疾病。

【病因分析】 雏鸭/鹅铜中毒多是因治疗和预防曲霉菌病和口疮等疾病时，应用硫酸铜溶液过量而导致发病。此外，采食了刚洒过硫酸铜溶液的饲草而导致铜中毒。铜缺乏症时，过量补充了硫酸铜或铜的络合物也可导致本病的发生。慢性雏鸭/鹅铜中毒是因长期饲喂含铜量较高的饲料或洒过硫酸铜的作物；长期放牧于铜矿区或铜厂的周围；饲料中铜和铝含量比例失调；采食能引起肝机能障碍的植物，导致铜在肝脏内蓄积中毒等。

【典型临床症状】 症状较轻的鸭/鹅仅有轻微生长抑制现象，雏鸭/鹅发育不良；重症者，食欲废绝，精神委顿，卧地不起，跛行，排泄红褐色或灰褐色稀粪，衰弱，昏迷，麻痹，最终死亡。

【典型病理变化】 主要病变在消化道，腺胃黏膜肿胀、坏死，其上附有灰白色或浅黄色黏液；肌胃角质增厚，呈黄褐色，有的发生龟裂；小肠黏膜出现卡他性炎症，有的部位的内容物呈铜绿色、红褐色或灰褐色，整段小肠黏膜发红、肿胀；肝脏色浅，呈浅黄色，局部充血、质脆，胆汁充盈；胰腺呈灰白色。

【预防措施】 ①用硫酸铜作为曲霉菌病的治疗药物时，含量不可太高，一般以0.05%左右为宜，含量过高，刺激强烈。②用喷洒了硫酸铜溶液防治病害的植物作为饲料，必须洗净后饲喂。③配制和装药液的容器，要用玻璃和木料制成，不可用金属容器。

【治疗方法】 ①用0.2%～0.3%黄血盐（亚铁氰化钾）溶液洗胃；或者内服0.1%黄血盐溶液3～5毫升。氧化镁0.2～0.5克和蛋白水（用1个鸡蛋的蛋白，加一杯水搅拌均匀）混合内服。②导泻可用硫酸镁、硫酸钠等中性盐类泻剂。

十、磺胺类药物中毒

【病因分析】 磺胺类药物是一类具有对氨基苯磺酰胺结构的广谱抗菌药物的总称，被广泛地应用于家禽的细菌性疾病及球虫病的防治。但由于该类药物对家禽的肝脏、肾脏、造血系统和免疫系统有毒害作用，而且治疗量与中毒量较接近，极易引起家禽的中毒。鸭/鹅的磺胺类药物中毒就是指因磺胺类药物使用不当而引起的中毒。患病鸭/鹅可表现为皮肤、皮下组织、肌肉和内脏器官出血等特征。雏鸭/鹅敏感性比成年鸭/鹅高。

鸭/鹅的磺胺类药物中毒的直接原因是使用磺胺类药物剂量过大，

用药时间过长或拌料不均匀。磺胺类药物的一般使用量是口服按每千克体重用0.1克（首次加倍）、肌内注射按每千克体重用0.07克，连用3~5天。超过这个用量，或者连用时间在7天以上，就有可能造成鸭/鹅中毒。

1月龄以内的雏鸭/鹅因体内肝脏、肾脏等器官功能不完备，对磺胺类药物的敏感性较高，容易引起中毒。因磺胺类药物本身在体内代谢就较缓慢，不易排泄，肝脏、肾脏有疾患的鸭/鹅因体内的蓄积也易导致中毒。饲料中维生素K缺乏也能促进磺胺类药物中毒的发生。

【典型临床症状】 急性中毒主要可表现为兴奋症状，患病鸭/鹅拒食，腹泻，出现头颈扭曲、麻痹、痉挛等神经症状，严重者出现明显症状后12小时内死亡。慢性中毒时，患病鸭/鹅精神沉郁，羽毛粗乱，食欲减退或废食，饮欲增加，贫血，头部常肿大、发暗，眼半闭，脚软，双翅下垂，翅下出现皮疹，便秘或腹泻，粪便呈暗红色；产蛋减少，产软壳蛋或停产。个别鸭/鹅关节肿胀、跛行，站立不稳或瘫痪。

【典型病理变化】 主要是引起出血综合征，可见皮肤、皮下、肌肉（尤以胸肌、大腿内侧肌明显）、内脏等多部位出血；血液稀薄、凝固不良；肾脏肿大，呈土黄色，有出血斑，切面散在灰白色区域，实质萎缩；输尿管增粗，充满白色尿酸盐；肝脏肿大，质脆，紫红色或黄褐色，有出血斑点或条带；腺胃黏膜及肌胃角质层下，以及小肠黏膜等处均可出现出血斑点，十二指肠黏膜脱落；有的关节腔内有少量尿酸盐沉积。

【预防措施】 ①对10日龄以下雏鸭/鹅或产蛋鸭/鹅应少用或禁用。②严格控制磺胺类药物的使用剂量和疗程（一般不宜超过5天）。③使用磺胺类药物期间，应提高饲料中的维生素K和B族维生素的含量。同时注意供给充足的饮水。④将2~3种磺胺类药物联合使用，以便提高疗效，减少药物毒性。另外，在临床上可选用含有增效剂的碘胺类药物（如复方敌菌净、复方磺胺甲基异噁唑等），因其用量小，毒性也较低。

提示

某些磺胺制剂在使用时应配合等量的碳酸氢钠，同时供给充足的饮水。

十一、喹乙醇中毒

【病因分析】 喹乙醇又名倍育诺、快育灵或喹酰胺醇，具有促进生长的作用，对革兰氏阴性、阳性菌有抗菌作用，除广泛用于鸭/鹅促生长和催肥外，还用于防治肠道炎症、禽出血性败血症等。目前农业农村部已禁止使用于加工食品的动物上。在过去兽医上，使用剂量过大（如计算错误、重复用药等）、时间过长，或者混药过程搅拌不均匀，饲料或饮水局部药物浓度过大而使某些鸭/鹅采食过量药物，常引起中毒。

【典型临床症状】　患病鸭/鹅表现出精神沉郁，食欲锐减或废绝，蹲伏不动；幼龄鸭/鹅畏寒，扎堆，消化不良，排带血色或白绿色稀粪。典型症状为患病鸭/鹅出现腿麻痹，脚软，抽搐，瘫痪，最后挣扎不止而死。中毒后3~6天为死亡高峰。病程长短不一，最短的2~3天，最长的达50天以上。

【典型病理变化】　剖检可见腿肌有出血点或出血斑，肠外膜有少量针尖大小的出血点，嗉囊空虚，胃肠内容物呈浅黄色，腺胃与肌胃交界处黏膜、十二指肠黏膜出血，肝脏黄染，质脆易碎。肾脏肿大，呈紫黑色，有大量出血点。心脏扩张，心肌充血，质地坚硬，心包液增多。肺脏稍肿，呈暗红色，有少量出血点。

【预防措施】　使用喹乙醇时用量要准确，拌料要均匀，保证充足的饮水。喹乙醇作为添加剂用于防病和促生长时，每千克饲料拌入25~30毫克；用于治疗时，每千克饲料拌入50毫克，1个疗程3~4天，不宜超过5天。

【治疗方法】　①鸭/鹅出现中毒后，应立即停用含有喹乙醇的饲料，供给硫酸钠水溶液饮水，严重者可逐只灌服。然后再饮用5%葡萄糖溶液或0.5%碳酸氢钠溶液，并按每千克加入维生素C 1毫克，维生素B_6 0.2毫克。②在饲料中添加维生素K片，每千克饲料加24毫克，连用1周。同时在饲料中添加氯化胆碱以保护肝脏、肾脏等脏器，减少死亡。③对中毒鸭/鹅用5%白糖水和10%绿豆水自由饮用，连用7天，有较好疗效。

十二、高锰酸钾中毒

【病因分析】　高锰酸钾常被用作饮水消毒，如果配制浓度过高，不仅有刺激性，甚至可引起中毒，很快造成死亡。一般饮水中高锰酸钾的含量为0.02%~0.03%，如果含量在0.03%以上，对消化道黏膜就有一定的刺激性、腐蚀性，达到0.2%能引起明显中毒。

【典型临床症状及典型病理变化】　高含量的高锰酸钾引起的急性中

毒，主要表现强烈的腐蚀作用。患病鸭/鹅的口腔、舌、咽黏膜变为紫红色，并出现水肿，食欲减退，呼吸困难，有时发生腹泻，成年鸭/鹅产蛋减少或停止。严重中毒的鸭/鹅常在2天内死亡。

剖检可见整个消化道黏膜都有腐蚀现象和轻度出血，严重时嗉囊黏膜大部分脱落。

【预防措施】 使用高锰酸钾时，用量要准确。用作饮水消毒时要待高锰酸钾完全溶解后再供饮用。雏鸭/鹅饮水消毒的用量为0.01%，成年鸭/鹅为0.02%。

【治疗方法】 鸭/鹅中毒初期可喂大量清水，必要时可用3%过氧化氢溶液（双氧水）10毫升加水100毫升稀释后清洗嗉囊。内服蛋白、牛奶或植物油，保护消化道黏膜，以缓解中毒症状。

十三、四环素中毒

【病因分析】 四环素是一种常用的广谱抗生素，对多种革兰氏阳性和阴性菌均有较强的抗菌作用。口服后较易吸收，吸收后分布于全身各组织，因而在许多细菌性疾病治疗时可选用此药。但使用时，必须严格控制剂量。

此药进入鸭/鹅体内后，吸收迅速，排泄缓慢，若一次超剂量用药，就会发生中毒。每只鸭/鹅喂给25万单位的四环素后数天内，鸭/鹅群死亡率可达70%。

【典型临床症状】 患病鸭/鹅主要表现出精神沉郁，食欲废绝，驱赶时不愿走动，不久即倒地昏迷、死亡。

【预防措施】 使用四环素时要严格控制剂量，不能超剂量或长时间连续使用。正确的使用剂量是：内服，每只鸭/鹅0.1~0.2毫克；饮水，每1000毫升水中加100~200毫克，连用3~4天，不超过5天。

【治疗方法】 鸭/鹅出现中毒症状后，应立即停止用药，拌药的饲料应更换。可用1%~2%碳酸氢钠内服，以破坏药物毒性，并大量补充B族维生素和维生素C。抢救及时，可取得满意效果。

十四、安妥中毒

【病因分析】 安妥又称α-萘基硫脲，是一种常用的毒鼠药，对家禽有剧毒，鸭/鹅误食含有安妥的毒饵，或者饮水、饲料中有安妥污染，或者采食了安妥中毒的死鼠而引起中毒。

【典型临床症状】 患病鸭/鹅表现出精神委顿，食欲减退或废绝，

呼吸困难，脉搏速而弱，心音弱，体温常降至常温以下，咳嗽。后期发生腹泻，共济失调，患病鸭/鹅初呈坐式，继而伏卧，衰弱，昏迷，很快死亡。

【预防措施】 ①要安全投放毒饵，防止鸭/鹅误食。灭鼠药要有专人管理。②中毒死鼠要妥善处理，不得随便丢弃。

【治疗方法】 对中毒鸭/鹅目前尚无可靠的解救方法，但可对症治疗以减少毒物吸收。①对中毒鸭/鹅禁喂含脂肪的饲料。②每只病鸭/鹅内服1～5克硫酸镁或硫酸钠，排除肠内毒物。③每只患病鸭/鹅静脉注射5%硫代硫酸钠5毫升，或者口服5%硫代硫酸钠粉剂0.5克。

十五、磷化锌中毒

【病因分析】 磷化锌（二磷化三锌）是一种常用的灭鼠药，在干燥环境中稳定，置于空气中分解并放出蒜臭味的磷化氢气体，现已被禁止生产、销售和使用。鸭/鹅的磷化锌中毒多为误食了被磷化锌污染的饲料或磷化锌毒饵所致。食入的磷化锌在胃酸的作用下，立即释放出磷化氢气体和氯化锌而引起中毒。磷化氢和未完全分解的磷化锌被胃肠吸收后进入血液，随血液循环进入全身组织，一方面直接损害血管内膜和红细胞，形成血栓并发生溶血；另一方面，引起组织细胞变性、坏死，最终由于全身广泛出血、组织缺氧以致昏迷死亡。

【典型临床症状】 最急性中毒的病例常迅速死亡，在临诊上见不到任何明显的症状。急性中毒的病例常在吃入毒物约1小时后出现症状，主要表现出精神沉郁，羽毛松乱，食欲减退或废绝，渴欲增加，流涎；步态不稳，共济失调，倒地侧卧，头向后屈曲，两脚向外伸展，痉挛；呼吸困难，最后衰竭而死。

慢性中毒病例表现出消化机能紊乱，排出绿色稀粪，精神沉郁，羽毛松乱，消瘦，体况衰弱。

【典型病理变化】 病程短促的病例，尸检主要表现为休克型血液循环障碍。病程稍长的病例，可见口腔和咽部黏膜潮红、肿胀、出血，伴发糜烂。胃肠道黏膜肿胀、充血、出血乃至糜烂或形成溃疡。胃内容物常散发出一种带蒜味或电石样臭味的气体，在暗处可发出磷光。腹腔积水，肝脏肿大，质地脆弱，呈黄褐色。肺脏淤血或出血，并呈现水肿。肾脏肿胀、柔软、脆弱。心包积液，心脏扩张，

心肌变性。

【预防措施】 ①平时加强对灭鼠药的管理，使用时要注意安全。设置毒饵要求专人投放，最佳方法是晚上投放，白天收回并做彻底清理。②被毒死的老鼠要及时收集并深埋或烧毁。

【治疗方法】

（1）0.1%~0.5%硫酸铜 每只患病鸭/鹅灌服5~20毫升。

（2）0.1%高锰酸钾溶液 每只患病鸭/鹅灌服5~10毫升。

（3）硫酸阿托品 每只患病鸭/鹅每次注射0.5毫升，或者内服25~30毫克。

（4）维生素C 每只患病鸭/鹅每次皮下注射0.03~0.1克，或者每只患病鸭/鹅灌服25~30毫克。

（5）硫酸镁或硫酸钠 每只患病鸭/鹅内服1~5克，也可以用0.05%硫酸镁溶液供饮用。

十六、砷化物中毒

【病因分析】 砷化物有砷酸钠、砷酸铅和三氧化二砷等，常用于毒鼠和杀虫，也是一种农药。鸭/鹅误食了含砷化物（如砷酸钠、砷酸铅、三氧化二砷等）的毒饵、吃了毒死的蚱蜢等昆虫或喷洒过农药的谷物而发生中毒。砷酸摄入量达到0.3~0.4克可将鸭/鹅致死。

【典型临床症状及典型病理变化】 急性中毒的鸭/鹅表现出精神沉郁，食欲废绝；两翅下垂，口中流涎并有恶臭气味，呕吐，浑身无力，体温下降，下痢带血；表现出步态不稳，运动失调，头颈痉挛，向一侧扭曲，两脚麻等神经症状。

慢性中毒的鸭/鹅表现出精神沉郁，食欲废绝，羽毛蓬松，两翅下垂，伴有心搏无力，腹泻和消瘦。

剖检可见嗉囊、肌胃和肠道发炎，并有黏液性渗出物，肌胃中可能有液体蓄积，胃壁上的角质膜容易剥落，胃黏膜有出血和胶冻样渗出物。肝脏质地变脆，呈黄棕色。肾脏肿胀、变性，脂肪组织柔软，呈橘黄色。慢性中毒的病例，还可见到心脏增大，心肌质地柔软，血液呈深红色和水样，不易凝固。

【预防措施】 ①加强管理，选好放牧的场地及水域，避免在喷洒过砷化物的田地及附近水域放鸭/鹅。②灭鼠的含砷毒饵应放在安全处，严防鸭/鹅误食。

【治疗方法】

（1）硫代硫酸钠　在发现鸭/鹅中毒之后，尽快灌服温水和硫代硫酸钠，然后灌服缓泻剂。肌内注射二巯丙醇，每千克体重用0.1毫升。

（2）5%二巯丙醇磺酸钠　按每千克体重用0.1毫升，可内服、皮下注射或肌内注射，每8~12小时用1次，连用2天。

（3）氢氧化铁溶液　取硫酸亚铁10份，加水30份，另取氧化镁2份，加水10份，两者分别保存，用时等量混合。内服，每只鸭/鹅每次3~5毫升，连用3天。

（4）氧化镁　以100克加水500毫升配成溶液，与饲料混合，供500只鸭/鹅一次喂服，连用3~5天。

（5）硫代硫酸钠　内服，每次0.25~0.5克，每天2次，连用3天。

十七、有机氟农药中毒

【病因分析】　有机氟农药是一种高效杀虫剂和灭鼠药，主要有氟乙酰胺（敌蚜胺，1081）和氟乙酸钠（1080），用于杀虫和灭鼠。氟乙酰胺毒性很强，鸭/鹅口服致死量为每千克体重10~30毫克。毒物可经消化道、呼吸道进入体内而发生中毒。鸭/鹅多因采食了被有机氟农药污染的青草、蔬菜或饮水而中毒，也可因误食灭鼠的有毒饵料引起中毒。

有机氟农药经鸭/鹅的消化道进入体内生成氟乙酸，再转变成毒性更强的氟柠檬酸。氟柠檬酸抑制乌头酸酶，而使三羧酸循环中断，糖代谢中止，三磷酸腺苷（ATP）生成受阻，导致细胞呼吸严重障碍，以大脑和心血管系统受害最重。

【典型临床症状及典型病理变化】　患病鸭/鹅初期出现兴奋与抑制交替的神经症状，兴奋时表现不安，狂奔乱飞或冲进水中仰卧挣扎；抑制时浮于水面不动，约1小时后神经症状消失。患病鸭/鹅全身发抖，呼吸急促，心跳加速。后期精神沉郁，肢腿麻痹，呆立不动或走路摇晃，接着倒地，两眼流泪，鼻涕黏稠，头颈无力抬举且反复弯向腹侧，羽毛蓬乱，肛门周围黏附稀粪。濒死前浑身震颤，两脚剧烈划动，躯体翻滚，表现痛苦挣扎，终至强直痉挛而死。

剖检可见心内、外膜有出血斑点；肝脏、肾脏肿大、充血；脑血管树枝状充血，脑实质轻度水肿。

【预防措施】　①严禁在喷洒过有机氟农药的田地及附近水域放牧鸭/鹅。②用氟乙酰胺制剂灭鼠时，要投放在安全处，严防鸭/鹅误食。

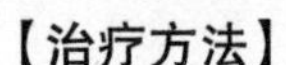

【治疗方法】

（1）硫酸阿托品注射液 每只皮下注射0.1%硫酸阿托品1.5毫升。

（2）乙酰胺（解氟灵）**注射液** 肌内注射，按每千克体重注射40～100毫克，6～12小时注射1次，首次用量为全天用量的一半。

（3）巴比妥片 重症者与其他药配合使用，按每千克体重内服0.03克。

（4）维生素 B_1 注射液 按每千克体重肌内注射0.2毫克。

（5）维生素C注射液 按每只肌内注射0.05～0.125克。

十八、有机磷农药中毒

【病因分析】 有机磷农药的品种繁多，并不断更新，已成为防治植物病虫害的重要手段，广泛应用于农业生产和牧草生产，对保护农作物、牧草和蔬菜起着一定的作用。多年来各国都致力于研制高效、低毒或无毒、残毒期短的有机磷农药，但由有机磷农药引起鸭/鹅群急性或慢性中毒的事件仍时有发生，甚至造成鸭/鹅群成批死亡。因此，预防鸭/鹅群有机磷农药中毒，对保证养鸭/鹅生产的正常发展具有重要意义。

在生产中，如果鸭/鹅误食喷洒过有机磷杀虫药不久的牧草或蔬菜等；误食拌过或浸过有机磷杀虫药的种子，如为了防治地下害虫而用1605、敌百虫等拌种；用敌百虫等溶液杀灭鸭/鹅的体外寄生虫时，浓度过大，浸洗时间过长；违反使用、保管有机磷农药安全操作规程，在同一库房内贮存饲料和农药，或者在饲料库内拌种和配制农药，从而污染了饲料，这些均可引起鸭/鹅中毒。

有机磷的毒性作用主要是通过皮肤、呼吸道和消化道吸收后与体内的胆碱酯酶结合，形成磷酰化胆碱酯酶，使胆碱酯酶失去活性，丧失催化乙酰胆碱水解的能力，导致体内乙酰胆碱蓄积过多而出现中毒症状。

【典型临床症状及典型病理变化】 鸭/鹅中毒的程度不一，主要决定于鸭/鹅食入有机磷的量。

最急性中毒的鸭/鹅往往在未出现明显临诊症状之前鸭/鹅突然倒地死亡。

急性中毒的鸭/鹅则表现不安，瞳孔缩小，食欲废绝，频频排粪，继而张口呼吸，不会鸣叫。后期体温下降，窒息倒地而死。

中毒较严重的病例表现的典型症状主要为口流白沫，不断出现吞咽动作，流涎，流泪；张口呼吸，运动失调，两脚无力，站立不稳，行走

摇晃不定或后肢麻痹；瞳孔缩小；不会鸣叫；频频摇头，并从口中甩出饲料；全身发抖，肌肉震颤；泄殖腔括约肌急剧收缩，频频拉出稀粪；最后体温下降，昏迷倒地窒息而死。

剖检可见胃内容物有特殊的大蒜气味，胃肠黏膜出血、脱落和出现不同程度的溃疡；肝脏、肾脏肿大，质地变脆，并有脂肪变性；肺脏充血、水肿，心肌、心冠脂肪有出血点，血液呈暗黑色。

【预防措施】 ①对农药要严格管理，必须专人负责，专门管理，注意安全。用有机磷拌过的种子必须妥善保管，禁止堆放在棚舍周围。制订一套完整的农药保管和使用制度，确保人畜安全。②放牧前必须充分了解周围田地和水域是否喷洒过农药，以免放牧时造成中毒。

【治疗方法】 鸭/鹅一旦误食了有机磷农药，多呈急性中毒，往往来不及治疗。倘若发现得早，中毒不深，可用下列药物进行治疗：

（1）解磷定注射液 每只成年鸭/鹅（体重为2.5～5千克）肌内注射或皮下注射0.2～0.5毫升（每毫升含40毫克）。硫酸阿托品注射液1毫升（每毫升含0.5毫克）；每隔30分钟内服阿托品片剂1片，连服2～3次，并给予充分饮水。幼龄鸭/鹅（体重为0.5～1千克）内服阿托品1/3～1/2片，以后按每只1/10片的剂量溶于水灌服，隔30分钟用1次，连用2～3次。

（2）双复磷与硫酸阿托品联合使用 每只鸭/鹅肌内注射双复磷13毫克与硫酸阿托品0.05毫克混合液。

（3）氯解磷定和硫酸阿托品联合使用 每只鸭/鹅每次肌内注射氯解磷定45毫克，同时配合皮下注射硫酸阿托品注射液1毫升（0.5毫克）。

如果是1605中毒，可根据患病鸭/鹅的大小灌服1%～2%石灰水（上清液）3～5毫升。因1605遇到碱性物质能很快分解而失去毒性。如果是敌百虫中毒，则不能服用石灰水，因敌百虫遇碱能变成毒性更强的敌敌畏。

十九、甲醛中毒

【病因分析】 用甲醛和高锰酸钾熏蒸消毒简便易行，而且成本低、效果好，是目前鸭/鹅养殖业中常用的消毒方法。生产中出现的甲醛中毒主要是因为用药计划不周，安排不当，时间仓促，马虎从事。用甲醛和高锰酸钾熏蒸消毒后，缺乏足够的时间开门窗把余气排净，尤其是在温度低时，虽有余气而无刺激辣味，而当温度升高时甲醛蒸发，刺激性增强而造成中毒。

【典型临床症状及典型病理变化】 因甲醛有强烈的刺激作用，当急性中毒时，发病面很快波及开，约有80%鸭/鹅精神不振，食欲、饮欲均明显下降；眼结膜发炎，流泪，畏光，眼睑水肿；鼻孔流涕，嗅觉消失，刺激呼吸道而引起呼吸困难，咽喉炎、支气管炎，排出黄色或绿色稀粪，高浓度致病的重症者，双眼紧闭，喘鸣声严重，甚至离几十米远都能听到；喘气时张口伸颈，呼吸非常困难；喉头及气管痉挛，甚至昏迷死亡。如果甲醛接触时间较长，则鸭/鹅嗜睡，食欲减退，软弱无力。

剖检病尸可见皮下水肿，腹腔积液，肺脏有散在性、局限性的炎性病灶。

【防治措施】 ①要严格控制甲醛的浓度和消毒时间，一般每立方米用甲醛28毫升、高锰酸钾14克、水14毫升，在进雏前4~5天用塑料布封好门窗，熏蒸消毒1天后敞开窗门放净甲醛气体，至育雏舍内在高温下无刺激眼鼻的辣味时方可进雏。②发现吸入中毒，立即将鸭/鹅移至新鲜空气处，避开中毒环境。③中毒后加强饮水，并在饮水中加入少量尿素、活性炭、牛奶、豆浆等。减轻毒物对黏膜的刺激。用3%碳酸铵或1.5%醋酸钠溶液口服。④眼内用清水冲洗，并滴以可的松眼药水恢复眼部健康。

二十、氨气中毒

【病因分析】 氨气引起鸭/鹅中毒的原因主要如下：

1）鸭/鹅舍由于卫生不佳，特别是垫草（料）潮湿，再加上通风不良，就可使垫草（料）、粪便及混入其中的饲料等有机物在微生物的作用下发酵而放出氨气。当雏鸭/鹅舍的氨气超过75~100毫克/升，并持续时间较长时，就会使饲料的消化率及鸭/鹅生长率降低。

2）有些地区育雏阶段不放牧，饲养密度大，管理不善，育雏舍通风不良，温度和湿度过高或过低，加上未能做好清洁卫生和环境消毒，粪便未能及时清除，在舍温较高（25.8℃以上）、湿度过大（83.2%以上）时就会使粪便和垫草（料）发酵，从而产生大量氨气和其他气体。当氨气溶解在黏膜和眼的液体中，产生氢氧化铵（一种引起角膜炎的碱性刺激物），可使角膜溃疡而致失明。

【典型临床症状】 鸭/鹅群骚动不安，眼结膜红肿，流泪，严重者可引起眼睛肿胀，角膜混浊，两眼闭合，并有黏性分泌物，视力逐渐消

失；鼻流黏液，频频咳嗽，呼吸困难，伸颈张口呼吸；食欲减退或完全废绝，最后中枢神经麻痹，窒息而死。

【典型病理变化】 眼结膜坏死，常与周围组织粘连，不易剥离；肺脏瘀血、水肿，呈暗红色；气管及支气管黏膜充血、混浊、肿胀，并有泡沫状黏性分泌物；肝脏瘀血、肿大，肌肉色泽暗淡。

【预防措施】 ①要防止本病的发生，主要措施是及时清扫粪便，勤于更换垫料及清理舍内的其他污物。在冬季及早春季节特别注意定时做好鸭/鹅棚舍的通风换气工作，加速粪尿、垫料的干燥，防止氨气及其他有害气体的产生及聚积。②定期进行消毒，特别是带鸭/鹅喷雾消毒，可杀死或减少鸭/鹅体表或舍内空气中的细菌和病毒。阻止粪便的分解，抑制氨气的产生，利于净化空气和环境。

【治疗方法】

1）一旦发现鸭/鹅出现症状应及时打开门窗、排气孔、天窗、地窗和排气扇等所有通气设施，更换新鲜空气。同时清除积粪，或者及时转移患病鸭/鹅，赶至空气新鲜处。在冬季，应同时做好保温工作。

2）鸭/鹅一旦发生氨气中毒，应尽快进行带禽消毒，净化空气，减轻氨气对鸭/鹅的直接危害。

3）当舍内氨气浓度较高而无法及时通风时，可往棚舍内的墙壁、棚壁上喷洒稀盐酸，可迅速降低氨气的浓度。

4）对严重病例可灌服1%乙酸（醋酸），每只5~10毫升或用1%硼酸溶液洗眼，以5%糖水供饮水，并加入维生素C（每吨饲料用100~300克）。

5）增加饲料中多种维生素的添加量。同时在饮水中加入硫酸卡那霉素（可溶性粉剂：每50克含2克，即4%），混饮，按每升水用30~120毫克，连饮3~5天。或者在每千克饲料中用药60~250毫克，以防继发其他呼吸系统疾病。

对已失明的鸭/鹅，应及早淘汰。

二十一、一氧化碳中毒

【病因分析】 一氧化碳俗称煤气，主要是煤炭（或木炭）在供氧不足的状态下燃烧不完全而产生的。

本病多见于深秋、冬春季节，有些养殖户在育雏时，常用煤炉或木炭炉加温保暖，由于装置欠妥或通风不良，造成室内空气中的一氧化碳浓度过高，当室内空气中的一氧化碳达到0.04%~0.05%以上时，就可使雏鸭/鹅发生中毒。

由于一氧化碳与血红蛋白的亲和力比氧气与血红蛋白的亲和力大200~300倍，而碳氧血红蛋白的解离力却是氧合血红蛋白的1/3600。因此，一氧化碳被吸入肺脏后，即与氧争夺血红蛋白结合，如果血液一旦积聚了大量的碳氧血红蛋白，便会使血红蛋白失去了输送氧气的能力，从而造成机体急性缺氧血症。

【典型临床症状及典型病理变化】 鸭/鹅一氧化碳中毒后，轻症者表现出食欲减退，精神萎靡，羽毛松乱，幼龄鸭/鹅生长缓慢；重症者表现为精神不安，昏迷，呆立嗜睡，呼吸困难，运动失调，死前出现惊厥。

剖检病死鸭/鹅可见血液、脏器呈鲜红色，黏膜及肌肉呈樱桃红色，并有充血及出血等现象。

【防治措施】 在生产中，应经常检查育雏室及鸭/鹅棚舍的采暖设备，防止漏烟、倒烟。鸭/鹅棚舍内要设有通风孔，使舍内通风良好，以防一氧化碳蓄积。鸭/鹅一氧化碳中毒后，轻症者不需要特别治疗，将患病鸭/鹅移放于空气新鲜处，可逐渐好转。严重中毒时，应同时皮下注射生理盐水或等渗葡萄糖液、强心剂，以维护心脏与肝脏功能，促进其痊愈。

提示 每天巡视并检查鸡舍内的通风换气设备，保持设备和烟道的安全、通畅。

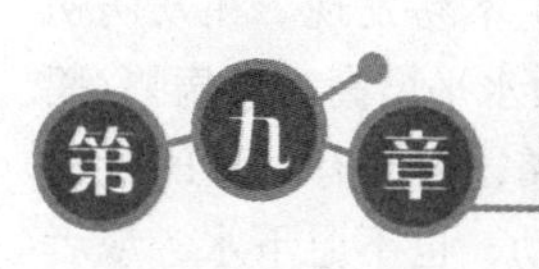

第九章 鸭、鹅其他普通病的诊治

一、痛风

痛风主要是由于蛋白质代谢障碍，尿酸在血液中大量蓄积，以致关节、软骨、内脏和皮下结缔组织发生尿酸盐沉积而引起的。它是一种营养性疾病，临床上以行动迟缓、关节肿大、跛行、厌食、腹泻为特征。各种年龄的家禽均可发生痛风。

这种尿酸盐是由核蛋白分解产生的，可能来自饲料中的蛋白质，称为外源性尿酸盐；也可能由于中毒以致身体组织本身蛋白质的分解增多，称为内源性尿酸盐。

【病因分析】 本病发生的原因较为复杂，主要因素有以下几个方面：

1）长期饲喂大量的动物内脏（肝脏、肾脏、脑、胸腺）、肉屑、鱼粉、大豆、豌豆、开花的白菜等富含蛋白质和核蛋白的饲料。

2）与日粮中缺乏维生素 A、维生素 D 也有密切关系，如种鸭/鹅具有明显维生素 A 缺乏时，喂以大量动物性饲料，其孵化胚呈现明显的痛风病变。

3）鸭/鹅的肾脏机能障碍，如饲喂磺胺类药物过多、慢性铅中毒引起肾脏损害时，会促进尿酸血症的发展。某些能引起肾功能减退的传染病和寄生虫病会使尿酸排泄减少，当血中尿酸含量过多时，也会发生本病。

4）当发生白血病、淋巴瘤病和骨髓坏死等疾病时，由于细胞坏死有大量核酸分解，使尿酸生成增多；日粮中钼、铜的含量过大，使血清中的钼、铜含量升高；身体组织大量发生破坏。以上这些均可能引起痛风。

5）鸭/鹅棚舍过分拥挤、潮湿、阴冷，鸭/鹅群缺乏适当的运动和日光照射，以及饲料的矿物质配合不当等，也是本病的诱因。

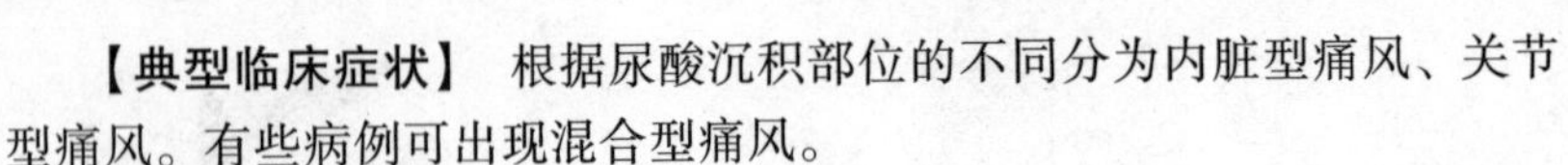

【典型临床症状】 根据尿酸沉积部位的不同分为内脏型痛风、关节型痛风。有些病例可出现混合型痛风。

（1）内脏型痛风 该型比较多见，但在临诊上不易发现。在发病初期无明显症状，主要是呈现营养障碍，血液中尿酸水平增高。患病鸭/鹅精神不振，食欲减退，经常排出白色半黏液状稀粪，内含有大量的灰白色尿酸盐，肛门附近常见有白色的粪污；不愿活动，也不愿下水，或者下水后不愿戏水。患病鸭/鹅日渐消瘦，贫血，严重者可突然死亡。产蛋鸭/鹅的产蛋量下降，甚至停产，蛋的孵化率降低或死胎增多。该型痛风的发病率较高，有时可波及全群。

（2）关节型痛风 在发病初期，患病鸭/鹅健康状态良好。尿酸盐在趾关节、跗关节、指关、腕关及肘关节内沉积，使关节肿胀（彩图9-1），界限多不明显，出现跛行。以后则形成硬而轮廓明显的、间或可以移动的结节，结节破裂后排出灰黄色干酪样尿酸盐结晶，局部出现出血性溃疡。有些病例的翅、腿关节显著变形，活动困难，呈蹲坐或独肢站立姿势。

【典型病理变化】

（1）内脏型痛风 肾脏肿大、色浅，表面有尿酸盐沉积而形成的白色斑点，输尿管变粗，管壁增厚，管腔内充满石灰样沉积物，甚至发生肾结石和输尿管阻塞。有些病例的输尿管内充塞着已经变硬的灰白色尿酸盐所形成的柱状物，将其取出易折断并发出声响。严重病例在胸腹膜、心脏、肝脏、脾脏、肠浆膜表面、肌肉表面及气囊壁布满白垩粉末状或疏松的白色尿酸盐斑块（彩图9-2）。

（2）关节型痛风 关节（多见于趾关节）滑膜和腱鞘、软骨、关节周围组织、韧带等处有白色的尿酸盐晶状物。有的病例的关节面及关节周围组织出现坏死、溃疡，有的关节面发生糜烂，有的呈结石样的沉积垢，称其为痛风石或痛风瘤。

【预防措施】 ①注意掌握饲料中的蛋白质含量，不宜过多饲喂动物性蛋白质饲料。钙、磷比例要适当，要供应充足的新鲜的青绿饲料，饲料中要补充丰富的维生素（特别是维生素A），注意多放牧。②平时要注意防止会影响肾脏机能的各种因素，如使用磺胺类和碳酸氢钠等药物时，应防止过量和服用时间过长。还要注意防止慢性铅、钼中毒。③充分给予饮水，以利于尿酸的排出，并在饮水中添加0.05%高锰酸钾或0.4%~0.7%碳化钾。

【治疗方法】 目前还没有特效疗法，可试用能增强尿酸盐排泄的药物治疗。

（1）阿托方（苯基喹啉羟酸） 每次用0.2～0.5克，每天2～3次，可提高肾脏排泄尿酸盐的能力，减轻疼痛，硬化结节，也可增强肝脏排出胆汁的机能。但长期使用对肝脏有不良影响。

（2）异嘌呤醛 每次口服10～30毫克，每天2次，本品能抑制黄嘌呤酶，使次黄嘌呤和黄嘌呤不能转化为尿酸。但用药期间可导致急性痛风发作。

（3）秋水仙碱 每次用50～100毫克，每天3次，能使急性痛风缓解。

（4）硫胺素注射液 每只肌内注射5毫克，每天1次，连用3～5天，对重症鸭/鹅疗效较佳。

（5）车前草（中药） 1千克车前草加适当水煎成浓液，用凉水稀释到15千克，置盆中任鸭/鹅自饮。重症鸭/鹅服用煎煮浓液2～3毫升，每天2次，连用3天。

二、脂肪肝综合征

脂肪肝综合征又称脂肝病，是由于鸭/鹅体内脂肪代谢障碍，大量的脂肪沉积于肝脏，引起肝脏脂肪变性的一种内科疾病。

【病因分析】 本病多发生于寒冷的冬季和早春，主要见于产蛋鸭/鹅。

由于此季节天气寒冷，青绿饲料缺乏，鸭/鹅群多饲喂单一饲料稻谷，在产蛋季节，饲喂量充足，原放养鸭/鹅群采食量大，而且活动量比以前减少，容易使脂肪在体内沉积，肝脏发生脂肪变性，人为强行追逐、捕捉鸭/鹅或在产蛋时受惊吓，易造成鸭/鹅肝脏破裂而急性死亡。临床所见病例都是营养良好的产蛋鸭/鹅。鸭/鹅脂肪肝综合征的发病原因主要有以下几个方面：

1）饲料单一，长期饲喂碳水化合物过高的日粮，同时饲料中缺乏甲硫氨酸、胆碱、生物素、维生素E、肌醇等中性脂肪合成磷脂所必需的因子，造成大量的脂肪沉积于肝脏而产生脂肪变性。

2）缺乏运动或运动少，容易使脂肪在体内沉积，往往也是诱发本病的重要因素。

3）某些传染病和黄曲霉毒素等也可能引起肝脏脂肪变性。

【典型临床症状及典型病理变化】 发病的鸭/鹅群营养良好，产蛋

率不高。患病鸭/鹅无特征性临床症状，常因肝脏破裂而急性死亡。

剖检可见皮肤、肌肉苍白、贫血，肝脏肿大，色泽变黄，质地较脆，有时表面有散在的出血斑点，常见肝包膜下（一侧肝叶多见）或体腔中有大量的血凝块，腹腔和肠系膜上有大量的脂肪组织沉着。若并发副伤寒，可见肝脏表面有散在的坏死灶。

【防治措施】 ①合理调配饲料，适当控制鸭/鹅群稻谷的饲喂量，在饲料中适量添加多种维生素和微量元素，一般可预防本病的发生。②发病的鸭/鹅群的饲料中可添加氯化胆碱、维生素 E 和肌醇。按每千克饲料加 1～1.5 克氯化胆碱、10 国际单位维生素 E 和 1 克肌醇，连续饲喂数天，具有良好的治疗效果。

三、腹水综合征

腹水综合征又称心衰竭综合征，是多种因素引起鸭/鹅的一种错综复杂的综合征，多发生于寒冷季节，肉鸭、肉鹅、种鸭、种鹅均会发生，但多发于生长速度较快的肉鸭、肉鹅，所以又称肉鸭、肉鹅腹水症。本病有较高的致死率，其特征为患病鸭/鹅腹部胀大下坠，腹腔积液，肝脏出现淀粉样变，肝实质变硬。

【病因分析】 鸭/鹅腹水综合征经常发生，引起本病的因素是多方面的，一般认为与下列因素有关：

（1）遗传因素 肉用型鸭/鹅（特别是公鸭/鹅）生长快速，存在亚临床症状的肺心病，其肺脏的容积与体重的增加不相适应，为了满足机体对氧的需要，肺动脉压升高，血液流量增加，从而使心脏负担加重，导致右心室肥大、扩张，进而引起肺脏瘀血，出现呼吸障碍而导致缺氧，从而使大量腹水出现。

（2）饲养环境 缺氧、寒冷、通风换气不良等环境变化容易引起血液中氧浓度降低，心脏搏动加快，导致心脏功能障碍，从而出现全身性瘀血，尤其是肝脏瘀血，造成渗出液增多。

（3）营养因素 饲喂高能量、高蛋白质饲料，鸭/鹅生长迅速，红细胞携氧和营养运送作用加强，机体对氧的需求量增加，也会发生相对供氧不足，导致慢性缺氧。此外，饮水中或日粮中钠盐过量、维生素 E 和硒缺乏等均可能发生腹水。

（4）有毒物质 饲料中含有有毒物质、毒性油脂或高水平的某些药物、磺胺类药物等，从而中毒造成肝病变，引起腹水大量蓄积。

【典型临床症状】 患病鸭/鹅表现精神不振，喜卧懒动，反应迟缓，步态不稳，食欲减退，下痢，生长停滞。腹部明显胀大，呈暗红色或青紫色，触之松软有波动感，腹部皮肤变薄发亮，羽毛脱落，捕捉时易抽搐死亡，死后可见喙端和脚发绀。

【典型病理变化】 剖检可见腹腔有大量浅黄色胶冻样渗出物或大量透明清亮的黄色液体，有时混有纤维素性蛋白凝块；心脏体积增大，心包膜增厚，心包液增多，浆液透明，心肌质地柔软、松弛，心房扩张，尤其右心房明显增大，心壁变薄；肺脏瘀血或水肿；肝脏瘀血肿大或萎缩，质地变脆或发硬，有时肝脏表面有一层纤维素膜，并有数量不等的浅黄色水泡；脾脏萎缩；胃肠道血管瘀血。

【预防措施】

（1）改善鸭/鹅群管理及环境条件 在确保适宜温度的条件下，加强通风换气和卫生工作，勤换垫草，尽可能减少舍内有害气体的危害，保持鸭/鹅棚舍洁净干燥；饲养密度取决于鸭/鹅棚舍的通风状况，防止在有限的空间内因饲养密度过大而造成的供氧不足；严格执行各种消毒防疫制度，减少肝脏、肺脏等各种疾病的侵袭，合理利用肝脏、肾脏药物。

（2）早期限饲，调整饲料配方 禁止饲喂发霉的饲料；适当降低饲料的能量，减少蛋白质的供食量，控制鸭/鹅群生长速度。由于硒和维生素 E 能使代谢过程中产生的有毒物质发生降解，因此饲料中要适当添加硒和维生素 E，防止维生素 E 和微量元素硒的缺乏和饲料饮水中食盐过高，从而减少腹水综合征的发生。

【治疗方法】 一旦发生腹水综合征，就难以治愈。发病后将患病鸭/鹅进行隔离，采取一些对症治疗方法。

（1）双氢克尿噻 用药 1 片（100 毫克）加葡萄糖粉 125 克，研细拌匀，拌料 10 千克或加水 20 千克，连用 3 ~ 5 天。

（2）呋噻米（速尿、呋喃苯胺酸） 4 片（100 毫克）加葡萄糖粉 200 克，充分搅拌均匀，拌料 10 千克或加水 20 千克，连用 2 ~ 3 天，疗效显著。

（3）穿刺 腹水严重的患病鸭/鹅可穿刺放液，穿刺部位选择腹部最低点，以便排出积液，为防止继发感染，可同时使用恩诺沙星等抗生素。

四、硬嗉病

硬嗉病是因为食物充满、停积、滞留于食道膨大部，不能向胃和肠道方向运行，并以食道膨大部膨大、坚硬为特征的一种疾病。任何年龄的鸭/鹅都有可能发生本病，以幼龄鸭/鹅最为多见。

【病因分析】

1）采食了过硬的、过量的干硬谷物（如玉米、高粱、小麦等），或者喂给了不易消化的动物性饲料、粗硬的粗纤维饲料（如稻草、麦秸、干草等）、大体积硬壳饲料、发霉饲料及易膨胀的饲料（如豆类、花生麸等），或者不能消化的异物（如毛发、绳索、橡胶、骨片、金属片等）。

2）日粮配合不当，突然增加或更换饲料种类，饥饱不匀，体力衰弱，消化机能不健全，或者因病以致消化机能减退，食物无力从食道膨大部运送到胃肠处。

【典型临床症状】 患病鸭/鹅食道膨大部显著膨大，若充满粗硬食物时间较长，触诊能感到坚实，还能闻到口腔发出的腐臭气味。患病鸭/鹅食欲废绝，神态不安，倦怠无力，行动呆滞，翅膀下垂，如不及时治疗，常因肠内无营养吸收，饥饿而死，或者食道膨大部压迫气管及颈静脉窒息而死。

【典型病理变化】 严重时可见到腺胃、肌胃和十二指肠全部发生阻塞。

【预防措施】 ①改善饲养管理，合理搭配饲料，做到定时定量饲喂，防止饥饿不均。②块根类和青绿饲料要切碎饲喂，不要喂给大量粒料，防止采食稻草和麦秸。③给予充足的清洁饮水，增加鸭/鹅群运动量，及时清除舍内异物。

【治疗方法】 治疗时以排除食道膨大部内的阻塞物为主，辅以适当的护理。治疗时应根据阻塞的程度采取以下相应的排除措施：

（1）植物油（菜籽油、豆油等） 适于阻塞不太严重的病例，可用1～2毫升灌服，或者用注射器直接注入食道膨大部，使阻塞物软化和滑润，然后用手轻轻揉压，使它向食道方向移动或从口腔排出。

（2）碳酸氢钠溶液 用注射器直接注入食道膨大部，使阻塞物膨胀松动，然后将鸭/鹅头向下，用手按摩食道膨大部，使其中的阻塞物和碳酸氢钠溶液一起从口中排出。此法可反复进行，直到阻塞物排空。如无

碳酸氢钠，可注入2%食盐水，方法同上。

（3）干酵母片（食母生片）　适于10日龄以内的雏鸭、雏鹅，每只用0.1克内服，疗效很好。

（4）局部按压法　如食道膨大部阻塞物坚硬，可用手轻轻将它压碎，按压时用力不能过猛，以免皮肤或食道膨大部受到损伤。

（5）手术疗法　适于严重病例。施术时，先将术部的毛拔光，冲洗干净，局部消毒，然后从上向下切开2～3厘米的小口，把食道膨大部阻塞物清除。用0.1%高锰酸钾清洗，再用丝线在切口做连续缝合，在皮肤做结节缝合，最后涂上抗生素软膏或撒布磺胺粉。术后单独饲养，12小时内禁止饮水或给料，12小时后可喂米汤，2～3天后喂给易消化的饲料，5～7天拆线，1周左右可恢复。

五、软嗉病

软嗉病又称鸭/鹅食道膨大部卡他，是鸭/鹅食道膨大部黏膜表层卡他性炎症，以食道膨大部显著膨胀和柔软为特征。严重时会导致食道膨大部松弛，完全丧失收缩能力，不能将食物输送到胃肠。

【病因分析】

1）采食发霉变质的饲料和易发酵饲料，或者误食异物，如毛发、破布、绳索等，不易或不能消化而在食道膨大部内腐败发酵，产生大量气体，刺激并腐蚀食道膨大部黏膜，引起炎症。

2）发生全身性严重疾病、慢性消耗性疾病或胃肠炎症，消化机能减退，食物在食道膨大部停留时间太长，以致发酵产气。

3）由于食盐或磷、砷、汞等化学毒物的作用，食道膨大部黏膜发生变性，也可能引起本病。

【典型临床症状】　患病鸭/鹅精神委顿，羽毛粗乱，食欲减退或丧失，食道膨大部不断扩张膨大，凸出于颈的下方，其中充满液体和气体而食物不多，触诊富有弹性，用力压迫食道膨大部，则口中排出污黄色带气泡、恶臭的黏液。患病鸭/鹅反复张嘴伸颈，呼吸极度困难，迅速消瘦、衰弱，最后窒息而死。本病多呈急性，病程极短，但病期延长，也可转为慢性。慢性的常见食道膨大部松弛下垂。

【预防措施】　①饲喂要定时定量，不要喂得过饱。饲料要新鲜，不要喂发霉变质、容易发酵或难于消化的饲料。②保持鸭/鹅棚舍温暖、干燥、清洁。防止吃进异物，如以稻草、麦秸作为垫料时，不要切得过短，

并严禁使用发霉的垫料。③注意防止各种毒物中毒。如果有原发病，则应积极治疗原发病。

【治疗方法】 发现软嗉病应立即进行治疗，越早越好。治法以排除内容物为主，可根据实际需要选用下列方法：

（1）挤压法 握住鸭/鹅的脚和翅，将后躯抬高，使鸭/鹅的头向下，嘴张开，沿着头颈的方向轻轻挤压食道膨大部，使其内容物从口腔排出。

（2）冲洗法 用注射器吸取1.5%碳酸氢钠溶液、2%硼酸溶液或0.5%高锰酸钾溶液，经口注入食道膨大部，或者用胶管灌入食道膨大部，至膨胀为止。然后扒开鸭/鹅的嘴，按上述挤压法挤压食道膨大部，使注入的药液与内容物一起排出，可反复数次。但操作要轻缓，以防药液进入气管。冲洗后，成年鸭/鹅灌服大蒜1~2克，每天2~3次，连续3天，幼龄鸭/鹅酌减。冲洗后停喂饲料1天，再饲喂少量易消化的软质饲料，并给予清洁饮水。

（3）手术疗法 如果食道膨大部内有异物，用水不能冲洗出来，或者食道膨大部下垂，完全丧失收缩能力，可实施手术疗法。施术时，先将术部的毛拔光，冲洗干净，局部消毒，然后从上向下切开2~3厘米的小口，把食道膨大部阻塞物清除。用0.1%高锰酸钾清洗，再用丝线在切口做连续缝合，在皮肤做结节缝合，最后涂上抗生素软膏或撒布磺胺粉。术后单独饲养，12小时内禁止饮水或给料，12小时后可喂米汤，2~3天后喂给易消化的饲料，5~7天拆线，1周左右可恢复。

六、消化不良

消化不良是发生于幼雏、中雏的一种消化机能障碍性疾病。幼龄鸭/鹅的消化器官尚未发育健全，消化能力不强，若饲养管理不当，就会引起本病。其主要临床症状为患病鸭/鹅排出稀臭粪便。如果治疗不及时，常转为慢性，拖延日久，则生长发育停滞，逐渐消瘦，或者继发其他消化道疾病而死。

【病因分析】 ①喂给粗劣难消化或易发酵的饲料。②过多喂给蛋白质丰富或淀粉、水分过多的饲料。③突然改变饲料。④不能定时定量饲喂，造成饥饱不均。⑤天气突变受寒。⑥没有经常提供沙砾。

【典型临床症状】 患病鸭/鹅精神委顿，食欲不振或废绝，羽毛逆立，低头缩颈，闭目呆立，两翅下垂，喜卧懒动，有时呕吐，频频排粪，

粪稀而臭，常带泡沫或有黏液，逐渐消瘦，生长发育不良。

【预防措施】 找出发病原因，有针对性地改善饲养管理。①饲喂要定时定量，不要饲喂难消化和易发酵的饲料，控制富含蛋白质、淀粉和水分饲料的喂量。改变饲料要逐渐进行，使幼雏、中雏有一个适应的过程。要经常提供沙砾，让鸭/鹅自由啄食。②天气突变时注意保暖。

【治疗方法】

（1）乳酶生（表飞鸣） 将片剂研细，按每只鸭/鹅每次0.5克的用量拌于饲料中喂给。

（2）干酵母片（食母生片） 将片剂研细，按每只鸭/鹅每次0.1克的用量拌于饲料中喂给。

若因过食引起，在治疗的同时应停喂1～2次。

七、肠炎

肠炎是由某些物理、化学因素，或者食物中毒、某些传染病、寄生虫病感染引起的原发性或继发性肠黏膜及黏膜下组织炎症的一种消化道疾病。它侵害肠黏膜下层、肌肉层和浆膜层，引起炎症病理变化，临床上以待续腹泻、衰弱、脱水与消化不良为特征。成年鸭/鹅和幼雏均可发生，以2～4周龄雏鸭/鹅较为多见。本病发病无明显季节性。

【病因分析】

1）喂给品质不良、腐败变质的饲料和异物，其中有毒物质或分解发酵的产物刺激肠黏膜而引起炎症。

2）饲料调配不当，营养成分不全，如缺乏维生素、矿物质和沙砾，饲喂没有定时定量等，也可引起本病。

3）天气突变引起受寒或中暑，鸭/鹅棚舍过于潮湿和拥挤，长途运输及卫生条件恶劣，饮水污浊等，也可诱发本病。

4）食物中毒、某些传染病和寄生虫病及消化不良、下痢等，未能及时治疗或治疗不当，也会继发本病。

【典型临床症状】 患病的雏鸭/鹅精神萎靡，低头闭目，不食或少食，羽毛逆立、蓬乱无光，两翅下垂，怕冷，腹泻，排泄物稀薄，呈白色、棕色、黄色、绿色等颜色，肛门周围沾满粪污，泄殖腔外口不断舒缩，最终因失水过多虚弱而死。不死的病例转为慢性经过，生长发育受阻。

成年鸭/鹅食欲减退，口渴喜饮，身体衰弱，行动迟缓，闭目无神，嗜睡，排软粪，继而腹泻、水泻，最后衰竭而死。

【典型病理变化】 剖检可见肠黏膜潮红、肿胀，毛细血管怒张充血，呈树枝状或线状，黏膜面附有混浊的黏液。

【预防措施】 ①加强饲养管理，不喂腐败、变质或发霉的饲料。饲喂要定时定量，营养齐全。注意防寒、防暑，保持鸭/鹅棚舍清洁干燥。②严格执行消毒制度，防止食物中毒、传染病和寄生虫病的发生，如已发生应及时治疗，以免继发本病。

【治疗方法】 治疗之前先查明病因，有针对性地改善饲养管理，如因饲喂发霉饲料引起的应立即停喂，受寒引起的应立即采取防寒措施等，然后选用药物治疗。

(1) 硫酸镁 成年鸭/鹅可先内服硫酸镁，以清除肠内有害物质。用法是配成5%~8%溶液用作饮水，2小时后换上清水。经3小时以上发生下泻。

(2) 药用炭（活性炭） 药用炭（活性炭）用以保护肠黏膜，减少肠蠕动和止泻，按2%的比例拌入饲料中喂给。也可用锅底灰或木炭末代替，但效果稍差。

(3) 复方敌菌净 在饲料中添加0.02%~0.04%复方敌菌净，混匀后喂给。

(4) 土霉素 成年鸭/鹅每只0.1~0.2克（10万~20万单位），大群治疗可在饲料中混入0.1%喂给。

(5) 磺胺脒 每千克体重每天用0.2~0.4克，分3~4次投服。大群治疗可在饲料中混入0.5%~1.5%喂给，连喂3~4天。

八、感冒

感冒俗称伤风，是由于受寒冷刺激而发生的一种呼吸道常见病，临床上以流鼻液、鼻孔周围羽毛上沾有污物为特征。

成年鸭/鹅、幼雏均可发生本病，以幼龄鸭/鹅多发，尤其幼雏由于发育不全，羽毛尚未长齐，抗寒力差，对外界适应能力弱，更易发生。鸭/鹅群发生本病常继发肺炎，如治疗不及时，也会造成很大损失。

【病因分析】 本病的主要病因是受寒冷刺激，如有感冒病毒存在时，更易暴发。具体病因如下：

1）育雏室御寒设备不足或简陋，又遇气温突降或冷空气侵袭，室温变化过大，尤其夜间温度过低，雏鸭/鹅挤在一起，易受寒冷刺激。冬

天突然把雏鸭/鹅从温暖的育雏室赶到室外运动场，也很容易受寒。

2）鸭/鹅棚舍通风不良，阴暗潮湿，垫草受潮，饲喂或饮用受冻的饲料或饮水；舍内积存有害气体（如积粪过多产生氨气、漂白粉消毒后残存的氯气）刺激鼻黏膜；气温骤降，外感风寒，或者放牧时受风雨袭击等，这些都会引起本病。

【典型临床症状】 患病鸭/鹅缩颈，食欲下降，羽毛松散且下水易湿，鼻流水样黏液，结膜潮红，常流眼泪。并发气管炎时，呼吸加快，咳嗽，打喷嚏。继发肺炎时，体温升高，食欲废绝，精神委顿，卧地不爱活动。

【预防措施】 ①育雏温度要掌握“适宜、平稳、逐渐下降”的原则，按具体情况（如低温、阴雨、大风、育雏初期等）进行调整。做到温差变化不过大，要适当掌握幼雏脱温时期。寒冷季节不要过早脱温，应在育雏室温度与外界温度接近时开始脱温。②注意做好鸭/鹅棚舍保暖、干燥、通风、除粪、翻晒垫草等工作，放牧时避免受到风雨袭击。

【治疗方法】 在治疗的同时，要配合做好防寒保暖工作，以充分发挥药物的治疗效果。如果并发肺炎，可选用抗生素或磺胺类药物。

（1）复方阿司匹林 每只每次雏鸭/鹅喂给0.2~0.3克，每天2次，连喂1~2天。食欲较好的，可混入饲料喂给。

（2）青霉素 雏鸭/鹅每只每次肌内注射1万~2万单位，成年鸭/鹅每只每次肌内注射3万~5万单位，每天2次，连用2~3天，或者每只鸭/鹅每天用2000单位，混入饮水中，连用3天。

（3）链霉素 每只雏鸭/鹅肌内注射0.5万~1万单位，每只成年鸭/鹅肌内注射5万~20万单位，每天2次，连用2~3天。混入饮水中的用量，每只鸭/鹅每天用2000单位。

（4）磺胺嘧啶 每千克体重用0.2克，每隔12小时喂1次。

（5）磺胺甲氧嗪（长效磺胺） 每千克体重用0.2克，每天喂1次。

九、热射病

热射病又称热衰竭，是由于鸭/鹅在潮湿闷热的环境中，机体散热困难、体内积热引起中枢神经系统的机能紊乱而发生的。本病虽不受季节的限制，但在夏季最为常见。在天气炎热时常大群发生，以雏鸭/鹅更为常见。鸭/鹅体过肥、长期缺水、舍饲、潮湿等也易发生。

【病因分析】

1）在气温很高和湿度大的环境中，热气高，鸭/鹅群过度拥挤，肌肉剧烈活动，饮水供应不足，喂湿热的饲料，或者鸭/鹅棚舍通风不良，或者装在密闭车船内运输等，均可导致本病的发生。

2）鸭/鹅的体温调节不畅，产热过多，不能及时发散，造成体内热量蓄积，同时热的传导受阻导致机体过热，血管运动中枢与呼吸中枢麻痹和体温调节机能紊乱。

【典型临床症状】 本病多呈急性经过。患病鸭/鹅体温升高，呼吸迫促、增数，张口伸颈喘气，翅膀张开下垂，渴欲增加。随后呼吸困难，出现晕眩，战栗，步态摇晃或不能站立，继而痉挛倒地，昏迷，甚至虚脱，很快发生惊厥而死。

【典型病理变化】 剖检可见尸僵缓慢，血液凝固不良，全身静脉淤血，心外膜出血，大脑、脑膜或颅腔内出血。

【预防措施】 ①舍饲鸭/鹅群或育雏时，饲养密度要适宜，勿使鸭/鹅群过于拥挤，天气炎热时应设法降低舍内温度，并使空气流通。②运动场要有树荫或搭盖凉棚，经常将鸭/鹅放出适当运动，并供应充足饮水。③车船运输鸭/鹅时应避免过度密集，并给予良好的通风散热条件。

【治疗方法】 本病一经发现，应立即抢救。先将患病鸭/鹅移至阴凉、通风、安静的地方，在地面泼洒冷水降温，并给予冷水饮用，以降低体温，促其恢复。可再服下列中药或饮料：

（1）鲜马齿苋 水煎待冷让患病鸭/鹅自饮。

（2）红糖水 任患病鸭/鹅自饮。

十、日射病

炎热季节，鸭/鹅的头部受强烈日光的直接照射，引起脑及脑膜充血和脑实质的急性病变，称为日射病。鸭/鹅群于酷暑盛夏在烈日下曝晒最易发生，多突然发病，造成大批死亡。幼龄鸭/鹅较成年鸭/鹅更易发生。

【病因分析】 夏季烈日照射时间过久或放牧时赶路过长，直射阳光中的红外线经鸭/鹅的头皮和颅骨作用于大脑，使各种神经机能发生紊乱而发病。

【典型临床症状】 患病鸭/鹅突然发病，表现以神经症状为主。病初，患病鸭/鹅烦躁不安，体温升高到44～45℃，黏膜发红，精神迟钝，足趾发生不全或完全麻痹，身躯和颈部肌肉痉挛，继而战栗、昏迷，常

常在日光直接照射几分钟后死亡。

【典型病理变化】 剖检可见脑膜充血和点状出血，大脑充血、水肿，并有不同程度的出血。

【预防措施】 ①夏天放牧要选择凉爽的地方，注意早出、晚归，不要在中午进行放牧，以免鸭/鹅群长时间受到强烈阳光直接照射。尤其在酷热而温度高的情况下，更要特别注意。②暑天要在放牧地搭盖凉棚，让鸭/鹅群中午在凉棚下活动，并供给充足的饮水。

【治疗方法】 一旦发病，应立即进行急救。可把鸭/鹅群迅速赶下水，或者将患病鸭/鹅放入凉水盆内浸一会儿，以降低体温，促进恢复；或者把鸭/鹅群赶到阴凉处，喂给大量饮用水，喂酸梅加红糖水更好。严重的患病鸭/鹅可口服十滴水 8 ~ 10 滴进行急救，或者注射安钠咖 0.2 毫升。

十一、卵黄性腹膜炎

卵黄性腹膜炎是成年产蛋鸭/鹅因卵黄坠入腹腔引起的一种常见病。临床上以腹部下垂、腹腔积液、呈企鹅样姿态为特征。本病可单独发生，也可与输卵管炎、卵巢炎同时发生。

【病因分析】

1）蛋白质、维生素和矿物质代谢障碍，如日粮中缺乏维生素，尤其是 B 族维生素，以及日粮中磷过剩都会提高本病的发病率。

2）粗暴捕捉、鸭/鹅从高处跌下等，以致母鸭/鹅排卵时，卵黄未能落入输卵管的喇叭口内，而直接落入腹腔。

3）鸭/鹅发生难产、泄殖腔脱垂、输卵管炎、输卵管破裂、直肠破裂、败血症、大肠杆菌感染或前殖吸虫病等，以致卵黄流入腹腔。

【典型临床症状】 本病一般多呈慢性经过。病初，外观很难察觉，以后渐见患病鸭/鹅食欲不振，继而食欲废绝，精神沉郁，体温升高，羽毛蓬乱，体质虚弱，腹部下垂，呈企鹅姿态，行走摇摆，活动不便；排泄痢疾状污粪，如污粪进入腹腔，则肛门排泄物稀少；产蛋停止；经几周后极度衰弱而死。急性病例食欲废绝，产蛋率急剧下降，症状呈现后不久死亡。

【典型病理变化】 剖检可见腹腔发炎，其中有混浊、黏稠的积液，呈棕黄色或污绿色，各个内脏表面受其沾污也带同样颜色，而腹膜则呈蓝黑色，气味恶臭。腹腔中可见到破碎或腐败的蛋黄和破碎的蛋壳，有时甚至见到完整的蛋。整个输卵管黏膜呈卡他性或出血性炎症。

【预防措施】 产蛋盛期的日粮中应含有全部的必需氨基酸。而且维生素A、维生素E、维生素C、维生素D的含量应比通常的标准增加40%～60%。

【治疗方法】 治疗本病至今还没有有效的疗法，一旦发现应及早淘汰。

十二、雏鸭/鹅脐炎

雏鸭/鹅脐炎是出壳后不久的雏鸭/鹅常发生的一种疾病。

【病因分析】 刚出壳的雏鸭/鹅因脐部尚未闭合，这时各种细菌容易通过此处进入雏鸭/鹅体内而发生炎症。

【典型临床症状】 雏鸭/鹅患本病主要是脐环发炎、水肿，皮下充满胶冻样浸润及黏液，有出血性浸润，呈紫红色，并且出现坏死。有时脐环被干的痂皮粘连，未封闭的孔道被凝乳块状物所堵塞。

【典型病理变化】 剖检可见胸、腹部肌肉水肿，卵黄吸收不完全，呈多汁状态，卵黄囊破裂，胸、腹腔内有腐败的液体，体腔内壁广泛发炎。

【预防措施】 保持种蛋和孵化器的清洁卫生，孵化前后应对周围环境和孵化器进行彻底消毒，同时应掌握正确的孵化方法。出壳的雏鸭/鹅应用70%酒精或2%碘酒涂脐部。

【治疗方法】 如果发现雏鸭/鹅卵黄吸收不好，要特别注意，要多涂几次碘酒。结痂不能用手过早地扒掉，脐炎愈后会自然脱去。可涂些植物油防护硬固。

十三、输卵管炎

输卵管炎是由多种传染性病原和病因引起的一种产蛋鸭/鹅常见病，以泄殖腔排出恶臭分泌物为特征，多发于初产和高产的产蛋鸭/鹅，对鸭/鹅的生产性能影响很大。它也是引起难产、输卵管脱垂和啄肛癖的一个主要原因。

【病因分析】

1）本病最常见的病因是多种传染性病原，包括大肠杆菌、沙门氏菌和化脓球菌等，从泄殖腔侵入输卵管。

2）为了强迫鸭/鹅多产蛋而喂给过多的动物性饲料，或者饲料中缺乏维生素A、维生素D、维生素E。

3）鸭/鹅棚舍不洁、产大蛋或双黄蛋、感冒、挫伤、进行蛋探查引起的损伤、蛋在输卵管中破裂、曾发生输卵管萎缩等，都会引起本病。

【典型临床症状】 患病鸭/鹅输卵管内流出一种黄白色浓稠的炎性分泌物，刺激肛门。肛门周围尤其下方的羽毛被分泌物沾污，患病鸭/鹅发生难产或表现疼痛，可产出各种畸形蛋，有时蛋壳有血迹。病程稍长的见有发热，神态痛苦不安。重症的鸭/鹅发热，两翅下垂，羽毛蓬乱，闭目呆立，以腹擦地，炎症有时蔓延到腹腔引起腹膜炎。

【典型病理变化】 剖检可见腹膜炎和子宫炎的病理变化，输卵管内充满黄白色浓稠的分泌物，输卵管后部肿胀而凸出于泄殖腔。在慢性病例中分泌物（脓汁）可能呈干酪样或干燥状态。

【预防措施】 ①本病一般由白痢杆菌、大肠杆菌或副伤寒杆菌等细菌感染而引起，而且是输卵管脱垂、泄殖腔炎和难产的主要原因之一。所以，病愈后不宜留作种用。②认真做好饲养管理工作，主要是保持环境清洁，注意饲料中维生素A、维生素D、维生素E的补充。

【治疗方法】 重症病例无治疗意义，可淘汰供肉用。轻症的先隔离饲养，再用橡皮洗耳球吸取5%鞣酸（或明矾）溶液或2%硼酸插入肛门内灌洗，使泄殖腔和输卵管后部得到充分洗涤。

十四、泄殖腔炎

泄殖腔炎为泄殖腔和肛门发生的溃疡性炎症。患病鸭/鹅肛门中流出一种白色的黏性分泌物，具有一种刺鼻的臭味。

【病因分析】

1）受损部位感染细菌而引起本病，但病原无法分离获得。在自然发病期，健康鸭/鹅不受感染，但据研究发现，本病却能因公鸭/鹅配种而传播给母鸭/鹅。

2）钙、磷和维生素A、维生素B、维生素D不足，环境不卫生，鸭/鹅舍湿度大或存在有害气体，是造成本病的因素。

3）产蛋鸭/鹅产蛋过多，泄殖腔黏膜受刺激也会引起本病。

4）喂给不易消化的粗饲料、刺激泄殖腔黏膜；或者喂给幼龄鸭/鹅含有燕麦芒、大麦芒和麸皮的配合饲料。

【典型临床症状】 患病鸭/鹅发病初期肠道机能紊乱，排出尿酸盐，污染肛门周围的羽毛，肛门红肿，泄殖腔黏膜呈卡他性炎症。严重时肛门部分组织发生溃烂脱落，形成溃疡和伪膜性炎症，炎症区从泄殖孔向泄殖腔延伸2~3厘米，泄殖腔红肿的黏膜上布满干酪样渗出物，剥离这种渗出物后发生出血；有时炎症可蔓延到直肠黏膜。由于肛门部位受到刺激，患病鸭/鹅用力努责，往往引起泄殖胜脱垂和鸭/鹅群的啄肛癖。病程长的可发展为卵黄性腹膜炎。母鸭/鹅消瘦，产蛋能力丧失。

【典型病理变化】 剖检可见卵巢不发育，输卵管下部、直肠和泄殖腔有化脓灶。

【预防措施】 ①饲喂对泄殖腔黏膜无刺激性的易消化饲料。②供给充足的维生素A、B族维生素、维生素D与氨基酸。③保持环境清洁、干燥、通风。

【治疗方法】 患病鸭/鹅立即隔离饲养，剪去肛门周围的污秽羽毛，并除去肛门部分的坏死组织，然后用下述药物冲洗或外敷。

（1）冲洗 患部用温和的2%雷佛奴耳（依沙吖啶）溶液、10%明矾溶液或0.1%高锰酸钾溶液冲洗，每隔3~4天冲洗1次，3~4次可愈。

（2）外敷 局部按上述方法处理后，可涂敷5%金霉素软膏、三磺软膏或鱼石脂软膏，每天2~3次，连用3~4天可愈。

十五、泄殖腔垂脱

泄殖腔脱垂又称鸭/鹅泄殖腔外翻或脱肛，是产蛋鸭/鹅的一种常见病。本病主要发生于4~5月产蛋盛期，高产鸭/鹅多发，发病后易招致鸭/鹅群发生啄肛癖而导致鸭/鹅大量死亡。

【病因分析】

1）输卵管炎或产蛋过多，造成输卵管内膜油质分泌物不足。

2）因蛋过大或产双黄蛋，产蛋时鸭/鹅过分用力努责。

3）肛门有慢性炎症，或者肛门被啄伤，炎症产物会产生局部刺激，患病鸭/鹅为了排出刺激物，常不断增强努责。

4）鸭/鹅产蛋后泄殖腔尚未恢复正常即受惊奔跑，便秘时排粪努责过度，腹腔肿瘤使腹内压增高，都会引起本病。

【典型临床症状】 患病鸭/鹅病初肛门周围的绒毛呈湿润状，有时从肛门内流出白色或黄白色的黏液，以后泄殖腔脱出肛门外3~4厘米，充血发红，有时出血，2~3天后脱出部分变成暗红色，甚至发绀。患病鸭/鹅疼痛不安，如不及时处理，可引起炎症、水肿、溃疡，逐渐消瘦死亡。

【预防措施】 顽固的往往易复发，因此应着眼于预防，而预防则要特别注意饲养管理。①应多供应青绿饲料，其比例占日粮的20%~30%。②春季产蛋率上升时，日粮中的动物性饲料要减少。③加强运动，多晒太阳；防止鸭/鹅群受惊。④如有啄食癖应及时采取措施，必要时要隔离饲养。

【治疗方法】 患病鸭/鹅应及时隔离，并选用下列方法治疗。治疗期间每天给予足够的饮水，做好鸭/鹅棚舍卫生工作，保持干燥。

（1）饱和盐水溶液热敷 病初可先用饱和盐水溶液热敷，以减轻充血和水肿。

（2）整复法 用5%明矾溶液洗净泄殖腔脱垂部分，并剥去附着物或其他污物，再以明矾粉撒于患部，用手慢慢揉按脱垂部分，轻轻推向腔内还于原位。若再度脱出，应重新整复，每天处理3~4次，直至不再脱出。

（3）火灸法 整复后，在莲花穴（肛门上方凹陷中）、尾脂穴（尾脂腺正中）处，每天用线香点燃灸1次，灸后将肛门周围羽毛用线扎成一束，以防泄殖腔再度脱垂。

（4）吊脚法 将患病鸭/鹅的一只脚用绳吊起，让另一只脚着地，约半小时脱垂部分可缩回。

（5）金霉素软膏 如果肛门有慢性炎症，环绕肛门形成韧性黄色白喉性伪膜并有恶臭时，可用金霉素软膏涂敷患部。

十六、阴茎垂脱

阴茎垂脱是因为阴茎因外伤后被细菌感染，发生炎症、溃疡而脱出，垂脱后不能回缩到泄殖腔内的一种疾病。本病多发于冬季。

【病因分析】

1）鸭/鹅群在交配时，如被其他公鸭/鹅发现，常会受到干扰，并且阴茎被啄咬，以致引起损伤感染，不能回缩。

2）由于水塘的水质污浊，公鸭/鹅在水上交配，阴茎露出后被蚂蟥、鱼类咬伤而受感染。

3）公、母鸭/鹅比例不当，公鸭/鹅长期交配过于频繁，致使阴茎受损而感染发炎，不能回缩。

【典型临床症状】 如属外伤，则有伤口和伤痕，伤处为红色或有血液渗出；如受伤后感染细菌发炎，则患部潮红、肿胀、瘀血，甚至化脓。

病程长的常发生溃疡和坏死，呈暗红色或紫红色，因有炎性分泌物，垂脱的阴茎易沾上泥污，结成硬块，以致阴茎露出后不能回缩。如因交配频繁，阴茎垂露，而呈苍白色。

【预防措施】 鸭/鹅群中公母比例要适宜，如公鸭/鹅过多，不但提高饲养费用，而且彼此干扰，易引发本病，受精率反而达不到应有的水平。适当的公母比例，依鸭/鹅的种类和类型等而定。公鸭、公鹅的数量一般为：小型麻鸭4%～5%，大型麻鸭6%，北京鸭15%～20%；小型鹅6%～10%，中型鹅15%～20%，大型鹅25%～30%。

【治疗方法】 当阴茎受伤不能回缩时，应及时隔离施治。如已发生溃疡或坏死，则难以治愈，应及时淘汰，不要继续留作种用。对病初发炎肿胀的，可用0.1%高锰酸钾溶液冲洗后，用消毒的脱脂棉揩干，涂以磺胺软膏或抗生素软膏，并将受伤的阴茎纳回原处。

提示

如果患病鸭/鹅的阴茎已发炎肿胀、溃疡或坏死，无治疗价值时应及早淘汰。

十七、难产

难产又称蛋秘、蛋滞留、产蛋不下或产蛋困难，是鸭/鹅在产蛋过程中，蛋不能通过正常的产道顺利产出的一种疾病。初产和高产鸭/鹅较易发生本病。

【病因分析】

1）饲养管理不当，如鸭/鹅棚舍高温、污秽，日粮中营养不足，以及母鸭/鹅感冒、换羽、体质衰弱、疲劳过度，以致输卵管壁软弱，子宫收缩力不强，腹壁努责的力量不够。

2）输卵管发炎后，卵腺和分泌细胞均失去作用，严重的渗出物大量积滞，以致输卵管阻塞，蛋无法通过。

3）输卵管狭窄、扭曲，输卵管黏膜生瘤，以致输卵管阻塞或输卵管肌肉不全麻痹，无力收缩。

4）过分肥育的老龄母鸭/鹅，由于腹内脂肪的压迫，输卵管紧缩，造成难产。

5）初产母鸭/鹅产蛋过大、蛋横位或产双黄蛋。

6）因病以致输卵管内分泌液不足，输卵管黏膜干燥而不够润滑。

【典型临床症状】 患病鸭/鹅病初不显全身症状，只见患病鸭/鹅两脚距离很宽地站立，尾下垂，而体躯前部略抬起，然后长久蹲伏于地，不愿行走，也不排粪，常不断努责或做产蛋姿势，而不见产蛋。继而患病鸭/鹅腹部发热坠胀，体积增大下垂，腹壁紧张，神态痛苦，表现不安。并且，患病鸭/鹅羽毛逆立，逐渐衰弱，拒绝饮食。检查尾脂见充盈阻塞或过分干瘪。高产鸭/鹅难产多发于输卵管后段，所以在腹后部触诊能摸到卵圆形硬块。用手伸入泄殖腔探查，能摸到蛋，如病程过长，由于输卵管炎症加重，体温上升，采食停止，呆立一隅，终至衰弱而死。

【预防措施】 ①产蛋鸭/鹅的日粮配合，必须有草粉、青绿多汁饲料、根茎类饲料，同时要保证维生素 A 的供应。此外，要适当增加运动量。②防止母鸭/鹅泄殖腔和输卵管发炎，这对预防本病有积极作用。③成年母鸭/鹅的体重应符合本品种要求，如体重增加有肥胖趋势，则应减少能量饲料的用量，多喂青绿饲料，以免过胖发生本病。

【治疗方法】 由于输卵管狭窄或扭曲引起的难产，一般难予治愈，应及时淘汰，不必施治。初发病例应放在安静地方隔离观察 1 ~ 2 小时，也有未经治疗能产出的。治疗后的患病鸭/鹅要注意护理，特别注意安静，勿使其受惊，直到恢复。治疗的方法如下：

（1）手术助产 由于蛋过大引起的难产，可将鸭/鹅仰卧，注入植物油或液状石蜡，术者右手食指指甲剪短、磨光、洗净、消毒、涂敷植物油或凡士林后，小心伸入鸭/鹅的泄殖腔，拨蛋向外转动，同时用另一只手从外部挤压腹部，将蛋向肛门部缓缓压挤。操作要谨慎，以防泄殖腔外翻，输卵管脱出或撕裂。若仍未能产出，可用小橡皮管往泄殖腔内注入植物油，以提高润滑度，再按上法重新拨动和挤压，即可排出。如果蛋过大，用上述方法无效，可先将蛋的位置拨正，右手挤压腹部，使蛋的一端朝向肛门，然后用小刀稍微划破子宫薄膜，将蛋挤出，术后用 2% 硼酸溶液消毒，不必缝合，可自行愈合。

（2）青霉素（或链霉素） 每只鸭/鹅肌内注射 4000 国际单位。据介绍，此两种抗生素对恢复生殖道的收缩机能有良好的作用，可用于难产。

（3）益母草 可用于体质虚弱、子宫收缩无力而引起的难产。每只鸭/鹅每天用量 0.7 ~ 1.5 克，加水适量煎 2 次，待冷后合并，分 2 次调入饲料中喂给或以吸管灌服，如加些红糖更好。

十八、畸形蛋

畸形蛋又称异常蛋或反常蛋，是高产鸭/鹅群由于饲养管理不善，在不同时期、不同条件下产出多种不正常蛋的一种生殖道疾病。其中最常见的是软壳蛋，它不但影响母鸭/鹅的正常生理功能，有时还会并发或继发其他疾病。

【病因分析】

(1) 软壳蛋

1）日粮中长期缺乏形成蛋壳的主要成分钙质；或者鸭/鹅产蛋率高，以致钙消耗过多，而日粮中又未及时补充。

2）钙的补充虽较充分，但搅拌不匀，或者钙、磷未按2∶1的比例配给，日粮中缺乏维生素D和锰，以致影响了钙、磷的吸收和代谢。

3）卵壳腺机能不正常，不能分泌充足的壳质。

4）鸭/鹅产蛋期间，受到外界刺激（如受惊等）早产，以致蛋壳未完全形成，就已排出。

5）霉菌毒素中毒，使生殖机能紊乱，卵巢机能丧失或退化。

6）轻度败血症。

(2) 无黄蛋（小形蛋） 由于异物（如寄生虫、脱落的黏膜、小的血块等）落入输卵管内，刺激输卵管的蛋白分泌部分泌出蛋白和蛋壳，包裹了异物，形成1个没有蛋黄的无黄蛋。

(3) 双黄蛋（或三黄蛋） 由于卵巢的定时机能失常，2个或3个蛋黄同时成熟排卵，或者先后成熟，而排卵时间距离很近，2个或3个蛋黄同时到达蛋白分泌部，被蛋白包裹而成。此外，也和鸭/鹅性器官未完全成熟，不能完全控制排卵有关。

(4) 双壳蛋（蛋中蛋） 当蛋快产出时，由于鸭/鹅受到惊吓或生理反常，输卵管发生逆蠕动，蛋又退回到输卵管上部。恢复正常后，蛋又沿输卵管下行，刺激输卵管黏膜重新分泌1次蛋白，再次下行到子宫时，又刺激子宫壁，再分泌1层蛋壳，因而成为双壳蛋。

(5) 皱壳蛋 产皱壳蛋通常是传染性支气管炎的后遗症。蛋壳上钙的沉淀可能由于吸收过量的钙，也可能由于输卵管反常所致。

【典型临床症状】 产畸形蛋的母鸭/鹅，从外观上看，一般并无特殊病态和不正常的表现，仅在蛋的形态、结构上表现异常。但有时产双黄蛋（三黄蛋）时可见肛门撕裂症状。

【预防措施】 ①日粮中钙和维生素D供应要充足，钙、磷的比例要适当。产蛋旺季、高产鸭/鹅群及高温天气，应适当提高蛋壳粉、贝壳粉、骨粉、碳酸钙等矿物质饲料的供应，早晚要得到阳光照射。②如果鸭/鹅群中有经常产软壳蛋或无黄蛋的应及时淘汰；产双黄蛋（或三黄蛋）有的是暂时的，不必淘汰。但蛋不能供孵化用。③产蛋时鸭/鹅舍要安静，饲养员行动要轻慢，不要穿色彩鲜艳的服装，以免鸭/鹅群受惊。④发现患有能引起鸭/鹅产畸形蛋的疾病，如传染性支气管炎、曲霉菌毒素中毒、前殖吸虫病、输卵管炎、卵巢炎、轻度败血症等，应及时进行治疗。

【治疗方法】 产皱壳蛋、双壳蛋、无黄蛋等目前尚无治疗方法，产软壳蛋可用下述药物治疗：

（1）葡萄糖酸钙 口服能立即改善蛋壳的形成。

（2）鱼肝油 按每千克饲料中添加2~4毫升，以供给维生素D，促进机体对钙质的吸收，连喂数日即可见效。

十九、啄癖

啄癖是由于饲养管理、营养或疾病等因素引起机体代谢机能发生紊乱所造成的鸭/鹅之间相互啄食羽毛或组织器官的一种疾病，任何日龄、品种的鸭/鹅都会发生。一般表现为患病鸭/鹅啄羽、啄肛及啄蛋等，造成创伤，甚至引起死亡。

【病因分析】

（1）饲养管理因素 饲养密度过大，鸭/鹅群异常拥挤，饲料或饮水槽不足，导致强者抢食，弱者受强者追逐、被啄，鸭/鹅群中就会出现啄癖。加之舍内的湿度过高，会加重啄癖的发生。产蛋初期，强烈光照会使鸭/鹅肛门紧缩而导致微血管出血引起啄肛。刺眼的光束及折射光也可导致啄癖的发生。舍内温度过高，灰尘太多，通风换气不良，氨气、硫化氢和二氧化碳等有害气体过多，均会破坏鸭/鹅的生理平衡，造成鸭/鹅烦躁不安，相互追啄。

（2）营养因素 日粮中缺乏蛋白质或某些氨基酸往往可引发鸭/鹅啄肛；饲料中粗纤维含量过低，饲料的营养浓度过大，胃肠蠕动减弱，胃肠道空虚产生饥饿感而引起啄羽、啄肛等恶癖；粗纤维过多，可导致鸭/鹅特别是雏鸭/鹅的消化不良、腹泻，继发啄癖。

钠、铜、钴、锰、钙、铁、硫和锌等矿物质不足或比例失调而不能满足机体的需要而使新陈代谢发生紊乱均可能成为异食癖的病因，尤其是钠盐不足易使鸭/鹅喜啄食带咸性的血迹等。食盐缺乏是诱发鸭/鹅啄羽、啄肛、啄蛋的主要原因。

(3) 疾病因素 感染某些疾病，特别是沙门氏杆菌、大肠杆菌及禽流感等引起的卵巢、输卵管和泄殖腔发炎，因炎症产物对局部的刺激，患病鸭/鹅为排出刺激物常不断地努责可造成脱肛，同时由于炎症使这些部位机能发生障碍，产蛋时也易造成脱肛。某些疾病或生理性因素引起的长时间腹泻脱水，导致输卵管黏膜润滑度降低，生殖道干涩，鸭/鹅产蛋时强烈努责而脱肛。脱肛后，极易发生啄癖。

【典型临床症状】

(1) 啄肛癖 成年鸭/鹅、幼雏均可发生啄肛癖，而育雏期的幼雏多发。表现为一群鸭/鹅追啄某一只鸭/鹅的肛门，造成其肛门受伤出血，严重者直肠或全部肠子脱出被食光。

(2) 啄趾癖 啄趾癖多发生于雏鸭/鹅，它们之间相互啄食脚趾而引起出血和跛行，严重者脚趾被啄断。

(3) 啄羽癖 啄羽癖也叫食羽癖，多发生于产蛋盛期和换羽期，表现为鸭/鹅相互啄食羽毛，情况严重时，有的鸭/鹅背上羽毛全部被啄光，甚至有的鸭/鹅被啄伤致死。

(4) 啄蛋癖 啄蛋癖多发生于平养鸭/鹅的产蛋盛期，常由软壳蛋被踩破或偶尔巢内地面上打破1个蛋开始。表现为鸭/鹅群中某一只鸭/鹅刚产下蛋，就相互争啄。

(5) 异食癖 异食癖表现为鸭/鹅争食某些不能吃的东西，如砖石、稻草、石灰、羽毛、破布、废纸、粪便等。

【预防措施】

1）加强饲养管理。控制好鸭/鹅群的饲养密度，避免过分拥挤，严格控制好鸭/鹅舍的温湿度；注意鸭/鹅棚舍的通风换气，保证舍内空气良好，防止有害气体过多；制定科学的光照制度，保证适宜的光照时间和光照强度；防止笼具等设备引起鸭/鹅的外伤，在种鸭/鹅产蛋高峰期，勤捡种蛋。

2）保证营养的全面供给。按照鸭/鹅生长发育的特点、需要，制定日粮配方，保证科学、合理、全价。

3）防止各种疾病的发生。

【治疗方法】

1）及时移走啄咬倾向较强的鸭/鹅，断喙或淘汰。隔离被啄鸭/鹅，

在被啄的部位涂擦甲紫（龙胆紫）、小檗碱（黄连素）等苦味强烈的消炎药物，一方面消炎，另一方面还可使其他鸭/鹅知苦而退。也可将废机油涂于易被啄部位，利用其难闻的气味来防止啄癖的发生，以控制啄癖的进一步蔓延。

2）对被啄肛门轻度者，可及时将其隔离，用0.1%高锰酸钾溶液清洗患部，其后再涂以磺胺软膏或擦甲紫。如果直肠或子宫已脱出，发生水肿或坏死，则做淘汰处理。

3）已形成啄癖的鸭/鹅群，可将舍内光线调暗或采用红色光照，也可将瓜藤、块茎类饲料和青菜等放在舍内任其啄食，以分散其注意力。

提示

若以上方法均无效，可将鸭/鹅的喙尖角质剪去，此法可以在一段时间内控制啄癖现象继续发生。

二十、肉髯水肿及血肿

肉髯水肿及血肿是指鸭/鹅的肉髯组织中积满炎性渗出液，使肉髯外观极度肿大，或者肉髯血管破裂，肉髯组织蓄积血液的一种疾病。本病多发生于公鸭/鹅。

【病因分析】

1）鸭/鹅相互搏斗时被咬伤或被尖锐物划伤，伤口感染而发生炎症。

2）搏斗时咬破血管，使大量血液蓄积在肉髯组织内。

【典型临床症状】

（1）肉髯水肿　病初肉髯红肿发热，继而变成灰黄色，重症者肿胀可能蔓延到头部，病程长的肉髯中的渗出液常变成干酪样，形成一种坚硬的干酪样小结节，易于剥落。有的炎症逐渐消退，水肿液被吸收，肉髯外观萎缩。本病通常为慢性经过，死亡率不高。

（2）肉髯血肿　患病鸭/鹅表现不安，肉髯红肿，由于血液纤维析出，触诊肉髯呈捻发音。患病鸭/鹅不时以爪搔抓肉髯，离群呆立，拒食，逐渐消瘦，严重的可引起死亡。

【治疗方法】

（1）青霉素　用于肉髯炎性水肿，每只每次10万单位，用1毫升蒸馏水溶解后注入肉髯中，每天2次，2~3天为1个疗程。用于肉髯血

肿，则先用注射器抽出血液，然后注入青霉素10万单位，以防感染。

（2）维生素K_3注射液 肉髯血肿时，抽出血液后仍继续肿大的，可用本品0.05毫克注入肉髯内，使血液凝固。

（3）摘除结节 肉髯水肿后形成的结节，可用手术予以摘除。

二十一、皮下气肿

皮下气肿又称气囊破裂、气嗉、气脖子等，是由于呼吸道损伤，大量空气窜入皮下，使颈部或胸廓部充满气体的一种疾病。本病多发生于幼雏和中雏，偶然也发生于填鸭和肉鹅。

【病因分析】 本病主要由于呼吸道的各部分，如胸腔气囊、肺脏、气管等的损伤或缺损，以致空气进入组织间隙而蓄积于皮下。诱发原因主要有以下几个方面：

1）由于管理不当，捕捉鸭/鹅时动作粗暴或用力过猛，使颈部气囊或锁骨下气囊破裂。

2）由于鸭/鹅互相啄斗、饲喂时过于拥挤、尖锐异物刺伤等机械因素，造成气囊破裂，致使气体溢于皮下。

3）因肱骨、乌喙骨和胸骨等有气腔的骨骼发生骨折，空气从骨折部分逸出，移行并蓄积于皮下。

【典型临床症状】 颈部气囊破裂的，该部羽毛逆立，轻症气肿局限于颈的基部，重症可延及颈的上方，并在口腔的舌系带下出现鼓气泡，有时可见整个前躯从颈部到头部的皮下充满气体，膨大如气球状。一般情况下，患病鸭/鹅有食欲，仍能下水游泳，但不能潜水。如果腹部气囊破裂，或者气肿从颈部蔓延至胸腹皮下，则胸腹围增大。触诊时胸腹壁紧张，叩诊呈鼓音。患病鸭/鹅精神沉郁，呆立，呼吸困难，如治疗不及时，则气肿范围不断扩大，少数可延及到全身皮下。

【预防措施】 饲喂时避免鸭/鹅群拥挤摔伤；捕捉时防止动作粗鲁而使鸭/鹅受伤。

【治疗方法】 骨折引起的没有治疗意义，应予以淘汰。其他原因引起的可用器械排除气体，但应注意器械和创口的消毒。穿刺气肿部位皮肤放气的方法有：用针头刺破皮肤放气，用注射器插入抽气，用尖头的刀、剪刺破皮肤放气，用烧红的铁条烙个破口放气等，都有一定效果。但前两种有时放气后不久又气肿如初，需反复进行；后两种创口大，短期内不易愈合，气体可随时排出，使呼吸缺陷恢复正常，症状得以缓解，逐渐痊愈。

二十二、龙骨黏液囊炎

龙骨黏液囊炎又称胸骨前滑液囊炎，俗称龙骨囊肿，常发生于生长快、体重大、体型长的肉鸭/鹅或种鸭/鹅，特别是重型种公鸭/鹅。本病会使肉鸭/鹅的肉品质量受到影响。

【病因分析】 本病是由于龙骨部皮肤受到机械性压迫或擦伤，引起黏液囊发炎而引起的。种鸭/鹅在粗糙的铁丝网上饲养，因龙骨部承受着全身体重的压力，受铁丝网的摩擦，皮肤易受损而感染发生本病。

【典型临床症状】 囊肿位于龙骨与胸部皮肤之间，为囊肿状的新生物，直径为7厘米左右。患部稍稍隆起，触诊患部时有波动感。囊中常有空腔，腔中充满一种浅棕色黏液，病程过长，积聚的渗出物变成干酪样。

【预防措施】 ①不要在网上饲养体重大的种鸭/鹅，必要时可加盖塑料网，以防擦伤皮肤。②由于本病与鸭/鹅的体型有关，因此应选留胸部宽大的种鸭/鹅以供繁殖，以减少本病的发生。

【治疗方法】 可采用外科处理，先行局部消毒，然后涂擦鱼石脂、抗生素软膏或磺胺软膏。

二十三、脚趾脓肿

脚趾脓肿又称趾瘤病，是脚底及其周围组织受机械性损伤，并局部感染细菌引起的脓汁积聚后形成的有完整腔壁的一种球形脓肿。本病在鸭/鹅群中一般为散发，但有时也能传播蔓延。春季雨水多，湿度大时容易发生。

【病因分析】 鸭/鹅棚舍和运动场地面粗糙、坚硬、污秽，或者放牧时经常经过不平整及有大量瓦砾的地方，或者被其他硬物划破刺伤，造成脚趾皮肤损伤，细菌侵入伤口后，首先引起炎症过程。炎症发展进一步促进死亡的白细胞与组织细胞液化过程，并形成脓汁，脓汁积聚于发炎病灶的中央而成脓肿。引起脓肿的细菌主要有葡萄球菌、链球菌等。重型品种的肉用鸭/鹅等，因身体重，由高处向下跳，易引起脚底擦伤、挫伤或其他创伤而发生本病。

【典型临床症状】 患病鸭/鹅脚底皮肤病初发红、肿胀，以后逐渐增大，并且凸出于皮肤表面，形成黄豆乃至鸽蛋大的隆起，造成患病鸭/鹅运动困难，跛行，食欲稍差，肿胀部发热、坚硬、疼痛，继而炎症蔓

延到趾蹼间，甚至沿着关节和健部扩展到深部组织，病程长的炎症渗出物凝固干燥呈干酪样，有的肿胀部位周围坚硬而中央渐见软化变薄，触诊有波动感，最后破溃，流出脓汁，逐渐萎缩。本病对患病鸭/鹅的食欲影响不大，但严重影响交配和产蛋。

【预防措施】 鸭/鹅棚舍和周围环境要清洁干燥，地面要平整，放牧所经的道路也应平坦、洁净，地面不能有粗糙、尖锐、坚硬的物品，如石碴、瓦片、玻璃碴等。

【治疗方法】 治疗期间应停止放牧。隔离在干净鸭/鹅棚舍中饲养，若发病率仍高，应分析病因，采取相应措施予以消除，并根据病情施治。

（1）冷敷 在病初施行冷敷，以促炎症消散。

（2）热敷或搽药 炎症继续发展的，可涂以鱼石脂软膏或5%碘酊，并改用热敷，以促使脓肿早日成熟。

（3）切开排脓 脓肿有明显波动感时，表明脓肿已经成熟，应立即切开排脓。如果有坏死组织，应先清除，然后用高锰酸钾溶液清洗，消毒棉花吸干，碘酊纱布填塞，涂敷木馏油或抗生素软膏，包扎绷带，以防继发感染。以后隔天处理1次。同时内服磺胺类药物，通常1周可痊愈。

（4）注入抗生素 如果脓肿不大，可用消毒注射器抽尽脓汁，并用另一个注射器注入抗生素，每天数次，连续数天，直至痊愈。

参考文献

[1] 孙卫东，李银．鸭鹅病诊治原色图谱［M］．北京：机械工业出版社，2018.
[2] 赵朴，王成龙，刘川川．鸭类症鉴别诊断及防治［M］．北京：化学工业出版社，2018.
[3] 赵朴，王方明，赵秀敏．鹅类症鉴别诊断及防治［M］．北京：化学工业出版社，2018.
[4] 孙卫东，蒋加进．鸭鹅病快速诊断与防治技术［M］．北京：机械工业出版社，2014.
[5] 蔡弋，赵伟成．鸭病防治150问［M］．北京：金盾出版社，2010.
[6] 席克奇，等．家庭科学养鸭与鸭病防治［M］．北京：金盾出版社，2011.
[7] 孙卫东，程龙飞．新编鸭场疾病控制技术［M］．北京：化学工业出版社，2009.
[8] 崔恒敏．鸭病诊疗原色图谱［M］．北京：中国农业出版社，2008.
[9] 周新民，黄秀明．鹅场兽医［M］．北京：中国农业出版社，2008.
[10] 朱维正．高效养鹅及鹅病防治［M］．北京：金盾出版社，2002.
[11] 黄瑜，苏敬良．鸭病诊治彩色图谱［M］．北京：中国农业大学出版社，2001.
[12] 菅复春．鸭鹅场多发疾病防控手册［M］．郑州：河南科学技术出版社，2011.
[13] 焦库华，陈国宏．科学养鹅与疾病防治［M］．北京：中国农业出版社，2004.
[14] 周新民．鸭场兽医［M］．北京：中国农业出版社，2005.
[15] 葛颐昌，林世棠．鸭病防治新技术［M］．福州：福建科学技术出版社，1994.
[16] 郭玉璞．鸭病诊治彩色图说［M］．北京：中国农业出版社，1997.
[17] 朱春生．鸭病防治实用技术［M］．呼和浩特：内蒙古人民出版社，2007.

书　目

书　名	定价
高效养土鸡	29.80
高效养土鸡你问我答	29.80
果园林地生态养鸡	26.80
高效养蛋鸡	19.90
高效养优质肉鸡	19.90
果园林地生态养鸡与鸡病防治	20.00
家庭科学养鸡与鸡病防治	35.00
优质鸡健康养殖技术	29.80
果园林地散养土鸡你问我答	19.80
鸡病诊治你问我答	22.80
鸡病快速诊断与防治技术	29.80
鸡病鉴别诊断图谱与安全用药	39.80
鸡病临床诊断指南	39.80
肉鸡疾病诊治彩色图谱	49.80
图说鸡病诊治	35.00
高效养鹅	29.80
鸭鹅病快速诊断与防治技术	25.00
畜禽养殖污染防治新技术	25.00
图说高效养猪	39.80
高效养高产母猪	35.00
高效养猪与猪病防治	29.80
快速养猪	35.00
猪病快速诊断与防治技术	25.00
猪病临床诊治彩色图谱	59.80
猪病诊治 160 问	25.00
猪病诊治一本通	25.00
猪场消毒防疫实用技术	25.00
生物发酵床养猪你问我答	25.00
高效养猪你问我答	19.90
猪病鉴别诊断图谱与安全用药	39.80
猪病诊治你问我答	25.00
图解猪病鉴别诊断与防治	55.00
高效养羊	29.80
高效养肉羊	35.00
肉羊快速育肥与疾病防治	25.00
高效养肉用山羊	25.00
种草养羊	29.80
山羊高效养殖与疾病防治	29.90
绒山羊高效养殖与疾病防治	25.00
羊病综合防治大全	35.00
羊病诊治你问我答	19.80
羊病诊治原色图谱	35.00
羊病临床诊治彩色图谱	59.80
牛羊常见病诊治实用技术	29.80
高效养肉牛	29.80
高效养奶牛	22.80
种草养牛	29.80
高效养淡水鱼	25.00
高效池塘养鱼	25.00
鱼病快速诊断与防治技术	19.80
鱼、泥鳅、蟹、蛙稻田综合种养一本通	29.80
高效稻田养小龙虾	29.80
高效养小龙虾	25.00
高效养小龙虾你问我答	20.00
图说稻田养小龙虾关键技术	35.00
高效养泥鳅	16.80
高效养黄鳝	16.80
黄鳝高效养殖技术精解与实例	25.00
泥鳅高效养殖技术精解与实例	22.80
高效养蟹	25.00
高效养水蛭	29.80
高效养肉狗	35.00
高效养黄粉虫	29.80
高效养蛇	29.80
高效养蜈蚣	16.80
高效养龟鳖	19.80
蝇蛆高效养殖技术精解与实例	15.00
高效养蝇蛆你问我答	12.80
高效养獭兔	25.00
高效养兔	29.80
兔病诊治原色图谱	39.80
高效养肉鸽	29.80
高效养蝎子	25.00
高效养貂	26.80
高效养貉	29.80
高效养豪猪	25.00
图说毛皮动物疾病诊治	29.80
高效养蜂	25.00
高效养中蜂	25.00
养蜂技术全图解	59.80
高效养蜂你问我答	19.90
高效养山鸡	26.80
高效养驴	29.80
高效养孔雀	29.80
高效养鹿	35.00
高效养竹鼠	25.00
青蛙养殖一本通	25.00
宠物疾病鉴别诊断	49.80